JN195866

農業資材産業と
企業・農協の戦略

肥料・飼料・農薬

斎藤 修 著

筑波書房

はじめに

　著者はフードシステム研究を主たる研究領域として農業と川下・川中の食品産業・消費者をつなぐサプライチェーンやバリューチェーンの構築に到達点を見出してきた。資材産業への関心は畜産業の飼料産業における飼料工場の立地問題やコーンベルトを抱えるアメリカ畜産業と飼料産業との比較からはじまった。「飼料を征する者は畜産を征する」という言葉が、当時の業界では一般的に使われ、穀物メジャーや総合商社の戦略に多くの関心が寄せられた。特に濃厚飼料に全面的に依存してきた中小家畜では、輸入飼料のわずかな価格差と流通コストが産地・生産者の生産コストを規定し、鹿児島の志布志や北東北の八戸などの飼料コンビナートの近くに立地することが、競争力の源泉となった。

　以下では簡単に資材産業の特徴と新たな課題を整理しておきたい。肥料産業では戦後、農業生産力の拡大が国策であり、そのためには化学肥料の大手企業の全国的な設置によって国内需要を満たし、さらにアジアへの輸出拡大という、政府と業界をあげての戦略構築に入った。このような戦略はその後中国でもとられ、リン酸や窒素肥料の輸出国に成長し、インドやブラジルでも肥料の自給率の拡大が最大の国策であった。わが国は窒素肥料の国際競争力が減退し、リン酸とカリを全面的に外国に依存し、さらにわずかになった窒素肥料の石油化学の副産物のカプロラクタムを調達した。飼料と比較すると、稲作・畑作の肥料コストのウエイトは低く、製品開発と施肥技術の革新、機械化、家畜糞尿の活用によって施用量の減少、省力化、生産コストによって競争力を拡大してきた。しかし、飼料と同様に全面的に輸入に依存し、リンやカリについては政治的な緊張が中国・ロシア・ベラルーシとで強まり、さらに天然ガス等の燃料価格やフレートの上昇が国際的な価格高騰を引き起こしやすくなった。

畜産業ではブランド化によって川下の食品企業との連携がしやすく、また小規模生産者であっても加工−販売事業の統合化によって6次産業（地域内発型アグリビジネス）化することで、食肉分野からバリューチェーンを構築しやすかった。このことは飼料価格の高騰によるこれまでの畜産危機のリスクを緩和することができたし、飼料も新品種・飼育技術とセットしてバリューチェーンに貢献した。この畜産業のバリューチェーンの構築と比較すると、肥料産業では新品種・栽培技術とセットされて差別化しにくかった。せいぜい有機質肥料や安全性を強調した特別栽培等に限定され、サプライチェーンの構築にとどまり、バリューチェーンを構築するまでにいたらなかった。肥料産業は資源循環として畜産業の糞尿利用によって堆肥から複合肥料化、さらにバイオマスエネルギーとしての発電、燃焼灰の活用が進展し、環境保全への効果が期待されるようになった。

肥料産業や飼料産業と比較すれば、農薬産業は差別化しやすく収益性が高く、殺虫剤・殺菌剤・除草剤で優れた化学成分を含んだ原体の開発では、優れた能力が国際的に評価され、国際市場での評価が高まった。新製品開発への研究投資は販売額の数％から10％近くまで達し、また海外拠点での工場段階から製剤生産への統合化など、国際寡占化では必要資本額が多くなり参入障壁となった。しかし、海外ではジェネリック市場との競争に直面し、またわが国ではジェネリックの普及が遅れ、農薬価格が高位に設定されてきた。肥料産業は農薬産業とともに土壌分析・栽培歴の作成、営農指導によってJAのシェアが高く、また肥料では片倉コープアグリ、農薬ではクミアイ化学工業の製造企業を保有・出資して、統合化した役割が高いであろう。農業機械産業では、先発メーカーによる寡占的市場構造が早くに形成され、JAによる農業機械の工場設置ができずに、サービスステーションの設置にとどまることになり、シェアは低位に置かれた。JAのシェアが最も低いのは飼料であり、40％程度から28％まで低下したのは、生産者である農業生産法人やインテグレーターの購買者としての役割が強くなり、JAは大口対策や経営支援で遅れたことが要因である。

　生産資材の価格高騰をめぐる議論は、政治的な緊張関係や資源の枯渇問題とリンクして議論しやすいが、わが国を中心とした市場構造と企業の経営戦略、産業組織と資源－加工－販売のチェーンの垂直的関係を分析しておくことである。さらに、輸入への全面的に依存度が高く政治的緊張の高い肥料産業では、主要な生産国の資源－加工－販売のチェーンを理解しておくことが必要になる。飼料についてはアメリカからのサプライチェーンや国内での効率的なサプライチェーンが早くから検討され、割高になりやすい効率的な国内の物流システムの構築がなされてきた。しかし、NON-GMOコーンの少量で区分管理の必要性からチェーンの関係が強まってもコストが増加することになり、国内での取引価格を上昇させ、さらに有機の輸入飼料はさらに上昇し、乳牛メーカーとのバリューチェーンの構築が必要になった。

　生産資材産業は寡占化が進展すると企業の戦略や相互依存的な競争行動が産業組織に及ぼすインパクトが強くなり、また企業の社会的責任が大きくなる。特に商社に代わって地域の畜産業を牽引してきたのがローカルインテグレターにとって家畜糞の資源循環システムが広がり、プレーヤーが飼料、再生エネルギー、熱のハウス施設利用や燃焼灰の肥料利用まで拡大してくると、プラットフォームと相互の連携が進展してきた。このプラットフォームで飼料供給のプレーヤーと燃焼灰を購入して肥料化するプレーヤーが同じである可能性もあり、さらに熱利用のハウス施設もプラットフォームの生産機能を担えるプレーヤーが役割を発揮することが期待できる。この資源循環は未利用材、果樹の剪定枝、キノコの菌床のバイオマスエネルギーの利用でも燃焼灰からの肥料としての利用がなされ、新たな製品開発としてリンの回収、さらに濃縮技術の高度化によってカリの回収が可能になれば、資源循環システムもさらに進化することになる。

　本書はその後に大きな産業組織が変容した肥料産業と農薬産業の展開について企業の経営戦略やイノベーションの視点から接近することにした。今回も多くの研究者や資材企業との議論や意見交換によって理解を深めることができた。特に大西茂志氏（全農テクニカルアドバイザー）、加藤一郎氏（元

全農専務）、小田敏晴氏（ZMクロッププロテクション前社長）、住田明子氏
（ZMクロッププロテクション社長）、小林新氏（朝日アグリア部長）、西本
麗氏（住友化学前専務・広栄化学社長）、高須栄一氏（片倉コープアグリ部
長）、田中達也氏（ジェイカムアグリ顧問）、須藤修氏（ファイトクローム社
長）、斎藤義吉則氏（協伸商会顧問）、小宮山鉄兵氏（全農耕種資材部室長）
には突っ込んだ議論に加わっていただいた。また、筑波書房の鶴見治彦社長
には配慮の行き届いた迅速な対応をいただいた。最後に自由な研究を見守り、
議論に加わってもらっている妻の京子にも感謝する次第である。

2024. 4. 10　退院の前日に九段坂病院から皇居のお堀の満開の桜を堪能して

目次

はじめに ……………………………………………………………………… iii

序章　農業資材産業と企業・農協の戦略 ………………………… 1
　1．基本的視点と課題 ……………………………………………… 1
　2．本書の構成 ……………………………………………………… 6

第1章　フードシステムをめぐる産業組織と企業行動 ………… 11
　1．課題の設定 ……………………………………………………… 11
　2．産業組織論の発展と企業行動………………………………… 13
　3．企業行動と企業間システム ………………………………… 17
　4．経営戦略の相互作用と統合化戦略 ………………………… 21
　5．生産資材論と関係性マーケティング……………………… 26
　6．むすび …………………………………………………………… 27

第2章　農業資材産業の展開と産業組織 ……………………… 31
　1．はじめに ………………………………………………………… 31
　2．生産資材産業の産業組織的性格 …………………………… 32
　　（1）農業資材の産業組織と企業行動 ……………………… 32
　　　① 産業組織の特質 ……………………………………… 32
　　　② 農業資材産業をめぐる垂直的関係 ………………… 35
　　　③ 系統農協の役割 ……………………………………… 37
　　　④ 農業資材産業のグローバリゼーション ………… 38
　　（2）農業経営と農業資材産業の効率化・合理化 ……… 39

　　3．肥料産業の展開 ･･･ 44

　　　（1）肥料産業の成長と産業組織 ･････････････････････････ 45

　　　（2）肥料安定法下での肥料産業の効率化・合理化 ･････････ 50

　　　（3）肥料産業と農業経営 ･･･････････････････････････････ 53

　　　（4）肥料産業の効率化・合理化と企業行動 ･････････････ 57

　　4．農薬産業の展開 ･･･ 59

　　　（1）農薬産業の成長と産業組織 ･････････････････････････ 59

　　　（2）企業行動と農薬産業の効率化・合理化 ･･･････････････ 64

　　5．農業機械産業の展開 ･････････････････････････････････････ 69

　　　（1）農業機械産業の産業組織と企業行動 ････････････････ 69

　　　（2）農業機械の普及と産業組織 ･････････････････････････ 74

　　　（3）系統農協の行動と再編 ･････････････････････････････ 76

　　　（4）産業の効率化・合理化とコスト低下 ････････････････ 77

　　6．種苗産業の展開 ･･･ 79

　　　（1）種苗産業の性格と産業組織 ･････････････････････････ 79

　　　（2）種子ビジネスの変化と企業の経営戦略 ･････････････ 83

　　　（3）苗の市場形成と企業の経営戦略 ･････････････････････ 86

　　7．結び ･･･ 89

第3章　肥料産業の国際的展開とわが国の産業組織の特異性･･･ 93

　1．はじめに ･･･ 93

　2．産業組織論からの接近 ･･････････････････････････････････ 95

　　　（1）産業組織としての特異性･････････････････････････････ 95

　　　（2）リン酸肥料の産業組織 ･････････････････････････････ 98

　　　（3）カリ肥料の産業組織 ･･･････････････････････････････ 100

　3．肥料産業の国際的な寡占と競争の構造 ･････････････････ 102

　4．肥料価格の高騰 ･･･ 106

　5．我が国の肥料産業の構造的性格 ……………………………… 109
　　（1）肥料工場の立地 ……………………………………………… 109
　　（2）肥料産業の産業組織の特異性 …………………………… 110
　6．肥料産業のイノベーションと企業の経営戦略 ……………… 114
　　（1）コーティング肥料の開発 ………………………………… 114
　　（2）有機質肥料と資源循環 …………………………………… 115
　　（3）農協の役割と企業の経営戦略 …………………………… 117
　　　① 農協の役割とシェアの拡大 ……………………………… 117
　　　② ジェイカムアグリの経営戦略 …………………………… 121
　　　③ 片倉コープアグリの経営戦略 …………………………… 123
　7．結び …………………………………………………………………… 125

第4章　肥料をめぐるイノベーションと生産システムの革新 ……… 129
　1．課題と構図 ………………………………………………………… 129
　2．稲作の施肥技術と生産システムの革新 ……………………… 132
　3．有機質肥料の拡大と生産システムの革新 …………………… 137
　4．鶏糞の資源循環と酪農排泄物のエネルギー利用 ………… 140
　　（1）ジャパンファームにおけるアグリ事業部の展開 ……… 141
　　（2）但馬フーズにおける資源循環と農業との連携 ………… 143
　5．畜産バイオマスエネルギー利用と資源循環 ………………… 146
　　（1）北海道鹿追町にける酪農のバイオマスエネルギー利用 … 146
　　（2）九州における鶏糞のバイオマスエネルギー利用 ……… 149
　　（3）ブロイラーインテグレーターと消費者組織
　　　　―十文字チキンカンパニーとパルシステム ………… 150
　6．堆肥化と複合肥料化 …………………………………………… 153
　7．液肥利用の拡大と条件 ………………………………………… 155
　　（1）施設園芸における養液土耕栽培の拡大 ………………… 155
　　（2）液肥利用の拡大と条件 …………………………………… 157

　8．下水汚泥の資源循環と肥料利用 ……………………… 158

　9．燃焼灰の肥料利用の可能性と条件 …………………… 161

　10．結び ………………………………………………………… 163

第5章　農薬の産業組織と企業の経営戦略 …………………… 169

　1．はじめに ………………………………………………… 169

　2．課題の構図 ……………………………………………… 170

　3．農薬の産業組織と企業行動の特異性 ………………… 174

　4．農薬のイノベーションと企業の経営戦略 …………… 179

　　（1）イノベーションの特異性 ………………………… 179

　　（2）農薬のイノベーションと企業の経営戦略の特異性 ……… 180

　　（3）バイオスティミュラント資材への関心 ………… 186

　　（4）グローバリゼーションと統合化の進展 ………… 189

　5．知的財産権とジェネリック品の成長 ………………… 194

　6．バイオスティミュラント資材の拡大の可能性 ……… 195

　7．結び ……………………………………………………… 198

第6章　飼料の産業組織と企業行動 ………………………… 201

　1．はじめに ………………………………………………… 201

　2．我が国飼料産業の産業組織的性格 …………………… 203

　　（1）我が国飼料産業の構造的性格 …………………… 203

　　（2）飼料産業の市場構造と企業行動 ………………… 205

　3．飼料産業の構造変化と立地配置 ……………………… 208

　　（1）飼料産業の形成―戦前から1960年（第1期） ……… 208

　　　① 戦前における飼料産業の萌芽 …………………… 208

　　　② 配合飼料の普及と企業の参入 …………………… 209

　　（2）飼料産業の成長と競争構造の変化―60 ～ 1973年（第Ⅱ期）……… 214

　　　① 飼料産業における競争構造の変化 ……………… 214

　　　② 系統農協におけるシェア拡大の戦略 ················ 219

　　　③ コンビナート建設と物流システムの効率化・合理化 ··········· 223

　　　④ 産地と飼料メーカーの統合化戦略 ·············· 226

　　（3）低成長下における飼料産業の再編成―1973 ～ 1985年（第Ⅲ期）··· 228

　　　① 低成長下における構造調整と企業行動 ············ 228

　　　② 産地の立地移動と飼料メーカーの戦略 ·········· 234

　　　③ 商系企業の行動と飼料工場の再編成 ············ 239

　　　④ 系統農協の飼料工場の再編成 ·············· 245

4．飼料産業の効率化・合理化（1985年から）··············· 252

　（1）飼料産業における競争激化と効率化・合理化 ············ 252

　（2）系統農協における大口需要対策と販売拡大 ·········· 256

　（3）畜産物の輸入拡大と規制緩和 ················· 259

　　　① 輸入拡大と畜産業の動向 ·············· 259

　　　② 規制緩和と丸粒（単体）トウモロコシの導入 ··········· 260

　　　③ 畜産経営における飼料コストの低減 ············ 262

　（4）畜産経営の新展開と飼料産業 ··············· 264

　　　① 畜産経営の差別化戦略 ··············· 264

　　　② 畜産経営と飼料調達の新展開 ············· 265

5．新たな需給関係の形成 ···················· 269

　（1）飼料メーカーと生産者との新たな関係 ············· 269

　（2）インテグレーションと飼料メーカーの役割 ············ 271

　（3）安全性と飼料の利用形態 ················ 273

　（4）資源利用と畜産経営―エコフィードへ ·········· 274

　（5）ブランド化の戦略―鶏肉産業から ·············· 277

　（6）飼料産業と企業の経営戦略の新展開 ············· 279

6．結び ······················ 284

第6章補論1　飼料産業の市場構造的性格と立地問題

—アメリカ飼料産業と比較して— ································· 287

1．はじめに—背景と課題 ····························· 287

2．アメリカ飼料産業の市場構造的性格 ················ 288

3．わが国の飼料工場の立地問題と課題 ··············· 293

4．結び ··· 295

第6章補論2　飼料産業の立地と競争行動 ············· 298

1．はじめに—課題と背景 ····························· 298

2．規模の経済性と輸送コスト ······················· 302

（1）搬入コスト ································· 303

（2）製造コスト ································· 304

（3）配達コスト ································· 305

3．飼料産業の競争行動 ····························· 307

（1）需要拡大期 ································· 307

（2）要需停滞期 ································· 308

4．結び ··· 310

あとがき ··· 313

序章　農業資材産業と企業・農協の戦略

1．基本的視点と課題

　農業資材は農業生産と密接に関係して、特に成長期の農業の技術革新を進展させてきた。農業生産者は土地や地域資源に関係した栽培技術を経営的に取り込み、また高度な労働手段を効率的に利用することで生産力を形成してきた。しかし、農業においても基本的な技術開発は資材産業を担う企業の開発力に依存することになる。これまでも研究者は農業生産者の技術革新の創意に敬意を表してきたが、農業関連産業の技術の高度化は、企業の開発力を引き出さないでは農業の技術革新が進展しにくくなった。

　多くの農業資材産業は、戦後に本格的な技術革新によって高度経済成長とともに成長してきたことでは、多くの食品産業と同様であるが、寡占的な市場構造の形成は急速であった。また、実需者である農業の縮小とともに、他部門への多角化戦略をとれなかった企業の業績は悪化しやすかった。さらに、肥料・農薬・飼料などは全農を中心とした系統農協の役割が大きく、産業によってはプライスリーダーシップが機能し、産業の効率化や合理化が進展することになった。

　これまで農業資材産業は個別産業ごとに専門の研究者が存在し、横断的な議論がしにくかった。農業経済学では農業資材論が肥培技術や機械化で生産力論の一翼を担うという姿勢がほとんどなく、アグリビジネス論では特にグローバル化した農薬産業では短絡的に独占資本の支配論として位置づけがなされ、産業組織論的な接近が遅れてきた。生産資材の開発から普及・定着まで本来生産力論に包摂されるべきであり、また安易な独占資本論や寡占的市場構造論は産業組織論として市場構造と企業行動の相互関係を踏まえて議論

すべきであった。産業組織論を早期に導入したアメリカの農業経済研究でも資材産業への関心は国際寡占化した農薬企業が遺伝子組み換え種子への開発と事業拡大が本格化してからであった。

　ここでは、肥料・飼料・農薬を中心にイノベーションやダイナミックな企業の経営戦略を位置づけながら課題に接近することにする。肥料産業と農薬産業については産業の構造変化が大きく、最新の動向を見定めながら新たな論文を加えることにしたが、濃厚飼料を中心とした飼料産業は構造的変化が飼料工場の立地配置の変更とブロック再編であるため、最近の変化については簡単な補足にとどめた。

　農林水産省は食料安全保障の大きな柱として農業資材の役割を評価し、肥料資源から資源循環システムの構築を強める戦略を取り始めた。しばしば価格の高騰が収まってくると、関心が薄れがちになりやすくなる。資材産業論はそれぞれの業界の情報を集めることによって背景や課題はみえてくるが、産業組織としての性格や企業の経営戦略、さらにイノベーションは経済学や経営学の手法をつかって記述的に分析することからはじめることになる。企業の経営戦略についても会社史や講演会での発表資料などが利用しやすくなり、「戦略グループ」による企業行動の違いがわかりやすくなった。

　かつての肥料学や農薬学などの産業界に密着した大学の講義はなくなり、土壌学、植物栄養学、植物免疫学などで教えられることになっている。そのこともあって、産業をまたがった情報や知識を共有化しにくかった。

　本論に入る前に資材産業をめぐる基本的な課題について説明を加えることにする。農業経済研究が農業資材に着目したのは、肥料から始まり戦前では東畑精一『日本農業の展開過程』（岩波書店、1935、p.284）であり、「農業の小規模性と工業の大規模性とを結びつけんとする肥料の商業の大きな変化の招来」を予測していた。戦後になって近藤康男編『硫安』（日本評論社、1950、序）は、化学肥料工業研究会グループでの研究をまとめものであり、「経済学の任務は……最も進んだ生産力の高い産業部門に属するところの独占資本と最も遅れた農業部門との接触、そこに官僚がもっている役割等に対

する正しい認識、それが研究者として課さねばならない課題」とした。しかし他方では、大内力『肥料の経済学―独占資本と小農民』（法政大学出版会、1957）では資本主義の発展段階を魚カス→大豆カス→化学肥料の対応関係にもとめ、伝統的なシェーレ現象に求めるよりも、国家的カルテルの形成や「多肥農業」と地力の減退・資源循環への期待は卓見である。しかし、独占資本の行動は硫安工業における過剰能力をかかえた市場構造や競争構造からの分析がわかりやすいであろう。この展開は資本主義の発展とは関係なく、中国・インド等の肥料産業で共通的な性格をもっている。

　その後、肥料問題への関心は農法論からの接近として加用信文編『日本農業の肥料消費構造』（お茶の水書房、1964）であり、技術研究と経営研究の両面からの研究をめざしたが、経営研究からの施肥体系にとどまった。金沢夏樹『変貌するアジアの農業と農民』（東京大学出版会、1993）で「肥料の論理と機械の論理」、武井昭編『現代の農業経営と技術』（農林統計協会、1993）の増渕隆一「農業経営における施肥問題」、阿部健一郎「農業経営と農業機械」でも肥料産業について論究することがなかったが，機械化論の研究者である七戸長生『農業機械化の動態過程』（亜紀書房、1974）で「農機具産業」として論じられているにすぎない。農業経済研究では水田を中心とした生産力論が大きな研究テーマであり、特に「浅耕多肥体系」は当時大きな経営研究の手法であった「農法論」は生産段階の施肥体系が課題となったが、開発から普及までのプロセスが説明しにくく、この生産力論ではイノベーションの議論まで広げられなかった。

　肥料産業のイノベーションは側条施肥や接触施肥、コーティングによる肥効調整型肥料の開発と機械化と連動し、その後も家畜糞尿、回収リンの資源循環や複合肥料化と、さらに制度改正もあって技術革新は継続した。これに対して、特に環境保全と家畜の糞尿の利用をめぐる経済的接近は、平山嘉夫・遠藤登らの研究に始まり、和田照男らの研究グループによって1978年から継続的になされてきた（注）。しかし、南九州からの鶏糞・豚糞のペレットの開発や流通圏の広域化、さらにブロイラーからのバイオマスプラントの

導入による売電・熱利用・燃焼灰の肥料利用、下水汚泥からのリンの回収といった技術革新によって肥料コストの削減や環境保全が展開することになった。施肥技術についても有機肥料の利用と一部はJASの認証、潅水同時施肥、液肥化、バイオステミュラント資材の開発へと進化しつつある。

　資材産業への市場論的接近はかつて農村市場問題として農産物市場・生産資材・消費財市場の分析がはじまったが、その後大きな展開がなく、農産物市場研究、産業組織の中で論じられた。天間征編『価格の国際比較—農業資材編』（農文協、1991）で肥料・農薬・農業機械・配合飼料の産業組織が明らかにされた。その後、荏開津典夫・樋口貞三編『アグリビジネスの産業組織』（東京大学出版会、1995）で産業組織の基礎的接近を踏まえて、1部の農業資材産業では化学肥料、農薬、種苗、配合飼料の各産業が分析された。また、斎藤修・髙倉直編『農業資材産業の展開』（戦後日本の食料・農業・農村第7巻、農林統計協会、2004）では農業経済研究者と技術研究者が分担して、肥料・飼料・農薬・種苗・農業関連資材等の産業・技術の分析をはかり、総論で農業資材産業の産業組織論的な接近がなされている。市場論研究では綱島不二雄『戦後化学肥料産業の展開と日本農業』（農文協、2004）や飯澤理一郎の肥料産業の研究は、寡占市場と政策・企業行動まで踏み込んだ接近であった。

　濃厚飼料は輸入への全面的に依存している飼料産業は肥料産業よりも中小家畜では生産コストに占める割合が高く、工場の立地配置が大きな問題であった。この工場の立地配置は産地間競争を促進し、また大規模インテグレーターの寡占化が進展した。肥料産業の寡占化によって肥料メーカーは土壌検査や営農指導で生産者を組織化してきた系統農協との連携を強めてきたのと比較して、飼料産業の寡占化とインテグレーターの成長は、両者の連携を強めることになったので、系統農協としての指導力は弱く、肥料のシェアが70–80％であるのに対して40％程度から28％まで低下した。また、肥料産業は環境保全に対応して有機質資材の開発があっても生産される農産物の差別化になりにくいのに対比して、畜産物はブランド化と結びつきやすかった

し、インテグレーターのマーケティングや川下の小売・外食企業への提案力が高かった。

　肥料産業ではかつて尿素等では輸出産業であったが、競争力の減退や国内需要の減退によってリン酸肥料やカリ肥料と同様に、全面的な原料の輸入依存になって濃厚肥料と同様になり、生産段階のない「加工」事業であり、国際的な相場変動や政治的な交渉によって生産段階への影響が強くなった。飼料価格の高騰は「畜産危機」をもたらし、インテグレーターによっては、価格変動のリスクの一部を自ら吸収する場合もあったが、養豚経営では加工・販売事業を統合化した6次産業化を志向する経営体が多かった。

　肥料産業や飼料産業が国内需要に限定した効率的なサプライチェーンを構築しようとしてきたのと比較して、国際市場での競争に参入して経営成長をとげ、またファインケミカル、石油化学、さらに半導体事業への多角化した。国際市場で国内の数社が原体の製品開発の高さが評価された。殺虫剤・殺菌剤から除草剤の開発はわが国では稲作が主たる対象であったが、アメリカや南米では畑作物になり、また製剤メーカーや販売会社との連携が必要になった。農薬産業では製品開発投資が100－300億円、開発期間は10年程度と長期に及ぶためパイプラインという長期の製品計画をもつのが普通である。農薬産業の特異性は製品開発のリスクを抱えながらも、成分のすぐれた原体を持つことで製剤までの製品差別化がしやすく、かつ製品ライフサイクルも長かったので、開発コストが吸収しやすかった。しかし、安価なジェネリック農薬の台頭によって市場構造が変化し、特に最大の需要国である中国・インド・ブラジルでは生産コストの節約に寄与することが大きかった。このジェネリック農薬への事業展開することが、販売額とシェアの拡大につながったが、国内市場では原体－製剤の統合化が強いこと、制度的な規制が厳格であることから、普及が遅れることになった。肥料・飼料は国内での寡占化であり、それも付加価値のつきにくい「加工」にとどまるため、収益性が高くなく、肥料産業ではM&Aによって5社程度に減少した。

　産業組織的手法では伝統的にS（市場構造）－C（市場構造）－P（市場成

果）のパラダイムで説明してきたが、マルクス経済学やハーバード学派では市場構造から市場成果に結びつた議論が展開しやすいが、寡占企業の相互依存関係が強まり、またイノベーションが進展すると経営戦略が市場構造に与えるインパクトが強まってくる。しばしばM&Aはシェアの上昇をもたらすために、他の企業もM&Aで対抗する場合もあり、あるいは収益性の高い部門に経営資源の集中のために不採算部門を外部化することで、収益性の向上をはかる経営戦略がとられることが多い。総合化学企業を志向する企業は需要が減退し、工場の操業度の低下した肥料部門は桎梏であった。農薬産業はファインケミカルとの親和性が強かったが、武田薬品のような経営能力の高い企業でも、桎梏となった農薬部門は段階を踏むことで住友化学に経営譲渡した。グローバリゼーションの進展した農薬産業ではヨーロッパ・アメリカの企業は除草剤等の効果を向上させるためにも遺伝子組み換えの種子の事業を統合化する戦略が共通してとられてきたが、わが国ではコーティング種子の事業にとどまった。また、農薬産業は開発コストだけでなく、多くの事業の統合化を国際地域ごとに展開することからも、開発投資は売上額の10％近くである上に、現地企業の買収等での事業拡大による投資額は多くなる。このように農薬産業では国際寡占化の進行の下で、製品差別化と必要資本額の増大による参入障壁が強くなり、中小企業の生存領域は限定されることになる。

２．本書の構成

本書は飼料産業の立地や畜産業との連携に関心をもってきた著者が戦後日本の食料・農村・農村の第７巻「農業資材産業の展開」を東京大学名誉教授の髙倉直氏との共同編集を担当し、第２章の総論「農業資材産業の特質と産業組織」と６章「飼料の産業組織」を執筆して、飼料にとどまらず肥料・農薬・農業機械・種苗のとりまとめをすることにした。この２本の論文をベースとして産業組織論の基本的な議論に飼料産業についての学会誌等で掲載さ

れた論文で補完した。また、序章、3－5章の肥料や農薬産業等を加え、全体の40％程度を新規に書き下しすることにした。

　本書では、1章で「フードシステムをめぐる産業組織と企業行動」（高橋正郎・斎藤修編『フードシステム学の理論と体系』2002）でS（市場構造）－C（市場行動）－P（市場成果）パラダイムの意義、市場構造と経営戦略をめぐる基本的な議論を検討した。2章の「農業資材産業の特質と産業組織」（斎藤修・高倉直編『農業資材産業の展開』農林統計協会、2004）では肥料・農業機械・農薬・種苗についての産業組織の特徴を整理した。その後の肥料産業と農薬産業の新展開については、3章「肥料産業の国際的展開とわが国の産業組織の特異性」、4章「肥料をめぐるイノベーションと生産システムの革新」、5章「農薬の産業組織と企業の戦略」を新たに書き下した。3章では窒素とリン酸の産業組織と企業行動を理論的に説明し、リン酸は中国・モロッコ、カリはカナダ・ロシア・ベラルーシの競争構造、実需者であり農業大国のインド・ブラジルの肥料自給率の向上を分析した。そのうえで、肥料価格の高騰のメカニズムを分析することにした。ついで農薬・飼料との比較から肥料産業の構造的性格を位置づけ、イノベーション、系統農協の役割、「戦略グループ」を代表する企業の経営戦略について分析した。4章では、肥料をめぐるイノベーションについて、稲作施肥技術の革新、有機質肥料の拡大と制約について分析し、ついで鶏糞の資源循環と酪農の排せつ物のエネルギー利用について具体的にケーススタディによって説明を加えた。そして化成肥料と堆肥の複合肥料化、液肥利用の拡大、下水汚泥のリンの回収と肥料化についての可能性について論及した。発電事業の取り組みはエネルギーだけでなく、施設園芸や養殖などの熱利用と燃焼灰の肥料事業が統合化され、エネルギーもFIT制度の活用から実需者との連携による販売システムの構築が課題となってきた。また、回収リンの利用も液肥や有機質肥料としての利用拡大の可能性があり、今後は濃度の高いカリの抽出の技術開発へと進展している。

　5章ではこれまで的確な産業組織的接近のできなかった農薬産業について

イノベーションの特異性と企業の経営戦略、グローバリセーションと企業の統合化の戦略、ジェネリック品の普及の課題について分析した。わが国の農薬企業は従来から原体の製品開発や製剤部門との統合化が進展し、グローバリゼーションの中で競争力を拡大し、海外に生産・加工の拠点をつくり、販売組織まで統合化してきた。国際市場でのシェア拡大は中国・インド・ブラジルの農業大国で展開され、原体から製剤の製品開発よりも安価で効果が大きく違わないジェネリック農薬の開発が課題となり、国内市場では制約条件が大きかった。

　6章「飼料の産業組織と企業行動」（斎藤修・髙倉直編『農業資材産業の展開』2004）と2つの補論は「飼料産業の市場構造的性格と立地問題—アメリカ飼料産業と比較して—」（農産物市場研究　29，1989）、「飼料産業の立地と競争行動」（経済地理学年報、36.4　1991）より構成され、簡単な新たな展開を加えた。研究の出発は補論の2つ論文で、重複を避けて本論を補完する内容にした。

　補論1では、わが国の「加工畜産」を性格づける飼料産業について原料生産国であるアメリカと比較し、飼料メーカーの戦略と飼料工場の立地配置を分析した。さらに、補論2では、需要拡大期と停滞期の下での飼料産業の競争構造について系統農協と商系企業の競争、ブロック再編について分析した。6章の「飼料の産業組織と企業行動」では、飼料産業の歴史的な展開を踏まえて、飼料産業の競争構造の変化、輸入緩和や飼料コストの削減、飼料調達の革新等の新たな展開について論じた。ついで飼料メーカーと生産者・産地の新たな関係についてインテグレーターとの提携、新たな資源利用とブランド化の戦略について分析した。飼料メーカーの飼料の原料構成は秘密事項であったが、相互の提携関係が進展すると、飼料設計や飼育管理、さらにマーケティングへの飼料メーカーの支援は強まり、大口需要者への価格等の対策もなされることになる。このような展開は商系メーカーでとられやすく、系統農協のシェアは10％程度の低下につながった。肥料産業では系統農協は多くの港湾から22のBB工場まで配送して物流コストは嵩んでいるが、港湾か

ら飼料工場、さらに実需者までの物流コストが価格形成に及ぼすインパクトが強くなる。しかし、中小家畜でも差別化が強まり、品質管理の向上が取引価格の上昇につながってくるものの、しばしば畜種にとってブランド化は飼育の効率性を低めることが多いので、飼育コストの上昇が取引価格の上昇を相殺することになる。むしろ差別化の程度が高いブランド化は集約的管理のできる小規模生産者が担い手となりやすく、量販店等との取引はPBとして相互に合意した飼育管理の方式がとられやすくなる。飼料も安全性、栄養素の添加などで飼料設計を変化させることになる。

　畜産は肥料よりも飼料高騰による危機を早くから繰り返しており、インテグレーターによっては価格高騰のリスクを吸収し、多くの養豚経営者は埼玉県のサイボク、三重県のモクモクのように早い段階で加工・レストラン・販売事業の統合化（6次産業化）に転換し、酪農・採卵鶏も同じ戦略をとるようになった。この6次産業化では、加工・販売事業の利益を生産段階に移転することができたので、価格高騰のリスクを経営のシステムとして吸収しやすかった。

　今後、生産資材をめぐって資源循環・再生エネルギー・食料安全保障についての国民的理解が広がり、また川下・川中の食品関連企業が生産資材－農産物－食品の安定供給のための効率的なサプライチェーン、さらに品質向上やブランド化によってバリューチェーンが形成されることによって資材産業－農業生産－食品関連産業との連携が強まることが期待される。

（注）家畜糞尿をめぐる環境保全をめぐっては、社会コストや地域での組織的対応については農業経済研究の接近が先駆けであった。その後、インテグレーターによる農業生産者の統合化、ペレット化による流通圏の拡大、さらに発電によるバイオマスエネルギー、さらに家畜糞と化成肥料の複合肥料化へとイノベーションが進展した。
　　　平山嘉夫・遠藤登「家畜ふんの流通利用―商品的流通への道―」日本の農業90．91、農政調査委員会、1974；和田照男編「環境保全と農業―経済的分析と環境保全計画論の研究」東京大学農学部農業経済学科、1976；和田照男編「家畜糞尿の処理・利用と地域農業」東京大学農学部農業経済学科、

1977；和田照男編「土地利用形態と家畜糞尿利用」東京大学農学部農業経済学科、1978

第1章　フードシステムをめぐる産業組織と企業行動

1．課題の設定

　産業組織と企業行動をつなぐ論理は、「ミクロとマクロの狭間」の問題として、未完の大きな理論的課題を含んでおり、試論的領域を出ないとされてきた。マルクス経済学では社会総資本と個別資本の関係として議論され、具体的レベルで把握するための段階規定が提示され（注1）、農業経営学でも金沢夏樹の二重構造論にもみられるように個別資本の運動に社会性を付与することが重要視された（注2）。他方、ミクロ経済学の応用として理論的研究が深化してきた産業組織論では伝統的な市場構造分析から企業行動を市場行動におきかえ、内容を充実させてパフォーマンス（市場成果）を分析する視点に転換した。最近の産業組織論では1つの章として企業の理論をいれるようになっており、またゲーム理論など寡占的な相互関係を分析しようとすれば、企業の意思決定を加えた経営戦略論の取り込みが課題となってくる（注3）。ビックビジネスでは多角化戦略によって産業レベルを越え、また国際化によって国境を越え、ついで中堅メーカーも同様な行動様式をとることになって、一国内の特定産業を分析しても十分なパフォーマンスの評価にならなくなった。また、同一産業においても寡占核が形成されながらも競争的周辺が残存し、寡占企業の多様な差別化行動が市場細分化と結びつくことで異質化がどこまで進展するかは、戦略グループの行動を分析することを必要とする。そして、パフォーマンスはこの戦略グループで異なることになって、中小メーカーでも採用する戦略によって収益性が高位に設定され、グループ間での移動障壁も形成されるようになる。

　このような競争戦略や戦略グループの形成はM. Porterらの研究によって

一般的となり、産業組織と企業行動をつなぐ論理として評価された（注4）。また、企業間システムや関係論もサプライヤーの役割の分析が進展することによって、わが国の中間組織の評価と長期的なパートナーシップという提携関係から日本型の食品加工業の系列化やOEMなどの企業システムの解明が課題となってきた。わが国の企業間システムが継続的取引を前提としてきたのに対して、アメリカでは中間組織を志向するよりもインテグレーションによる内部組織化が選択されやすかった。この中間組織も効率性とパートナーシップ（公平性）を見れば、効率性が改善されたとしても、支配力の伴った系列化になる場合もある。

　このような産業組織と企業行動の関係を解明することは経済学と経営学という立脚点の異なる体系の統合化という未完の大きな課題を背負うことにもつながる。しかし、フードシステム研究では現実を説明できる中範囲な論理を積み上げることにむしろ課題がおかれている。フードシステムの構造変化によって食品メーカー、外食企業、食品卸売、量販店の行動と戦略の再編が迫られており、多角化、統合化、戦略的提携、ネットワーク化などによって産業組織は変容し、長期的には企業行動が市場構造を変化させることになる。伝統的産業組織論における参入障壁は、固定費負担を軽減した多角化や新しい流通チャネルの形成によって低くなっている。しかし他方で、寡占企業のブランド増殖の販売戦略は市場を細分化して流通チャネルを管理すれば、高い参入障壁が形成されるようになった（注5）。また、差別化戦略を展開できない素材産業などでは規模の経済性が強く作用して市場の成熟化とともに過剰能力をかかえ、多角化戦略がとれなければ、価格競争が激化しやすくなる。このような企業行動は産業レベルだけでなく、規模によっても異なっており、大規模企業ほど生産技術革新によって投下資本を増大させ、コスト低減の戦略をとるとたれる。それに対して、中小メーカーでは差別化や集中化の戦略をとって大手との競争を回避するであろう。また、後発メーカーほど新製品開発や流通チャネルの開発によって戦略空間を拡大するであろう。

　このように経営戦略は、産業、規模、先発か後発かで異なってくるが、

フードシステムの構造変動下では、食品メーカーの川下への統合化も進展して付加価値を追求し、また差別化を強めようとすれば、川上における原料供給を統御するであろう。また、ネットワーク組織では情報の共有化、新製品開発から取引先の共有化、共同投資へと進化することによって、「1つの経営体」として行動するようになった。このネットワーク組織は寡占企業に対抗するための経営戦略をとり、1つの戦略グループとして産業を競争的にする効果がある。

　最後の戦略的提携は量販店・卸売企業と食品メーカーとのPBがあり、食品メーカー間ではOEMや委託生産があるが、長期的になるほど主体間の依存関係が強くなるのが普通である。食品メーカーは投資額を節約しようとすれば、OEMを選択しやすいが、品質管理を徹底して統御しようとすれば、増資などを契機にして出資関係をとって融合化するであろう。さらに統御を強くすれば、出資比率を高めて子会社化する戦略もとられ、M&Aの戦略になってくる。このような戦略的提携は投資額を抑えて急速に成長する場合にとられる戦略である。しかし、投資に積極的で内部組織化への志向が強くなれば、OEMや委託生産などの提携関係を解消して直営工場へ転換するであろう。

　このように産業組織と企業行動の関係を解明しようとすれば、産業組織論の市場構造と市場行動の関係を競争戦略や経営戦略を入れることによって企業行動を分析することである。そして論理を補強するため、個別産業の特異性やケーススタディを取り入れることにする。なお、産業組織論については企業行動に関係する領域を中心として一般的な分析を加えないことにする。また、対象は食品メーカーの企業行動を中心としながら、メーカー間の企業システム、ネットワークへと広げることにする。

2．産業組織論の発展と企業行動

　J.S. Bainらのハーバード学派の産業組織論は実証分析から発展し、産業

（サブセクター）の特異性をふまえたものであったが、市場構造から十分に市場行動の分析を加えないでパフォーマンスを評価するという展開をとってきた。産業における利潤率の高さは市場構造要因である集中度、製品差別化の程度、参入障壁によって規定されるという論理がとられ、市場支配力を検証することに力点がおかれた。それに対して、より理論的な厳格性をとるシカゴ学派では市場行動からパフォーマンスを評価しようとして効率性を重要視することになり、他方で法経済学の体系化もはかられると政策的にもハーバード学派よりも優位に立った（注6）。しかし、ハーバード学派は初期から政策的には企業分割も含んだ急進的立場もとられたのに対して、シカゴ学派では市場行動から独占禁止法の違反が検証しにくく、また「小さい政府」をスローガンとした規制緩和が強くなった。そのため、特に1980年代のレーガン政権下ではM&Aが進行し、寡占企業の集中度の上昇は顕著であった。シカゴ学派からすれば、利潤率は偶然やデータのバイアスも関係しているという理解もあったが、より効率性を重要視したコンテスタビリティ理論になると市場構造の有効性がみられなくなる。

　その後、ハーバード学派も利潤率と集中度の関連をみるよりもコスト－マージンに切り替え、さらに取引価格と集中度をL.W. Weissらのように実証的に分析するようになった（注8）。消費財をめぐるアメリカの企業は規模の経済性よりも製品差別化によって販売促進と結合して参入障壁を形成しようとした行動様式がとられてくる。しかし、牛肉パッカーの原料調達では、計画的調達で取引コストを節約し、他方で農場段階での入札数（bit）がパッカーの寡占化とともに減少したことなどから、集中度の上昇は調達価格の低下に結びつくとした（注9）。実証的な分析に耐えうるフレームワークの整理が進展したものの、市場構造と市場行動は相互規定的な性格があり、長期と短期で異なってくる。さらに産業組織論ではダイナミックな企業行動も市場行動として分析するという限界があり、内部組織の意志決定や企業間システムまで取り込みにくかった。それでも多角化を範囲の経済性で分析したり、企業の革新技術や知識の集積を習熟曲線で説明できるようになり、またゲー

ム理論の導入で競争戦略が理論的には分析できるようになった。

　産業組織論に競争戦略論を導入したM. Porterは売手と買手の寡占的な競争関係の研究の後に、戦略グループと移動障壁の分析に入り、グループレベルにおける経営戦略の違いが、パフォーマンスにどう影響するかがケーススタディを踏まえた実証的分析でなされている（注10）。同一産業であって寡占核が形成されても競争的周辺（フリンジ）が残存していれば、同一のパフォーマンスでは評価できないであろう。また、企業は特徴的な製品開発とマーケティング活動によって差別化行動をとるのが市場の成熟化とともに普通であり、類似した戦略をとる企業がグループとなる。M. Porterによれば戦略グループ間には移動障壁があり、参入と退出の難易によってグループの収益性が異なってくる。すなわち、生産設備を拡大してコスト節約の技術革新をとげた大規模企業では退出はしにくく、また必要資本額の大きさから中小企業の参入障壁はたかくなるであろう。また、中小企業では市場のニッチに対応した集中化戦略をとって参入して競争を回避し、小さいながら戦略空間を確保するであろう。M. Porterの論理からすると規模が小さくなるほどコスト優位、差別化、集中化という競争戦略がとられ、規模が大きくなるほどコスト優位の戦略がとられやすくなる。M. Porterの3つの競争戦略は移動障壁があって独自性が強いとされるが、コスト優位の戦略をとる大規模企業が、経営資源を分割し差別化戦略をとれば、中堅企業の戦略空間が狭められるであろう。

　戦略グループ間での移動障壁が高ければ、競争構造は安定化することになるが、新製品開発や技術革新によって新たな戦略空間が発生すると新しい市場へ移動が発生したり、新規参入者も増加して競争的となる。一般的に戦略グループが多くなるほど産業全体が競争的になり、戦略に対応した経営資源の利用がなされる。たとえば、集中化戦略をとる中小企業ではシェアの拡大よりも限られた経営資源を特定商品に集中的に投入することによって収益性を追求する行動様式がとられる。それに対してコスト優位の戦略をとる大規模企業では生産技術革新によって設備更新による固定費の負担と過剰労働力

の発生で多角化による範囲の経済性を追求しやすくなる。特に主力とする製品のライフサイクルが成長期から成熟期に移行するにつれて、シェアの追求よりも新製品の市場拡大で経営の成長をはかることになる。この多角化は企業の中核的資源で競争力の源泉となるコア・コンピタンスをベースとしてシナジー効果を引き出すことが原則となる（注11）。しかし、この多角化戦略は技術や市場とのシナジー効果の発揮されない領域まで多品目化することになると収益性が低下しやすくなって、経営の成長が制約されることになる。わが国では技術関連的なシナジー効果を原則とした多角化戦略がアメリカと比較して採用されやすかったのは、特約関係などでメーカーが流通システムを管理しやすかったことがあげられる。アメリカ企業の経営戦略は、H.I. Ansoffに代表されるようにライフサイクルの異なる製品構成をとることによって経営の成長をはかろうとした製品－市場戦略を編成することが、1970年代の課題となった（注12）。つまり、市場の成熟化によって収益性が低下する主力製品に代わって、市場規模の拡大が期待できる新製品の導入をはかり、全体として製品のライフサイクルを組み合わせることによって安定的な経営の成長をとげることが必要になったのである。

　このように企業行動は経営戦略、さらにマーケティング戦略との関連性が強くなり、多角化を展開できない企業は過剰能力を抱えやすくなり、競争の激化は価格競争を誘発することになる。新規参入が発生する場合でも、この過剰能力を活用して生産量を増加させて低い参入阻止価格を設定するであろう。新規参入者には市場の一部を明け渡し、協調の可能性を追求するという理論仮説は非現実的であり、競争が選択されるのが普通である。生産財ではコスト優位の経営戦略が持続されやすく、差別化は取引先との提携関係の形成でみられる。

　それに対して、消費財の企業では製品－市場戦略によって成長をとげ、収益を安定的に確保するには、しばしば多角化戦略よりもブランド増殖（proliferation）の戦略」がとられる（注13）。すなわち、新製品と販売促進、流通チャネルなどのマーケティング・ミックスによって市場を細分化し、独

占的なシェアを確保することで参入障壁を形成して高い収益性を実現しようとする。この戦略は、R. Schmalenseeが朝食シリアルで分析しているようにアメリカの独占禁止法が適用された事例である。寡占的食品メーカーは多様な製品開発によってフルライン政策を先行的にとる戦略がとられ、参入企業へ市場のセグメントを与えないという戦略にもなった。あるいは、製品属性の決定と販売促進によってブランドのポジショニングをはかり、ブランドの製品空間を編成するという戦略であった。多くの寡占的食品メーカーが規模の経済のメリットを減退させて少量多品目生産に移行したのは、フルライン政策の優位性をとったからである。

　M. Porterはコスト優位、差別化、集中化の３つの戦略を提示し、それぞれが企業規模との関連で採用されると理解されやすいが、寡占的企業がコスト優位と差別化の戦略を結合して、市場支配力を強化することが可能である。しかし、需要の分化や消費者行動によってブランドポジショニングによって変化するため、必ずしも安定的ではない。また、広告による販売促進で消費者の選好への関与については、先発企業の優位性がみられるが、この選好も消費者行動の変化によって変化し、ロングヒット製品が出にくいほど製品のライフサイクルが短縮しやすくなる。

　以上のように、戦略グループはより経営戦略やマーケティングを取り込もうとすれば、個別企業レベルでの意志決定にも入ることになる。

３．企業行動と企業間システム

　製品－市場戦略をとって経営成長をとげる企業は製品ラインと流通システムの多様化に対応して、事業部制の導入で分権的管理へと経営組織を転換させた。わが国のメーカーは卸売段階への統合化が特約関係や販売会社の設立によって進展し、取引関係も継続的取引が中心となっていた。また、アメリカでは経営の短期的な成長はM&Aに依存しやすいのに対して、わが国では個別企業の積極的投資と提携やネットワークによる企業間システムが活用さ

れやすかった（注14）。企業にとって経営をスリム化しようとすれば、コアとなる経営資源を内部でまず確保し、後はアウトソーシングによって外部企業から経営資源を確保して提携関係をとることになる。それに対してアメリカの企業では、中間組織で提携関係を構築するよりも安定的なサプライチェーンが構築しにくければ、所有型のインテグレーションが採用されやすいという企業行動の特異性がある。

　企業行動からみて短期的に対応しやすいのは価格設定行動やM&Aであるのに対して、販売促進で消費者選好を形成し、提携関係やネットワークを形成するのも長期的な視点が必要である。しかし、競争戦略が規模と範囲の経済からスピードの経済、さらに多段階なゲーム戦略が要求されてくると企業の事業戦略も変化し、M&Aや企業間システムの再編が課題となってくる。

　わが国の企業は事業領域を拡大しようとすれば、事業部制や子会社・関連会社を設立することで対応し、独立採算方式にしてベンチャーな行動をとりやすくする。この子会社・関連会社は企業グループとして位置づけされ、資本出資と役員派遣で系列化されている。特にナショナルブランドメーカーが新たな事業領域で、特定の取引先への販売を目的とすれば子会社・関連会社を設立することによって、他の取引先と区分するのが普通である。しばしば関連会社の取引先を含めた設立は、取引先を固定化するメリットがあり、融合化に入っているといえる。中間組織としての緩やかな提携関係はOEMや委託生産であり、ここでの取引は継続的ではあるが、資本の出資関係にないので取引依存度が低く、契約条件によっては取引停止になる場合も多い。このような中間組織は寡占的な大規模メーカーと中小メーカーが併存する食品産業で多い。その成立条件は、①大規模メーカーの成長にとって中間組織を利用した方が資本節約的であること、②中小メーカーにとっても営業コストの節約になって販路が拡大すること、③大規模メーカーは中小メーカーの特異的な技術を活用して製品の品質を向上させることができること、④中小メーカーは原料などの購入に大規模メーカーの大量調達の交渉力を利用できること、⑤中小メーカーは大規模メーカーからの外注によって操業度を拡大

してコスト節約ができること、などが例挙できる。デメリットとしては、①取引依存度が大きくなると取引の停止によってサンクコストが発生し、新たな取引先が発見できなければ、中小メーカーのリスクが大きくなること、②大規模メーカーは収益性が十分確保できると判断すると積極的に自社の直営工場を新設してOEMや委託生産を停止することになり、この場合も取引の停止が発生すること、③パートナーシップの関係が理念的に継続されても、利益の配分が少なくなり、しばしば販売額が増加しても収益性が低下すること、などが例挙できる。新しい事業領域で急速な市場の拡大に対応するにはOEMや委託生産はシェアの拡大への貢献度が高く、提携関係をとる企業のすぐれた経営資源を活用する優位性がある。しかし、提携企業の品質管理、特にHACCPなどの衛生面での問題であり、自動化が遅れてコスト水準が高くなると、大規模な自動の進展した直営工場に集中生産するメリットが大きくなるのが普通である。したがって、市場が成熟化して企業間競争が激化してくると競争力の減退した中小メーカーからの取引を停止しやすくなる。そのため、中小メーカーでもこの取引の停止というリスクを軽減するため取引先を多様化する行動がとられる。このOEMや委託生産での特定取引先との取引依存度が高くなると、大規模メーカーは新設の工場に転換するときに資本出資を高めて、統制力を強くし、最終的には専用的な工場として活用する場合もある。大規模メーカーによる出資割合が50％以上になり、経営者機能も強くなると支配力を伴った系列化に移行する。なお、OEMや委託生産は大規模メーカーと中小メーカーの規模の非対称性が関係を形成するだけでなく、中小メーカー間でも品揃えと専門化の追求のギャップを調整するためにも活用される。

　以上のように、企業グループからOEMや委託生産による出資関係のない提携に移り緩やかな主体間関係にもとづく中間組織になり、効率性とパートナーシップの調整が必要になる。また、企業グループ内においても関連会社から100％子会社に移行させて支配力を強くするか、さらに十分な収益性の確保が可能となると本社に吸収されることも発生する。この子会社・関連会

社も資本の系列化にある場合でも、独自の行動をとってスピンアウトする場合もある。

　競争力を減退させた中小企業にとって大規模企業と提携関係をとることは、情報の共有化が進展し、取引先との交渉力も強化されるというメリットがあり、中小企業によってはM&Aを期待することになる（注15）。しかし、大規模企業がM&Aを実施するデメリットは、①労賃水準が本社と同じになってコストが上昇すること、②M&Aの後に設備の更新などで効率的にするには投資額が大きくなることが例挙できる。出資関係にない中間組織では大きなリスクが発生した場合にOEMや委託生産などの外注生産を減少させることが多く、特に最近ではHACCPの認定ができない工場での取引は停止される場合もある。

　中間組織でも参入と退出が自由でフラットで緩やかな関係にあるのがネットワーク組織であって、パートナーシップが理念として尊重され、寡占的競争構造に対抗することが期待されている。このネットワーク型の組織化のプロセスは、情報の共有化から製品開発や取引先の共有化へと発展し、「1つの経営体」として新会社の設立や共同利用施設への投資に至ることもある。この情報の共有化だけでも、また高性能なコンピューターシステムを共同利用するだけでも、卸売会社のネットワーク組織であれば、在庫率を減少させて、検品作業を合理化するだけでもコストの節約効果は高くなるであろう。また、食品メーカーでは情報の共有化は製造技術が部分的であれ、オープンになるだけでなく、たとえば原料の仕入価格も参加者の低い水準に統一されやすくなる。ネットワーク組織による製品開発は食品メーカーであれば、技術的な経営資源を動員することによって大規模企業とは異なった品質水準の製品開発になる。また、食品卸売会社であれば、しばしば中小メーカーとの製品開発でPB商品の開発に入り、大規模メーカーと対抗することもある。ネットワーク組織でも信頼関係が強くなると、その中の有力企業が合併・吸収に入る場合もある。

　このネットワーク組織の課題は4つある。①中核となる企業のリーダー

シップがないとシステムの革新が進展しないこと、②広域的に分散立地すると輸送コストが制約条件となって物流システムなどへの共同投資がしにくいこと、③「1つの経営体」としての効率的なシステムが本来形成されにくく、参加するメリットがなくなると退出する企業が増加すること、④参加企業の資格条件としてネットワーク組織内で十分な経営行動をとれるような規模と人材を含めた特異的な経営資源が必要であることである。中小企業にとって大規模企業の系列化に入るか、ネットワーク組織に参加してフラットな関係を持続するか、という選択がなされることになる。

　今井賢一のネットワーク組織は情報の共有化を基本としていたが、その後企業システムへと発展することになった（注16）。産業組織は企業グループ、中間組織によるOEMや委託生産による提携（技術提携を含む）、ネットワーク組織によって新たに分割されるであろう。このなかで企業グループは市品提携を基本としていてグループを維持するには多額の投資と役員の派遣が必要になる。それに対して、中間組織では取引依存度の増大は中小企業サイドからの取引特定的投資が発生しやすくなるため、取引の停止で新たな取引先が発見できなければ、サンクコストになる。つまり、中間組織では効率化が促進されて、パートナーシップに近い利益の配分が実現されるなら経営資源の依存関係が強くなるであろう。また、M&Aによって急速な成長をとげようとする企業が多数出現してくれが、中小企業によってはこれらの企業に資産評価をあげて自らの会社を売却することもある。

　以上のように企業行動と企業間システムの形成によって産業組織は変化することになり、戦略グループの多さが競争を促進すると同様に産業全体のパフォーマンスを改善するであろう。

4．経営戦略の相互作用と統合化戦略

　寡占的企業の行動様式は競争関係を意識して相互依存性が高くなっており、ゲーム理論でいうナッシュ均衡に近づいて過当競争を抑え、効率的な資源配

分を実現することになった。特に差別化行動をとろうとすれば、特定産業分野における製品空間での差別的優位性を持続しようとし、マーケティング・ミックスだけでなく、取引先との「関係性」あるいは「協働」のマーケティングが課題となる（注17）。この「関係性」あるいは「協働」のマーケティングでは、取引先とのコミュニケーションや信頼関係によって販売促進コストを節約し、製品開発機能を分担するなどの対応がとられ、他方で多様な支援が可能となる。このことは、これまでのような垂直的な分業関係が変化し、卸売会社のリテールサポート、量販店・CVSのチーム・マーチャンダイジングのように取引における相互依存性が高くなったことを意味する。

　コスト優位性を実現しようとする企業はそれぞれの産業のリーディングカンパニーであることが多く、これまで積極的な生産技術革新によって規模の経済性、熟練の形成によって生産コストの節約と規模拡大を追求してきた。ついで経営の成長を追求しようとすれば製品－市場戦略による多角化でリスクを分散し、経営資源の有効利用で範囲の経済に移り、さらにコア・コンピタンスへの経営資源の集中をはかることによってアウトソーシングを展開することが、リーディングカンパニーの代表的な行動様式となった。しかし、過度の多角化は少量多品目生産を拡大してラインを多様化しただけでなく、経営システムを複雑化した。特に生産システムでは自動化によって省力化することができたが、販売組織は流通チャネルごとの対応が必要になり、販売管理コストを増大させた。また、多角化は企業間システムの形成を促進し、アウトソーシングするか、内部組織化するかの選択を企業に迫ることになった。それまで、組織的優位性があるとされた事業部（SBU）も、コア・コンピタンスの視点から企業全体としての組織再編との検討が必要となった。

　このコスト優位性はリーディングカンパニーにとって競争力の源泉であり、シェアの拡大という企業の経営目標にも結び付いた。代表的企業としてはファーストフードのマクドナルド、米菓の亀田製菓、パンの山崎製パンがあげられ、コスト優位性は低価格販売に直結し、シェアの拡大に貢献するところが大きかった。しかし、この低価格販売は他企業の追随をもたらし産業全

体の収益性を低下させやすくなるため、それよりシェアの小さな上位企業では、異なる戦略をとることによって差別的優位性を追求しようとする。たとえば、マクドナルドVSモスバーガー、亀田製菓VS岩塚製菓、山崎製パンVSタカキベーカリーの戦略は対照的であり、後者では高品質生産への志向が強くなる。差別化行動は生産システムにとどまらず、原料や流通システムまで拡大してくるので価格競争を回避しようとする。農品質生産をさらに追求しようとする中小メーカーでは流通コストを節約しようとして通信販売などが採用される場合もある。

　このように意識的に異なる戦略をとり、それに適合して資源配分を調整することで、ゲーム理論でいうナッシュ均衡に近づけることが産業全体パフォーマンスを改善することになるであろう。このナッシュ均衡は、「相互に相手のとる行動を考慮し、最適な行動を選択」することであり、多額の投資による過剰能力の形成と価格競争の抑止になって、それぞれの企業が同一化行動をとるよりも差別化を最大化しようとする（注18）

　多段階的なゲームを前提とすると先発か、後発かによって未来の戦略が規定されてくる。競争戦略からすると先発企業の優位性は、以下の４点である。①広告や販売促進で初期にブランド化が達成され、消費者の購買行動への関与に強く関係すること、②技術的には早期に特許をとることによって絶対的な参入障壁が形成されやすいこと、③技術革新のテンポの早い産業では累積生産量が増加するとコスト低下が進展すること、④情報産業では先発企業が標準規格を設定してしまうこと、などが例挙できる（注19）。このような先発企業の優位性にもかかわらず、後発企業が優位性を実現できるのは以下の３点である。①実需の大きな変化に対応するには、過去にとらわれる先発企業よりも敏速に製品開発にはいれることである。すでにブランド化した製品群をもっている先発企業では、新製品が旧製品と競合関係になるとの認識の強いことが新製品開発を遅らせることになる（注20）。②先発企業の販売促進や広告が効果を利用できる立場にいて、「ただ乗り」によって、かえってある程度の成長ができることである。③先発企業は設備投資の更新が遅れが

ちであるのに対して、後発企業はコンパクトな最新の設備で参入しやすいことである。また、参入する企業は全く新たな設備投資や営業活動のコストを負担して参入コストを高位にするよりも、多角化による参入でコスト負担を少なくし、ある程度先発の製品のポジショニングと異なった領域で、少ない生産量であれば参入しやすいであろう。

　このように需要の変化や技術革新が進行すると後発企業でもビジネスチャンスが発生し、コストを下げて参入することが可能になり、製品のポジショニングに成功するとシェアが拡大することになる。しばしば、需要の変化で製品のポジショニングの再編が進展すると、後発企業は先発企業よりも優位になる場合もある。

　情報化の進展や企業間システムの形成によって企業の戦略的相互作用が早くなり、アウトソーシングで経営システムの合理化がなされるようになった。このアウトソーシングは社会的分業に依存するだけでなく、外部化して経営資源の依存関係を形成することである。しかし、他方で垂直的統合を展開することによってバリューチェーンを構築する戦略もとられる。例えば、パンや生麺の食品メーカーは早くからリテールベーカリーや外食チェーンとして川下への垂直的統合をはかり、食品加工部門の低い収益性を川下への統合化によって補完することができた。このような垂直的統合を展開するには以下のような制約条件がある。第1に川中から川下を統合するには、必要資本額が多く、企業の固定コストが負担となることである。第2に垂直的な粗マージンが上昇することによって付加価値を確保することができるが、生産レベルでの規模の経済性が作用しにくいので生産コストが上昇しやすくなることである。第3に川下でのリテールベーカリーや外食チェーンの展開は、店舗段階での情報管理や経営指導を必要とするため、ノウハウや人的資源の確保が課題となる（注21）。特にパンのスクラッチ生産では職人的な熟練技術が不可欠であるため、人的資源を確保できないと店舗数の増加は困難である。ただし、技術が標準化した冷凍生地を利用するならマニュアル化されているので、チェーン展開がしやすくなる。

　本来の垂直的統合は所有型であり、広義には契約型も含まれるが、所有型は投下資本が増加してもフレキシブルな組織調整がしにくいのに対して、契約型ではリスクの調整がしやすく、取引の停止による対応もみられる。しかし、契約型では取引特定的投資が生産者サイドで発生し、取引の停止はサンクコストになって生産者には不利になりやすい。しかし、取引先との全量取引によってリスクの削減、さらに経営全体としての投資額からみて取引特定的投資のウエイトはそれほど高くなければ、契約のメリットは大きい。また、統合するサイドからすれば、リスクの調整を配慮すると、所有型と契約型を組み合わせて供給の調整をする場合もある。ただし、所有型の直営生産に規模の経済性が大きく作用し、契約型の分散的生産よりもコスト節約が大きければ、所有型が支配的になる。

　垂直的統合を寡占的大規模企業が展開し、差別化と規模の経済性を実現できるとするとシステムの優位性が強くなり、参入障壁が形成されやすくなる。このことによって多くの企業が選択し、また契約型も同時に拡大すると、オープンマーケットの役割がなくなり、需給実勢による価格形成がしにくくなるのが普通である。特に契約生産が支配的となり、買い手サイドの交渉力が強くなり、さらにサンクコストが大きくなると、支配力が発生することになる。

　しかし、他方では前方への垂直的統合は取引先との競争関係を発生させ、大口の取引先との競争関係を発生させ、大口の取引先との取引停止によるデメリットが大きいと判断すれば、競合しない製品に限定し、垂直的統合をしないことを選択するであろう。このような産業は製粉産業など素材型産業が典型的である。経済主体間の垂直的な相互作用は素材（一次加工）と二次加工の各段階が寡占的競争構造にある場合には、製品開発で協力関係をとり、素材生産企業に多少の利益を配分するケースがみられる。

　垂直的に異なる流通段階で双方が寡占的競争構造にある場合、川下に近い買い手サイドが交渉力で優位に立つのが普通であり、バイイングパワーが特にCVSと食品メーカーとの関係で発生しやすい。また、双方が寡占的競争

構造にある場合に提携や協調もみられるが、相互が戦略をめぐるコンフリクトが発生し、取引先の変更になるためシェアを変化させ、取引の停止によって加工メーカーに過剰能力が形成され、工場の操業度が低下することになる。このように垂直的な寡占的競争行動は売手サイド、買手サイドの経営戦略をめぐるパワーの発生によってシェアの変化を発生させ、競争構造を変化させる。

5．生産資材論と関係性マーケティング

　取引先との主体間関係が強まるにつれて、抽象的な市場細分化と製品差別化を結合させるこれまでのマーケティング論よりも、顧客との新たな価値を創造してバリューチェーンを構築しようとする「関係性」マーケティング論への期待が高まっている（注22）。

　取引関係にある主体間のコミュニケーションは情報の共有化をもたらし、マーケティング・ミックスの在り方をかえるので、これまでのマーケティング論も革新を迫られることになる。具体的には情報共有化から協調へ、さらに提携というネットワークが深化するにつれて、価格・製品・チャネルの戦略の転換が迫られる。このネットワークが深化し、主体間での交渉力も高まり、場合によっては取引先の変更を含むことになるので、相互で販売チャネル管理が課題になる。

　関係性マーケティング論が早くから関心のもたれた分野は生産財部門であり、生産資材の販売には取引も前後に顧客へのサービスとしての支援が前提となり、このサービスがなければ、製品の販売につなげられないという財の特徴がある（注23）。生産財マーケティングの領域でも、顧客管理からさらに進んで企業間の統御が課題となってくる（注24）。また、生産財は消費財と異なり、実需者の使用価値評価が厳格であり、当然のことながらマーケティング・ミックスの仕方や体系性が異なってくる。さらに産業組織論的には売手・買手ともに寡占化が進展してくると、商品の品質にはサービスを含

んだ差別化をめぐる競争になり、販売後の支援（サービス）が継続的取引の前提となる。

　大規模な生産資材の販売では、メーカーが製品の販売に至る前のコミュニケーションや取引の相手先の要望を入れた製品開発が必要になる。生産資材のなかでも飼料は取引先との指定配合や委託配合が増加し、中小メーカー配合設計や原価構成を取引先に提示してインテグレーターや大規模畜産経営体との提携関係に入っている。肥料でもメーカーは産地の条件に適合して、有機質肥料を加えた肥料設計をとっている。また、農業機械では販売後の保守というサービスが、継続取引の前提条件であり、製品価格の低さが実需者の購買を決める主たる要因とはなっていないし、この保守というサービスが外国からの輸入品に対しての参入障壁となる。このように農業生産資材でも川中・川下の食品産業の意向をうけて産地・生産者が差別化しようとすれば、品質や安全性の基準を引き上げるため資材を指定してメーカーとの関係を強めることになる。また、メーカーも顧客管理を強めるために取引先からの要求に対応した行動をとりやすくなる場合が多く、情報の共有化がすでに進展していると交渉力の強い側が取引先の原価や利益管理をするようになる。このようなメーカーにとって価格競争で不利な立場になるよりも、関係性をつくりながら企画提案力をつけることによって経営の存続を図ろうとする。

6．むすび

　産業組織論と経営理論をつなぐ中範囲な論理の構築の必要性が強まっている。これまでの産業組織論では市場行動に力点をおきながらゲーム論などで寡占的企業の戦略的相互作用にまで踏み込むまでになったが、垂直的な関係を取り込んだ論理化が遅れてきた。また、経営理論も範囲の経済の追求による多角化の進展と中核的能力であるコア・コンピタンスの位置づけによる事業の再編にまで議論が拡大された。しかし、分社化や異なる流通チャネルに対応した販売組織の形成などによる経営システムにまで論理化されておらず、

今後企業間システムとの関連での議論が進展し、産業組織論とのつながりが必要となってくるであろう。

　フードシステムの視点からすると垂直的な流通段階における寡占的企業の戦略における相互作用が大きな課題となるであろう。特に川下のCVSや量販店をめぐる小売主導型流通システムのもとでのメーカー、卸売会社との戦略的提携が包括的なレベルまで進展するかどうかに関心がもたれる。また、寡占企業間の関係から抜け落ちた中小企業のネットワーク組織が新しいバリューチェーンの構築や効率化によって寡占的企業にどこまで対抗できるかが残された課題である。今後、川下の企業の寡占化がわが国でも本格的に進展することによって量販店やCVSの戦略が提携や協調関係によって川中、ついで川上の農業との関係を構築してチェーン構築をはかろうとする戦略グループが形成されるようになるであろう。この関係は垂直的なシステム間競争の形態をとりやすくさせ、川下の企業行動が川中・川上の企業、生産者・産地の経営戦略に影響を与えて、それぞれの産業組織を変化させることになる。

　取引先との主体間関係が強まるにつれて、顧客との新たな価値を創造してバリューチェーンを構築しようとする「関係性」マーケティング論への期待が高まっている。資材産業では取引先とのコミュニケーションから始まり、製品開発への関係が強まり、相互に競争力を拡大する。また、メーカーは取引先や実需者への支援システム（サービス）を持続的に展開するには実需者への統合化が戦略になる。

引用・参考文献
（注１）水戸公『自由と必然』文真堂、1979、pp.25-41；馬場克三『個別資本と経営技術』有斐閣、1957、pp.28-44
（注２）金沢夏樹編『農業経営学の体系』地球社、1978、pp.71-96；占部都実『経営学原理—経営学の方法』森山書店、1957、pp.57-96
（注３）丸山雅祥・成生達彦『現代のミクロ経済学』創文社、1997；長岡貞男・平尾由美子『産業組織の経済学』日本評論社、1998
（注４）M. Porter、土岐坤ほか訳『競争の戦略』ダイヤモンド社、1982；M.

Porter，土岐坤ほか訳『競争優位の戦略』ダイヤモンド社、1985

(注5) R. Schmalensee、"Entry Deterrence in the Ready-to-Eat Breakfast Cereal Industry"、Bell Journal of Economics，Vol.9，1978

(注6) 小西唯雄編『産業組織論の新潮流と競争政策』晃洋書房、1994；村上政博『アメリカ独占禁止法―シカゴ学派の勝利』有斐閣、1987．pp.91-132

(注7) 斎藤修「アメリカにおける産業組織論の新展開とフードシステム」（斎藤修『フードシステムの革新と企業行動』所収）農林統計協会、1999

(注8) L.W. Weiss，"Concetration and Price，" the MIT Press, 1989

(注9) G. Quail and B.W. Marion，"The Impact of Packer Buyer Concentration on Livecattle Price，" WP-89，NC-117，Univ. of Wisconsin-Madison，1986

(注10) M. Porter "Interbrand Choice，Strategy，and Bilateral Market Power，" Harvard Economics Studies, 1976；M. Porter，"The Structure within Industries and Companies，" The Review of Economics and Statistics，May，1979

(注11) 河野豊弘『新・現代の経営戦略』ダイヤモンド社、1999、pp.38-68

(注12) H.I. Ansoff、広田寿亮訳『企業戦略論』産業能率短期大学出版部、1969、pp.214-258

(注13) 中田善啓『マーケティング戦略と競争』同文館、1992、pp.185-196

(注14) 島田克美『企業間システム』日本経済評論社、1998、pp.35-55

(注15) 森信静治・川口義信・湊雄二『M&Aの戦略と法務』日本経済新聞社、1999、pp.1-22

(注16) 今井賢一編『21世紀型企業とネットワーク』NTT出版、1992

(注17) 上原征彦『マーケティング戦略論』有斐閣、1999、pp.245-297

(注18) 小島健司「競争動態の分析」（中田善啓・成生達彦・丸山雅祥編『マーケティングのニューウェーブ』所収）同文館、1990、pp.55-71

(注19) 山田英夫・遠藤貞『先発優位・後発優位の競争戦略』生産性出版、1998

(注20) 浅羽茂「下位企業の競争優位維持可能戦略」『学習院大学経済論集』28（2）、1991

(注21) 斎藤修・木島実編『小麦粉製品のフードシステム』農林統計協会、2003

(注22) 嶋口充輝、和田充夫がわが国の代表的な成果であるが、関係性のマネジメントとしては矢作敏行が先駆的である。外国ではJ.H. Gordon、J.N. Sheth他編がある。マーケティング論ではネットワーク論の取り込みが経済学分野よりも遅れがちであったが、陶山計介他編、近藤文男他編がある。嶋口充輝『顧客満足型マーケティングの構図』有斐閣、1994；和田充夫『関係性マーケティングの構図』有斐閣、1998；矢作敏行『現代流通』有斐閣アルマ、1996；I.H. Gordon，"Relationship Marketing，" JohnWiley & Sons、Cnada，Ltd，1998；J.N. Sheth and A. Parvatiyar（eds），"Handbook of

Relationnship Marketing,” Sage Pubulicationns, Inc. 2000；陶山計介・宮崎昭・藤本寿良編『マーケティング・ネットワーク論』有斐閣、2002；近藤文雄・陶山計介・青木俊昭編『21世紀のマーケティング戦略』ミネルバァ書房、2001

（注23）生産財のマーケティングをめぐる議論はこれまで実務者レベルであったので体系を欠いていた。西村務『新しい生産財マーケティング』プレジデント社、1992；藤井昌崎・広田幸男『産業財のマーケティング』東洋経済新報社、1998

（注24）高嶋克義では企業間関係の統御を課題とし、実需者との関係では組織購買や取引の依存関係の強い依存関係の統御、他方で競争は標準化による価格競争という協調と競争の解明がなされている。しかし、製品開発やイノベーションの視点がないと競争と協調の動態的な展開が解明しにくく、使用価値評価に基づく標準化にまで接近しにくいであろう。また、営業は取引先へのサービスとして支援や提案としての性格が強くなるであろう。高嶋克義『生産財の取引戦略』千倉書房、1998

第2章　農業資材産業の展開と産業組織

1．はじめに

　農業資材産業は、生産財としての特異性があり、特異的な産業組織を形成して技術革新を遂げ、農業生産者は実需者として資材を購入し利用する立場になる。これまで生産資材についての産業組織論的な研究は、経済学や商業論の領域においてもそれほど重要視されてこなかった。農業資材産業は、実需者ニーズに対応した製品開発によって生産力や農法の形成に貢献してきた。現在では生産コストの節約も農業資材産業を巻き込んでいかないと実現しにくくなったし、また環境保全型農業の進展は、農業資材に一層の安全性をもとめている。さらに農業が川下・川中の食品産業、また消費者との関係を強くするほど、資材産業もそのニーズを受けて、製品開発に入ることになる。これまで農業資材産業は、実需者でもある農業生産者と対立関係にあるとして、寡占的競争構造やそこでの企業行動をみてきたが、このような垂直的な関係が重要になると、農業資材産業も農業サイドへの技術・経営支援が必要になる。

　この章では、まず農業資材産業の産業組織的性格を産業組織、垂直的関係、系統農協の役割、グローバル化について整理し、ついで農業経営と農業資材産業の効率化や合理化について検討する。さらに、肥料産業、農薬産業、農業機械産業、種苗産業の企業行動、技術革新、農業経営との関係、などについて特異性を概括することにした。産業組織の市場構造や市場行動の定性的な分析をするよりも、歴史的な展開を解明するためにダイナミックな企業行動と技術革新をできるだけ取り入れることにした。さらに、実需者である農業生産者と資材産業の垂直的関係については、系統農協の役割や農業経営の

革新で説明することにした。なお、飼料産業については歴史的展開をふまえて第6章で扱うことにした。

2．生産資材産業の産業組織的性格

　農産物市場が拡大することによって資材産業にも新しい産業が形成されて市場規模は拡大することになるが、消費材と異なって生産資材であるため資材産業と実需者との関係には特異性がある。第1に実需者のニーズによって市場が細分化されやすく、生産資材の使用価値については継続的利用によって農家側にも知識が集積されて、学習効果をともなってくる。第2に使用価値評価が消費財よりも厳格であるため製品差別化だけの販売活動がとりにくく、営農指導や相談などのサービスと結合されることになる。第3に農家は生産資材価格が上昇して生産コストがアップすることになっても、このコストアップを農産物市場に転嫁できないため、収益性の悪化に結びつきやすくなる。また、農産物価格が低落して農家の所得水準が低下することになれば、生産資材市場は縮小され、生産資材の売上額や価格が低下しやすくなることである。第4に資材産業に原料を国内で確保できるか、全面的に外国に依存するかで資材企業の行動様式が異なり、立地選択や製品開発に特質が発生する。特に飼料や肥料では資材メーカーの工場立地は臨海型が指向されやすく、コンビナート建設による合理化とも連動しやすくなる。

（1）農業資材の産業組織と企業行動

① 産業組織の特質
　これら4つは農業の生産資材産業の一般的特質であるが、我が国の産業組織からみるとさらにいくつかの特質を指摘することができる。第1に、農業の生産資材産業でも肥料・農薬などの分野では総合化学メーカーや原体生産メーカーは素材型で巨大企業の寡占的競争構造にあるのに対して、実需者に近い領域では素材の加工過程をともなった付加価値型の製品形態がとられる

ことになる。この両者は統合化戦略がとられれば垂直的競争になるが、独自性が強くなると社会的な分業関係を形成するようになる。飼料分野でもより実需者に接近して新しい製品形態をみいだそうとすれば、混合飼料のTMRにみられ、肥料分野におけるBB肥料の生産と類似した特徴がある。この素材型の競争構造では規模の経済性や参入コストとなる必要資本額が多く、参入障壁が形成されやすい。それに対して、肥料の配合メーカーや農薬の製剤メーカーは加工型に分類され、企業規模も小さくなって実需者により接近した立場になる。しかし、参入障壁が低く、参入しやすいため市場細分化と実需者へのサービスによる差別化で過当競争を回避しようとする。他方、素材型では同質的な寡占的競争構造となるため需要の停滞や減少が価格競争を誘発しやすい。特に装置化の進展した化学工業では操業度がコスト水準を規定しやすいために需要の停滞や減少は工場の再編成と結びつくことになる。また、素材型の技術革新は国際的レベルで進展しやすく、国際競争力がなければ経営が存続しにくくなり、他方でリスクの分散と経営資源の有効な活用として多角化戦略がとられやすくなる。

　第2に実需者である農家の行動が市場細分化や資材メーカーや販売店との取引関係を規定することになる。しかし、それ以前に我が国の気候が施肥・防除技術に密接に関係して反収の増加に結びつけてきた。また、土地条件は大型機械化を制約して中型技術体系の確立にとどまり、コンバイン、田植機は国際的競争にさらされることなく、独自性のある産業組織を形成した。さらに飼料分野でも農家やインテグレーターによる自家配合や飼料工場の設立という方向が弱く、完全配合という製品形態が選択された。これは農家やインテグレーターにとって省力的であって飼料設計の技術を外部化し、また投資額の節約を選択することのメリットがあったからである。このように実需者の行動やそれをとりまく気候条件や土地条件によって産業組織の我が国における特異性が形成される。

　第3にほとんどの生産資材の流通システムは系統農協と商系企業との2つの流通経路が競争関係にあって、系統農協はシェアの高い分野ではプライス

リーダーシップによって商系企業の寡占的な管理価格の形成を阻止する行動をとってきたことである。系統農協と商系企業の競争は戦前から肥料分野で激しかった。高度経済成長に入るまでに系統農協のシェア拡大は決定的になり、飼料・農薬・農業機械もそれにつづいた。しかし、系統農協の統制力は分野で異なり、寡占体制の進展した農業機械では取引価格の低下を実現するのが困難であり、効果は肥料・農薬に顕著であった。しかし、需要の停滞・減少によって競争が激化すると平等原則が強く、大胆な大口需要対策がとりにくいため農業生産法人などの大規模経営は商系企業からの調達に転換し、系統農協のシェアの減少に結びついた。

　第4に農業生産資材の専業メーカーは多角化戦略をとる大規模企業と比較すれば、収益水準が低位にあって競争力差を大きくしたことである。農業生産資材への特化が強くなるほど過当競争に直面しやすく、特に系統農協のシェアの高い分野では全農のプライスリーダーシップが機能することになる。また、系統農協のシェアが高い分野では大手メーカーでも全農との取引依存度が高くなるので、このプライスリーダーに追随することになるが、系統農協が工場を占有していた農業機械の分野ではメーカーとの交渉力が制約された。専業メーカーも取引依存度の高い全農が原料から製品輸入を拡大した肥料では収益性の低下が著しくなる。

　第5の特質として戦後における肥料産業の育成と農家への安定供給のための肥料2法（臨時肥料需給安定法、硫安工業合理化および硫安輸出調整臨時措置法）や肥料安定法は、農業と肥料産業の健全な発展を目的とした産業政策であり、カルテル的な市場行動を政策として産業の効率化・合理化を展開した。農業機械では中型機械の普及には構造改善事業による政策による誘導が関係し、米価の上昇による所得増加が購買量を拡大した。他方で農薬では安全性をめぐる規制が強化され、農薬メーカーの新製品開発への投資額が増大して収益性を低下させた。一般に稲作に関係する肥料・農薬・農業機械は政策的影響を受けやすく、たとえば生産調整の拡大は資材メーカーの売上額を減少させ、園芸部門への販売拡大へと転換することになった。しかし、肥

料産業における肥料安定法はメーカーよりも系統農協の価格交渉力を強める効果があって農家にとってプラスのメリットとなった。

② 農業資材産業をめぐる垂直的関係

　以上のような性格は日本的な農業生産資材産業の特質を形づくっている。一般の流通論では生産資材をめぐる議論は遅れ、消費－小売－卸売の関係に集中しやすいのに対して、農業経済視点では生産力や技術構造から農業関連産業の動向を多少ながら分析してきたこと、また系統農協では農産物価格と資材価格の対比してきたことから関心が深かった。特に稲作中心の農業機械では出荷台数が米価の上昇と密接に関係しているとされ、米価据え置きや生産調整の拡大は当然のことながら、出荷台数の増加を制約した。また、飼料ではトウモロコシのアメリカにおける不作や為替変動でコストが変化しても畜産物市場と連動しにくいので、そのリスクを農家やインテグレーターが相互に担うことになる。飼料メーカーは実需者との取引を固定化しようとすれば、畜産物市場への販売に関係することになり、統合化するため畜産事業を展開することになる。このような統合化は肥料でもみられるようになり、飼料メーカーや販売店が開発した有機質肥料を継続的に販売しようとすれば、農産物の販売のために川中・川下の食品企業とのネットワークを形成し、さらに進んで農業生産法人などの経済主体を支援することが必要となった。

　この資材メーカーによる統合化の戦略とは逆に、フードシステムの構造変化によって川下・川中の関係が農業にまで拡大して差別化商品が開発しようとすれば、川下・川中の食品企業の要求に適合した生産資材を生産者が選択する。このような垂直的関係は生産資材から農法の選択に拡大することによって強くなってくるのが普通である。特に飼料や肥料は実需者のニーズに対応して原料や銘柄指定がなされるので、農産物市場、さらには食品市場と生産資材との関係が深化されることになるといえよう。農薬についても栽培技術の革新と結びつき、安全性を追求する消費者や食品産業との垂直的関係を強めることになる。

このように生産資材と農家・インテグレーターとの関係は生産資材市場と農産物市場のリンケージを強め、さらに農産物市場は川下・川中の食品企業とつながり、垂直的な情報の共有化がはかられ、提携や統合化の契機をつくりだす。それぞれの資材産業は固有の論理をもって成長と発展をとげ、産業の編成には政策や経済変動が異なって作用した。

　肥料・農薬生産の技術構造は装置型であるため、規模の経済性が作用しやすく、参入の必要資本額も多いため素材生産ほど大規模企業の寡占化がみられる。この装置型としての特質は飼料産業も類似し、飼料工場の大型化が志向されてきたが、自動化の進展とともに省力的となり、操業度の拡大がコストを節約した。農薬では規模の経済性が新製品開発のための投資額とも関係して、参入障壁が大きくなり、中小メーカーとの系列化や社会的分業が発生しやすくなる。系列化やグループ化が最も進展したのは農業機械であり、メーカーによる販売会社の設立とともに作業機、多様な機種、エンジンをセットした供給システムが形成され、自動車産業とやや類似した企業システムがとられた。このような企業システムをとる久保田、ヤンマー、井関、佐藤造機の4社の寡占的市場構造は1965-70年には形成され、エンジンが企業システム形成に重要な役割を担った。

　輸入原料への依存度が高い飼料や肥料では大きな経済変動はオイルショックであり、その後の為替変動によって収益性が大きく変化した。特に肥料では硫安・尿素などはアンモニア工業として石油産業との関係が強くなっているので、輸入国の資源ナショナリズムや交渉力の強化に直面せざるをえなかった。また、飼料でもアメリカの不作と為替変動によって価格が上昇して、畜産危機が発生して収益性の低い畜産経営は淘汰された。このようなそれぞれの資材産業の固有の論理は歴史的な画期を多少とも異にする。すなわち、稲作の政策的影響を受けやすいのは農業機械であり、米価や生産調整がメーカーの売上台数を規定しやすかったし、また肥料・農薬も系統農協のシェア拡大が急速に展開したのは稲作部門を中心的基盤としてきたからであった。しかし、このことは稲作部門での普及が終了して市場の拡大が限界になるに

つれて、商系の強い園芸部門の製品開発と普及を遅らせることになった。これに対して、種苗産業は政策との関連が園芸部門を中心としたため弱く、他の資材産業が生産調整、オイルショックで大きな影響を受けたのと対照的に、市場規模が安定的に拡大しやすかった。また、農業機械では中型機械の普及が1971年にピークを形成し、その後は田植機・コンバインの普及が拡大してはいたものの、更新需要が9～10年周期で形成された。この周期的な更新需要は耐久生産財固有の性格がある。さらに耐久生産財でに修理とサービスが機械の買い換えと関係して実需者との固定的関係をつくりやすいため、系統農協、商系企業とも整備施設の充実が必要条件となって、価格条件で取引先が変更されやすい飼料とは性格を異にしている。この耐久生産財としての農協機械は実需者の階層分化によって機種やタイプを異にし、他方で中古市場の形成によって安価な購入が可能となった。

③ 系統農協の役割

　系統農協による共同購入が本格的に展開されたのは戦前における肥料であり、戦後も硫安を中心とした寡占的な肥料メーカーとの交渉力の拡大が農家の購入価格をさげ、ひいては生産コストを低下させた。その後、農薬ついで飼料・農業機械でも系統農協のシェアが拡大して分野によってはプライスリーダーシップがとられ、購入価格の低下がなされてきた。後発で系統農協としての工場の保有がなく、かつ高度寡占体制が早期に形成された農業機械では全農・経済連・単協間のシェア格差が大きく、価格据え置きにとどまって購入価格の低下にまで全農の交渉力を強化することができなかった。農薬は肥料よりもメーカーのブランド力や新製品開発によるパテントがあるため、操業度の拡大で販売価格を低下させやすい肥料よりも高めの価格水準にあった。また、飼料では全農・経済連・単協の系統農協としての組織体制が確立され、シェアが40％近くに達すると原料価格の変動による飼料価格の形成に全農のプライスリーダーシップが関係するようになって、価格変動による農家のリスク負担を小さくすることができた。

このようにそれぞれの資材産業によって系統農協の組織体制やシェアが異なっており、系統農協の参入とシェア拡大の遅れた分野では全農の交渉力の拡大は制約された。全農での交渉力拡大の原則は系統農協や資本の提携によって原価に基づいた価格形成に近づけることになる。農業機械ではこのような展開がしにくいのに対して、肥料では系統農協のシェアが高く、資本提携をともなったメーカーの経営内容、さらに原価を把握することも可能である。さらに購入価格を低下させようとすれば、製品輸入の方式をとって国内メーカーからの購入割合を減少させるという対応がとられる。

④ 農業資材産業のグローバリゼーション

　国際化の視点からすると、輸入原料へ全面的に依存してきた肥料のリン酸やカリ、原体を国際的な大規模メーカーから輸入してきた農薬では、資源を保有する海外の産地の企業、メーカーとの交渉や国際的需給関係で価格形成がなされる。全農では飼料と肥料では専用船による輸送システムがとられ、飼料での全農グレインの建設、肥料での現地企業との資本提携などによって総合商社に近づいた流通機能を担うことで、安定供給とリスクの減少に結びついている。他方、輸出は肥料二法下で硫安産業の合理化と中国への肥料の輸出でトップレベルの国際競争力を確保してきた時期もあったが、その後、急速に競争力を減退させた。種苗では大手メーカーから採種農場をアジアにシフトさせて、コーティングや苗生産による付加価値化を志向し、中堅メーカーでは農業生産を統合化する戦略をもっていた。しかし、すでに日本の種子は海外に輸出され、青果物の輸入を前提とした製品開発が進展している。また、ヨーロッパを中心とするM&Aの展開は国際寡占化を進展させ、韓国における外国資本による系列化にみられるような国際的な競争構造の急激な変化がある。農薬における原体メーカーでも欧米におけるM&Aがくりかえされ、国際寡占化がさらに大規模な進展をみている。また、安全性を配慮して新製品開発をはかるには、そのための投資額が大きくなり、国際競争力のある企業が限られるようになった。農業機械でもトラクタは、国際的な商品

としてフォードなどの大規模メーカーが日本へも輸出してきた。北海道を中心とした畑作地帯が主たる市場であり、アジアの水稲の機械化技術との関係では中型機械が前提となり、その技術開発は日本のメーカーに優位性がある。しかし、韓国などからの中型機械の輸出は農業機械の購入価格をかなり低下させる可能性をもっているものの、修繕・部品供給システム、技術・営農指導へのサービスは国内の系統農協や商系企業の特約店が担うことにかわりがない。したがって、実需者は農繁期における作業を計画的に実施しようとすれば、低価格での外国製品の購入よりは国産機械が選択されやすくなる。むしろ、購入価格を低下させようとするなら、中古機械を大規模経営でも採用しようとする。我が国で農業機械化は大規模化しても作業適期が狭く、労働ピークが形成されやすいという性格があるため、労働力を機械にはいつけてこれに対応することが過剰投資となりやすい。このことは大規模経営の規模の経済性を相殺して、多角経営への指向を強めることになる。このように農業機械メーカーではクボタのように輸出している企業もあるが、国内市場での寡占的競争構造が維持され、コンバイン、田植機の価格形成においても他の資材と比較すると高位になりがちである。

　生産資材産業の市場成果は長期的に十分な評価の分析がしにくいが、農産物価格との関係からみると1955年から10年間及び1965年から10年間で肥料・農薬の実需者の購入価格は全農の交渉力で低めにおさえられ、飼料でも実需者への原料価格の変動にともなったリスクが緩和され、競争的環境が形成されたといえよう。そのため、それぞれのメーカーの収益性は1975年から10年間には低下するようになり、特に製品輸入に入ったことで、全農系の肥料メーカーは収益性の低下はさらに進展し、経営組織の再論と効率化・合理化に入ることになった。

（2）農業経営と農業資材産業の効率化・合理化

　農業生産コストを節約しようとすると農業経営の効率化にとどまらず資材産業の効率化と合理化が課題となった。国際的な価格比較からするとトラク

タや殺虫剤では米国と大きな差がなく、尿素で1.7倍と高めになる。肥料も袋詰からバラ扱いになれば格差が縮小することになる。飼料では、米国から原料輸入しているため比較しにくいので同じ条件下にある台湾と比較すれば、自家配合の割合が高い台湾が多少価格が低くなる。それでもコンバインや田植機は、国際的競争にさらされているトラクタと比較すれば価格水準は高位にあるとされる。

　農業機械の効率化と合理化は、シンプル農業機械の開発として低コストの農業支援農機があり、高性能化・快適化よりも基本性能を重要視することで10〜15％の低価格にして、普及拡大をはかったことが第1にあげられる。第2に耐用年数を長くして原価償却を節約するには部品の規格化・共通化し、農業機械整備や技能の養成がこれまで以上に必要となった。第3に中古農機市場の形成であり、販売先を念頭においた下取りと再整備によってその割合が30〜40％に達して、販売価格も2分の1程度であるので、兼業農家にとどまらず大規模経営にも拡大した。日本では実質的な耐用年数の低さが減価償却費をアップしやすく、稼働率も低位にあったが、長期的な利用ができるようになり、かつ農業機械銀行方式やコントラクター方式も拡大されて効率的利用に結びついた。農業機械産業では田植機の普及後は更新需要に移り、新機種の開発でメーカーが多少有利な価格設定をするにすぎなくなった。また、輸入に依存していた大型トラクタもクボタを中心に北海道を市場として国産機の開発が進み、メーカーの生産する機種も多様化したが、他方で品揃えを充実して自社の系列化された販売システムを販路とすれば、メーカー間のOEMも拡大されるようになって生産コストの節約になった。

　肥料は大手の統合化学メーカーを素材型として単肥生産とすれば、高度化成やBB肥料メーカーは二次加工メーカーになり、この二次加工メーカーでは実需者や地域の実情に適合した対応がとられることになった。素材型のメーカーはアンモニア系でのガス源転換を契機として石油資本との関係が強くなりコンビナート基地に立地するようになって、化学肥料は大きな事業領域とはならなくなった。系統農協は実需者の省力化に対応して地域ごとに

BB工場を建設し、他方で製品輸入を中近東での全農の開発によって韓国製品よりも有利となった。この中近東はヨルダンからの合弁企業による高度化成の輸入であり、国産よりも20％も低価格であった。実需者の省力化は単肥→高度化成→BB肥料へ移行することで大きくなり、メーカーも付加価値化の戦略とニーズが合致した。さらに環境技術的な対応として側条施肥や肥効調節型肥料の利用が普及するようになった。肥料メーカーのレベルでは依然として極端な多銘柄少量生産が多く、かつ非効率的な物流システムをとっているため、飼料と類似して受委託生産や系統農協での広域農家配送拠点方式がとられている。具体的な物流コストの節約は一貫パスチゼーション、バラ・フレコン流通、実需者による工場直取りがある、また、環境保全型農業が進展するにつれて無機肥料から有機質肥料への転換がみられるようになり、中小メーカーでは付加価値の高い有機質肥料の生産を拡大して未利用・低利用資源の有効利用に入ったが、一部の原料の不足は中国などからの輸入を拡大した。さらに地域によっては有機質肥料の配合施設を保有して地域資源を活用し、肥料コストを節約しようとする行動もみられる。

　高度化成肥料を事例とした価格改定をみると1980年以降連続して価格が低下し、最近になって多少の上昇がみられたものの、輸入製品との競争にさらされた。そのため、専業メーカーでも全農系の売上高の減少と収益性の低下が持続することになった。系統農協のシェアが高位に持続できたのはグループとしての土づくり運動や土壌診断が営農指導に取り込まれ、実需者へのサービスの充実がはかられたことも要因の１つである。しかし、有機質肥料の販売では商系企業の展開が早く、農業生産法人の育成や食品企業との提携によって販路を拡大した。

　農薬産業では原体と製剤過程が分業し、原体は外国資本との技術的提携をとってきた。国内メーカーによっては原体の生産にも入って統合化する戦略もみられたが、それとは逆に主要な原体メーカーが製剤部門を統合化する戦略をとってきた。製剤メーカーの戦略グループは３つに分かれていた。製品開発能力の高い総合化学や医薬を多角化したメーカーの競争力が強くなった。

原体メーカーは品目数が少なく、統合化と多額の研究開発投資によって参入障壁が高いのに対して、製剤メーカーでは多品種多品目生産であって販売員によるサービスは実需者との結びつきを強めた。この製剤メーカーは系統農協と商系の2つの異なる流通チャネルを選択してきたが、全体的に系統農協への販売依存度を高めてきた。製剤メーカーの特許申請は成長であった70年代に多かったが、その後減少し、安全性を配慮した製品開発コストの増大が関係してくる。農薬価格はオイルショックに影響がなく、肥料と比較すれば1985〜99年での全農の価格交渉結果からみると農薬価格は高めになりがちであった。それでもこの間に価格は農薬8％、肥料13％（最大19％）にまで低下したことは、他方で農薬メーカーの収益性の低下をまねいた。

製剤10社の経営成果をみると売上額の停滞にもかかわらず、研究開発投資が増大し、その結果、1980年5％あった経常利益率は1993年に1％程度にまで低下した。やがて、環境保全型農業での減農薬栽培の拡大によって売上額は減少に転じ、多角化と経営合理化に入ることになった。環境保全に配慮した適期・適量防除や代替農薬の使用などによる対応がとられた。農薬コストの節約としては低価格軽量剤の利用、大型包装化、省力化と結びついた農薬開発があげられる。

飼料産業は産地の立地移動に対応して臨海型の飼料工場の有利性が明確になり、他方で物流システムの合理化が進展した。この物流システムはSP（ストックポウント）の排除と大型車による直送によって合理化された。企業レベルでも遠距離輸送の縮小と経営の合理化で受委託生産や資本提携による新会社の設立へ転換した。系統農協では1県1工場方式から臨海型の工場を中心としたブロック再編をとげ、他方で大口需要対策によってシェア低下にはどめをかける戦略がとられた。中小家畜ではコスト競争を展開して規模拡大を追求してきたため、飼料価格が収益性を規定する大きな要因となった。また、このことは新規に参入した遠隔産地にとって畜産物の大消費地までの輸送コストを配慮すると飼料価格の低下が競争力拡大の必要条件となった。畜産経営は飼料コストを低下させるため自家配合方式を採用する場合が少なく、

インテグレーターによっては単体を無税で利用できる承認工場を保有する場合もあった。多くの畜産経営では差別化された畜産物の生産に対応して、飼料も指定配合を利用するタイプが多く、大規模インテグレーターでは原料をシカゴ相場で購入して飼料メーカーに委託生産させるタイプもみられる。このような展開では飼料メーカーと産地が提携関係になりやすく、中小飼料メーカーは大規模インテグレーターとの取引依存度をあげて系列化に入る場合もみられた。飼料メーカーは畜産物輸入の拡大による飼料需要の停滞で価格競争が展開されたことから収益性が低下し、また畜産物の販売や処理加工の事業領域を拡大することで飼料の需要を固定化し、畜産物の付加価値を拡大する戦略がとられた。しかし、畜産物のブランド化がバブルの崩壊後に進展し、他方で安全性を志向したPHFコーン、NON-GMOコーンの拡大などこのブランド化と連動するようになった。飼料メーカーと産地は流通システムの合理化と同時に、新しい価値創造に向けた関係が形成されるようになった。

　種苗では大手2社を核とした寡占的競争構造が形成され、採種の国内契約生産からアジアでの生産への転換がみられた。メーカーは付加価値を追求してコーティングや苗生産に入ることで発芽率をあげ、あるいは省力化に結びついた。新品種の開発はバイオテクノロジーの発展によって進展してきたが、開発コストが多くなり、中小メーカーと大手メーカーとの競争力差が拡大した。また、苗生産も経済連などが産地レベルで参入すると種苗メーカーの役割が減退した。こうしたことから中小メーカーでは農場を利用し小売事業を拡大することで収益性を確保しようとしたのに対して、大手メーカーは対日本輸出のための品種開発に入った。

　全体的に農業生産資材の価格は農産物価格と比較すれば、高度経済成長期に入って農産物価格は相対的に高位にあり、低成長下では農業機械を除いて資材価格は対前年比で連続して低下するようになった。つまり、シェーレ現象（鋏上価格差）は発生しにくかったが、バブル崩壊後、農産物価格の低下が小売主導型流通システムによって資材価格の低下よりも大きくなってきた。また、輸入の増加によって国内の供給量が減少してくると、資材産業の市場

規模も縮小することになった。特に環境保全型農業で無・減農薬と無・減化学肥料の農法が普及するに連れて農薬と化学肥料の市場規模の縮小のテンポが速くなった。資材産業の効率化・合理化によって系統農協への販売依存度の高い専業メーカーほど収益性が低位になった。アンモニア系肥料や農薬の原体のメーカーは国際的競争力を維持するだけの開発力や大規模生産が必要条件となってきた。原体や種苗での国際的な寡占化が進展してくると外国企業との資本提携や系列化が発生することになる。

資材産業も川下・川中の食品産業や消費者行動の変化によって川上の農業への影響が強まってくると、飼料産業もそれへの対応が必要となる。食品産業が川上への垂直的統合化を安全性や差別化商品の開発に連動した戦略をとろうとすれば、食品産業と資材産業が主体間の連携を強めることになる。また、資材産業は資材の販売、技術・営農へのサービスによって農業経営を支援する立場にいる。したがって、高齢化などで弱体化した生産構造を支えようとすれば、それに対した製品開発が必要であり、また、成長をとげつつある大規模経営では資材と農法、さらに経営システムの確立へとつながる支援体制が課題となるであろう。

3．肥料産業の展開

農業資材産業の展開は個別産業によって技術革新、企業行動、さらには実需者である農業経営や系統農協との関係によって産業組織の内容が異なってくる。さらに政策との関係についても稲作を中心としてきた農業機械産業は農業構造改善事業や減反政策の影響を受けやすかった。また、肥料産業は戦後、国家的政策として産業の合理化のための法体系が確立され、独占禁止法の適用除外として産業政策が実施された。それに対して、種苗産業は、産業化の進展したのは園芸部門であり、他方で、稲作の新品種開発などは公益性の高い国・県の試験場の役割であった。稲作部門を中心としてきたのは全購連を主導とする系統農協であり、肥料・農薬では高いシェアを確保すること

ができて、特に肥料ではプライスリーダーシップをとって有利な価格形成になった。ここでは農業資材産業を個別産業の視点から分析することにする。

（1）肥料産業の成長と産業組織

　有畜経営の本格的な経営展開をとらなかった我が国の農業生産は、経営外からの肥料の供給によって地力を培養することが必要となった。しかし、我が国の多肥化の性格が形成されるのは戦後であり、アンモニア系肥料の価格低下や単肥から複合肥料への移行などが関係した。この複合肥料の多投化は多収穫品種の普及、農薬の防除技術は収量の増加と技術の平準化をもたらし、省力化にもなったので急速に拡大し、有機質肥料の減少となった。

　我が国の肥料工業は歴史的に魚肥→大豆かす→化学肥料という発展をたどり、戦前では財閥による寡占的競争構造が硫安を中心に形成され、流通システムを商系企業の役割が大きかった。肥料の原料は硫安・尿素は国内資源を活用できたので、ガス源の転換という技術革新によってコスト節約をはかってきたのに対して、リン酸（P_2O_5）、カリ（K_2O）は輸入に依存せざるをえなかった。特にリン酸肥料は財閥系の企業による独占資本主義の体制が早くから形成されたのに対して、輸入されたリン鉱石に硫酸に加工で生産するため参入しやすく、工場規模も小さかった。この工場規模のちがいは工場の建設コストの格差となり、硫安工場はリン酸工場の数倍以上もあった。

　我が国の総合化学工業も成立期にあっては肥料部門の割合が高く、70〜80％にも及び企業もみられ、多角化戦略によって総合化学工業へと脱皮するまで専業的な経営であった。企業行動からみて多角化戦略で総合化学メーカーへと成長したのは昭和電工、住友化学、三菱化成、東亜合成などの大手7社であった。それに対して、ガス源転換の遅れた東洋高圧、日東化学、東北肥料、日産化学などの企業は多角化戦略をとりながらも専業的性格が強かった。このアンモニアのガス源転換は、これまでの電解法からコークス法に移行することで、これまでよりもコストは2分の1に削減することができた。また、この転換は肥料メーカーと石油化学メーカーとの結合となってコ

ンビナート形成と連動することになった。さらに製鉄メーカーもガスを利用してアンモニアをつくると昭和電工と日本鋼管、住友化学と富士製鉄のようにガスを購入する関係が形成された。アンモニア系肥料の位置づけは、「硫安や尿素はアンモニアの余剰分ないし、使用アンモニア回収分を原料として製造し、「肥料生産は"第二義的なもの、副産的なもの"」としてのカプロラクタムとして利用されることになったが、宇部興産に生産が限定的になった。その後、この利用については全農との資本提携によって存続がはかられたが、新規の用途の開発によって消滅する可能性があった。

　もう1つの大きな技術革新は、化学肥料の普及と複合化や高度化成への転換であった。化学肥料の普及を促進させた要因は、①有機質肥料よりも軽量であり、老人・婦人も運搬と作業がしやすいこと、②散布しやすく追肥技術を確立しやすいこと、などである。稲作では保温苗代の普及で稲の栄養成長が安定化すると、基肥重点型から追肥重点型に移行させることによって増収し、さらに倒伏限界をこえるため耐肥性品種が作出された。この化学肥料は技術を平準化しただけでなく、速効性であるため収量形成に直結しやすく、生産者も流動資本としての投資のリスクは小さかった。さらに単肥から高度化成への転換は、①肥料の3要素の適正比率で配合されるので生産者レベルでの熟練技術がなくても、施肥技術の高位平準化ができること、②肥料メーカーにとっても付加価値形成になり、生産者サイドでは省力化となったこと、などにメリットがあった。このような技術革新によって1955年からの10年間に肥培管理技術が進展し、65年から10年間ではNからP_2O_5、K_2Oへの転換もみられN過多から均衡化が指向されるようになった。

　第3の特異性は国家政策として硫安を中心とした産業合理化であり、肥料メーカーよりも実需者側に有利な展開をたどったことである。政府は54年から肥料二法（臨時肥料需給安定法、硫安工業合理化及び硫安輸出調整臨時措置法）によって需給調整と合理化をはかろうとした。この肥料二法はダンピング輸出に対応した国内価格の上昇を回避するため、内需の優先を原則として価格はバルクライン方式がとられ、輸出も日本硫安輸出会社を設立して一

元輸出された。この対応で硫安を中心としたアンモニア系肥料の合理化によって生産コストを削減して国際競争力をつけるために、第 1 次合理化（53年〜）、第 2 次合理化（59年〜）が実施された。第 1 次合理化ではガス源転換、硫安から尿素・高度化成への肥料形態の転換、装置の改良がはかられ、次の第 2 次合理化ではさらに生産規模拡大が促進され生産コストの削減による国際競争力の拡大が目標となった。硫安は53〜58年にすでに過生産基調にあって輸出増大→コスト引下げ→合理化→設備投資という悪循環を繰り返し、輸出を拡大することになった。しかし、国際市場での競争ではヨーロッパの肥料会社間の提携と連合によって国際的カルテルが形成されていたので激しい低価格競争が展開した。

　この肥料二法の廃止後についての対策をめぐって肥料メーカーは自由化を要求したのに対し、系統農協は国内の肥料確保と購入価格の低位安定のための「肥料安定法」を必要とした。肥料二法では、①輸出市場と国内市場との分断によって輸出赤字の国内転嫁の阻止が重要な課題となって、法的統制権のもとで独占禁止法の適用除外とすること、②政府が 5 ヶ年計画を樹立して需給計画表を作成し、10％の国内需要量の操作をすること、③国内価格の決定は政府の生産コスト調査に基づいて生産者の最高販売価格としたこと、に特徴があった。系統農協にとって政府の法的統制権によって①は国内価格の上昇をくいとめ、また②の国内需要量の操作は系統農協の在庫調整能力によって有利となったが、③については中小メーカーを保護しすぎるとの批判があった。商系は戦後になってシェアを減退させ、特に春肥と秋肥の需給調整や在庫調整がしやすい系統農協は生産か過剰期にはかえ、シェア拡大となりやすかった。全購連では系統全利用と共同計算の一体化が肥料メーカーのカルテル行為と対抗する方法であり、64年以降は肥料安定法化で年間特約共同計算運動に入った。58年に長野県連から開始されたとする共同計算運動は、①平均価格、②原価主義、③数量不変更、④積み上げ方式が原則とされ、年間特約共同計算運動では、年 1 回の特約、全利用の約束へと進展し、施肥設計に基づいた数量契約がとられた。この運動はさらに面積予約共同計算運動

となり、施肥設計に基づいた方式で園芸や飼料作物の部門へ拡大した。この系統農協の共同計算運動に対抗して商系では安売りや値引きをとり、また付加価値の形成のために単肥よりも化学肥料や配合肥料が生産されることになった。

　系統農協では在庫調整が進展し、農家の営農と生活設計までくみ込んで対応した。メーカーも三菱化成のように100％全購連への販売をとることを意志決定したのに対して、1部のメーカーでは直売制をとってきたが、販売額の回収に難点が発生したため商社系を介在させることになった。流通の担い手となった総合商社とこれまでの肥料専門商社との競争になって前者の優位性が強くなり、特定の総合商社が複数の肥料メーカーを束ばねて提携関係に入った。戦前の肥料商人は地主的商業資本としての性格が強く、米の集荷力と肥料の流通チャネルが結合しやすかったが、戦後の農地改革で米の集荷機能は農協へ移行することになったので肥料メーカーの流通チャネルの選択が変化した。すなわち、元売商－卸売－小売の商社系と全購連－県連－農協の系統農協の2つの流通チャネルが形成され、系統農協の流通チャネルのシステム的な優位性が形成されることになった。戦前では有機質肥料を中心とした流通システムであったので、中央問屋－地方問屋－1次・2次卸という複雑で長い流通チャネルであったのに対して、化学肥料が中心となって3段階に短縮された。

　肥料はアンモニア系肥料メーカーの生産集中度の高い寡占的競争構造にあるのに比べ、実需者の農家の1戸当り消費量は1.5トンとされ、消費の零細性が多段階の流通システムを形成してきたことが、第1の特質となった。第2の特質は消費時期が春期と秋期にピークが形成されるので在庫と保管が必要になり、それへの対応として予約注文方式や平均出荷を誘導するための限月価格体系が系統農協でとられたことである。流通段階ごとの系統農協と商社系とのシェア変化をみると、1938年で小売段階、卸売段階ともにそれぞれ50％程度と同じあったが、戦後小売段階における単協のシェアは80％に上昇し、全購連も35％から60％、県連も70％近くに達し、1966年には単協83％、

県連73％、全購連66％であった。大手メーカーの三菱化成は硫安関係の値崩れ、不良在庫の発生回避、三井系との競争関係を配慮して、戦後早めに全購連との提携関係に入った。三菱化成では、「肥料が農家の必需品である以上、その販売についても農家の基盤に立つ農協系統と組むべきである」として、系統農協との取引の安定性を評価した。系統農協も単肥かう20〜30％の付加価値を期待できる複合肥料の普及に商社系よりも遅れて入り、55年から10年間に転換することになった。

　この普及は高度経済成長による農村労働力の流出と対応しており、単肥による配合方式が減少して省力化と技術の平準化を実現することになった。この技術の平準化は防除技術とも連動して地域的レベルで作物、時期、土壌条件による施肥設計をしやすくさせた。また、1955年から10年間では生産者購入資材の中でも肥料・農薬の価格は低下し、それとは逆に農産物価格は上昇していたので、生産者側のメリットは大きかった。系統農協の共同計算運動は価格対策として「原価主義と平均価格原則」をとった。原価主義はメーカーの原価の情報が実需者の代表として肥料審議会を通じてとりやすくなったし、メーカーとの交渉力の拡大に有効であった。

　また、市況の変動に左右されないように時期的にプールされた平均価格を原則として予約購買を強化した。さらにリン鉱石とカリの直接輸入によって原料を購入し、リン鉱石では過石製造会社に委託加工させ、その製品を系統農協に供給した。全購連が輸入業務に入ることによって全購連の買付比率は増加し、総合商社の独占的購入をおさえることができ、三井物産や三菱商事よりも優位に立った。特にフロリダからのリン鉱石の輸入では現地企業との提携ができて輸入開始後の5年目の62年には全購連のシェアがトップになり、国内消費の70％を確保することができた。全購連の原料輸入は独自の専用船を利用してカリの約10％、リン鉱石の20％の取扱になった。このように原料基地の設置、専用船の就航、輸入先の多元化などによって調達費用を低下させると同時に安定供給を実現し、特にリン酸肥料では委託生産によって製造コストを節約することができた。

（2）肥料安定法下での肥料産業の効率化・合理化

　肥料二法の廃止をめぐって系統農協は、輸入赤字の国内価格への転嫁、バルクラインによる価格決定方式を守ることが購入価格への交渉力を強化できるとして反対した。それに対して、メーカー側では肥料の安定供給は実現されたとして法律の不必要を主張した。1964年から肥料二法に替わって、肥料安定法（肥料価格安定等臨時措置法）が制定され、農業と肥料工業の健全な発展を目的として、肥料の国産主義とコスト主義をとることで政府によるコスト資料の交付、価格取り決めの独占禁止法の除外、交渉が難航した場合の勧奨・助言・調停を内容とした。この肥料安定法の対象となる肥料は硫安から尿素・高度化成へと拡大され、国内肥料工業の効率化・合理化が持続されることになった。そして①内需の優先的確保、②国内価格の当事者による交渉、③輸出体制の一元化による輸出の調整、の３点が提示された。系統農協としてはメーカーの合理化のメリットを価格に反映させ、また内需を優先することで国際的な競争を直接的に反映しにくくさせた。しかし、輸入肥料の増加は肥料の国産主義と衝突し、またオイルショックは石油産業とのつながりの深い肥料産業の原料価格の変動を大きくし、値上げ率が大きく上昇した。また、原料輸入においても資源保有国の資源ナショナリズムの台頭によって山元の交渉力が強くなった。

　肥料安定法下での効率化・合理化は、①旧設備の廃棄による生産の集中化と効率化、②ガス源としてナフサ、石油化学のブタン等の石油製品主体への転換が予定された。1965年から10年間では尿素の生産能力が拡大し、硫安、尿素をあわせて世界の窒素肥料の供給基地となって、窒素肥料の供給余力のランキングは世界25ヶ国のトップに立った。我が国の肥料工業はほとんどを石油製品に依存し、原油価格の高騰や為替変動のインパクトを受けやすい性格があった。

　世界的にはアンモニアプラントの新設は天然ガス利用へアメリカ、ヨーロッパが転換し、この天然ガス法は伝統的なナフサ法よりもプラントの建設

費、トン当り製造コストともに低位あった。したがって、ガス源転換のできない我が国の肥料メーカーにとって生産合理化を進展させて国際競争力を強化するにも限界になった。それでも第二次大型化計画では企業レベルをこえて、三菱、住友、三井の旧財閥グループによるスクラップに入り、第1次合理化では19社、28工場であったが、5グループ、14工場に集約し、アンモニア日産能力1,000トンが基準とされた。三菱グループが関連6社、4プラントで30％、三井グループが関連3社、3プラントで17％され、これらのグループに技術、資本、販売活動を集約し、さらにコンビナート型の立地に限定されるようになった。

リン酸肥料工業は生産技術が単純で付加価値が少なく、投資額も少ないという生産システムに加えて、市場も国内に限定的であった。しかし、アメリカからのリン安の輸入が拡大すると、我が国の生産システムも工場の大型化による大量生産が必要になり、やがてコンビナート建設の構想と連動した。リン安のコスト構造では原材料費が66％もあって大型専用艀で輸送コストを節約しても、購入先の山元によって銘柄と成分が異なり、分散的な工場の立地配置がとられてきた。そのため、コスト節約をさらに進展させようとすれば、リン酸液を輸入することが有利となった。

複合肥料化によって普通化成から高度化成が普及してくると、肥料メーカーもアンモニア、リン安を生産する一次加工のメーカーとそれを購入して製品化する2次加工メーカーに分化し、統合化する企業もみられた。アンモニア生産ではアンモニアに生産を限定して、大規模工場化を指向するのが旧財閥系の企業であるとすれば、規模が小さくなると硫安・尿素―高度化成まで統合化する行動がとられやすかった。あるいはリン酸を生産し、アンモニア工場との提携でアンモニアを確保して高度化成を生産し、資本規模が小さくなるほど、リン安を購入するなどで高度化成へ生産を特化する行動もとられた。二次加工生産を選択した片倉チッカリン（株）は、一次加工メーカーが二種以上の原料生産体制を採用することは困難であるのに対して、二次加工メーカーでは実需者に接近して工場を立地配置し、実需者や地域のニーズ

に対応した製品開発、品揃え、販売活動にメリットをみいだした。片倉チッカリン社史によれば、「一次メーカーはあくまでも純生産業者であり、二次メーカーは消費者の代行的業務を担当する加工業である。……常に特約店を指導し、消費者に接近し合理性ある宣伝説明をおこない、その信用を得ると共に、希望する各種各様の肥料を製造する万般の態勢を整えねばならない」という宣言は片倉チッカリンの行動原理となった。

　リン酸では日本燐酸（株）とサン化学（株）が代表的な企業であり、それぞれ２社、３社の合弁・合併で設立された。日本燐酸は日産化学工業と昭和電工の合併で設立され、全農、三菱化成工業、住友化学工業、多木化学の４社も出資して最高の設備と一級の技術で化学肥料の国際競争力を拡大する戦略がとられた。しかし、アメリカからの輸入リン安と国産とのコスト差は縮小しにくかった。

　肥料産業に大きな構造変化をもたらしたのはオイルショックであり、石油産出国やリン鉱石産出国の資源ナショナリズムの台頭が原料から製品ないし半製品の輸出に転換した。また、これまでアンモニア系肥料の日本からの輸入国でも自給率を向上する対策がとられるようになった。オイルショックでは原油価格がバレル当り20ドルから30ドルにアップしたことで肥料コストが急上昇し、輸出市場が縮小することになった。このオイルショックによって在庫が増大し、過剰生産と高コストの構造をかかえ、1978年に特定不況産業安定臨時措置法が公布され、アンモニア、尿素、湿式リン酸が指定されることになった。アンモニア肥料はソ連での設備能力の拡大だけでなく、産油国は国内市場をもっていないため世界的に過剰基調になった。オイルショックによる資源ナショナリズムはリン鉱石の山元のカルテル化を促進し、リン鉱石の輸出価格の大幅な上昇となった。オイルショックによる肥料価格の変動は対前年比でみて、73年38％、74年29％、75年７％と上昇し、その後に値下げされ、ついで第二次のオイルショックでは79年21％、80年15％と上昇した。しかし、その後に円高が進展すると86年13％、87年５％と値下げがなされ、変動幅が大きくなった。また、特定不況産業安定臨時措置法ではアンモニア

製造業で設備能力の26％、尿素製造業45％、湿式リン酸20％が処理され、57年の設備稼働率ではアンモニア60％、尿素47％、湿式リン酸65％にまで低下した。構造改善の途中で硫安・尿素の輸出を一元的に担ってきた日本硫安輸出会社は赤字を累積して解消し、設備処理目標もさらに拡大した。特に第二次構造改善では設備処理にとどまらず、企業合併、営業譲渡、生産の受委託、共同輸送などの業務提携や融合化が指向され、本格的な産業の合理化となった。構造的な不況にあえぐ肥料産業では第二次構造改善を契機として東北肥料、サン化学、ラサ工業、日東化学の4社合併によってコープケミカルが設立され、東日本での拠点的企業となった。

　肥料安定法は5ヶ年の時限法として制定され、4度の延長がなされたが、系統農協でも、①海外からの供給が増加し、国産品の安定供給を基本とする肥料安定法は現状に合わないこと、②原価主義よりも需給実勢による競争的な価格形成であるべきであること、③肥料安定法は「カルテルによる価格の高値維持」の疑いがあること、などを理由に存続を要求しなかった。

（3）肥料産業と農業経営

　1955年から10年間に飼料産業が畜産業の成長によって市場規模を急速に拡大するまで、肥料産業は農業生産資材の中で最大の市場規模を維持してきた。農業経営に占める肥料費の割合は55年7.8％、70年4.8％、73年4.2％と低下し、米価と硫安価格の比率でみると、それぞれ4.6倍、12.2倍、14.6倍と上昇していることから肥料価格の低下は農業経営のコスト低下に大きな貢献をしたといえよう。肥料メーカー段階での尿素価格は生産能力の拡大とともに55年からオイルショク前の72年で3分の1程度の低下を示し、他の肥料でも低下は顕著であった。流通システムも小売段階における単協のシェアは78年で88％に増加し、商社系は独自の流通チャネルを維持しようとすれば元卸、卸売段階で県連や単協との流通チャネルを確立しなければならなくなった。1978年で全農のシェアは増加して70％に達し、20％程度が元売から県連と卸売から単協の手数料であった。

農協購買事業とみても手数料率は66年で飼料4.8％、農業機械7.6％に比べて、肥料9.2％、農薬9.8％であり、86年でも全農0.6％、県連2.4％、単協11.3％であって収益的であった。系統農協の手数料は実費主義である組合員の負担を原則としているが、物流システムは稲作中心の供給システムであったので消費の季節性、在庫管理によって効率化が制約された。輸送は県内物流拠点から農協倉庫を経由して農家に流通する多段階輸送が多く、肥料工場から農家配送拠点への直送によるコスト節約が検討された。多段階流通は実需者の消費単位の零細性に規定されているが、他方で大口農家では農協利用率が低くなり、飼料と同様に稲作や園芸の大規模農家への対応が必要となった。これまで系統農協は共同計算を原理として全国一本価格、手数料実費主義、期間で発生した差損益の年度末清算をとってきた。この原理を維持して弾力的事業運営として大口農家や営農集団に対する特別価格の設定、園芸生産の拡大によって、需要の平準化に対応した年間フラット体系の導入と限月価格体系との調整をはかった。大口生産者や営農集団の対策では1990年に入って３〜５％の割引の特別価格が設定され、単協、県連、全農の負担区分が決定された。

　系統農協の肥料事業は生産調整によって園芸肥料への拡大がなされたが、他方で銘柄数が増加し、徴量要素、緩効性肥料、硝酸化抑制剤入りの新製品の開発がそれを促進することになった。そのため銘柄の工場単位での集約化と全国レベルでの銘柄の共通化が検討された。また、系統農協では肥料安定法を契機として年間特約運動を展開してきたが、作物別に需要量を把握して目標数量を明確するには面積予約の方式に転換し、予約取引を基本として取引コストのアップにつながる当用買いを排除することにした。この肥料面積予約協同購入運動は、①年間取扱数量の契約、②この契約数量を背景とした価格交渉力の強化、③「肥料協同購入積立金」による肥料価格の年間安定、の３つで展開された。この年間契約は県連－全農間、ついで農協－県連間で締結され、価格変動のリスクが緩和された。

　系統農協のもう１つの課題は、省力的な高度化成肥料の多投によって有機

質の補給が少なくなり、地力の減退によって収量の低下がみられようになったことである。「土づくり運動」は、土壌診断や施肥診断に基づき施肥診断技術者の育成をはかり、環境保全型持続的農業の実践として土壌改良資材と有機質肥料の普及へと拡大した。系統農協としての肥料施肥技術は、①省力化、②統合的施肥コストの低減、③高品質生産、④環境負荷の軽減などであり、栽培技術のレベルでは、水稲の側条施肥、水稲の基肥重点施肥、園芸用育苗培土などがあげられた。施肥診断技術者養成数は76年から97年までで6,000名以上に達し、土壌分析器設置台数は2,000台以上になった。土壌診断に基づく施肥の適正化によって施肥量と施肥回数が減少し、生理障害も回避されるようになった。水稲でみても10a当たりの施肥量は1985年から1998年では窒素肥料で28%、リン酸肥料で13%、カリ肥料で27%の減少になった。また、省力的な側条施肥の普及も水稲で1985年1.4%から1998年21.6%に増加した。

　農家のニーズと肥料産業の新製品開発がマッチングしたのはBB肥料であった。このBB肥料は粒状配合肥料のことであり、そのメリットは、①原料の粒状であるため輸送・保管しやすく、施肥もしやすいこと、②地域、土壌、作物に適合した銘柄を製造できるので、土壌診断や営農指導と結びつきやすいこと、③製造方法が簡単であり、工場を中心とする地域の需要に対応するなら、製品の仕上り段階で比較すれば10%以上のコスト節約となること、④原料としてリン安、塩安などが使用されるので土壌の酸性化が弱められること、などを例挙できる。このBB肥料の普及は二次加工メーカーにとってのビジネスチャンスとなり、くみあい粒状配合肥料工場が系統農協として建設された。最も早かったのは78年の長野県農協肥料（株）、石川県くみあい肥料（株）であり、89年までに14県連18工場が稼動し、国内の高度化成肥料の流通量の約32%まで増大した。ホクレン肥料は82年に設立され三つのBB工場を建設した。ホクレンは高度化成メーカーである県内最大の北東化成を三井東圧と日東化学の資本提携によって設立し、技術的にもこれら2社からの支援で高度化成肥料を製造することを戦略としてきた。この技術革新に

よってノウハウが確立し、地域特性を配慮した銘柄の県約化を展開してきた。

1978年の特定不況産業安定臨時措置法を契機として、二次加工メーカーとして地域のニーズに密着したBB肥料の拡大をはかることになった。83年に3社の資本提携からホクレンが2社の保有する株を購入することによって全額出資の系統関連会社に脱皮した。提携を解除した三井東圧は肥料部門を独立させ、日本化学は撤退した。ホクレンはさらにホクレン肥料（株）を設立した。この企業はホクレン60％、三菱商事20％、有機質肥料を販売する清和肥料20％と提携して新会社を設立した。このホクレン肥料は「地域自給型の工場配置によるBB供給体制」が確立されるようになった。くみあい粒状配合工場は78年10万トンから94年63万トンまで生産量を拡大したが、輸入高度化肥料が拡大してから停滞した。

系統農協としてもう一つの新たな対応は、有機質肥料の拡大であった。有機質肥料は国産原料を有効に利用して付加価値を追求しやすいので商社系のメーカーでの取り組みが早く、企業によっては中国に肥料工場を保有して開発輸入に入った。この有機質肥料も油カスなどの確保は進展したが、食品工業や農畜産廃棄物の利用による資源循環を形成するまでに至っていない。環境保全型農業に取り組んで差別化商品としての付加価値をつけようとすると環境負荷を軽減して、しかも品質形成に有効な有機質肥料を希望する農家が増加している。これらの農家のニーズにはこれまで系統農協が対応できず、商社系メーカーからの購入に依存しやすかった。全農とは競争関係にあった三井東圧肥料では特約店を活用しながら、青果物では市場外の流通システムを形成しようとした。有利な特約店では農業生産法人を育成しつつ、生産物の販売先となる川中・川下の食品企業とのコーディネーターの役割を担って、肥料の需要を拡大した。このように、農業生産法人が成長してネットワークが形成され、川下のニーズに対応して多様な流通システムが形成されてくると、肥料でも小売段階における農協のシェア減少の要因となっている。

（4）肥料産業の効率化・合理化と企業行動

　一次加工メーカーは過剰設備の処理と効率化・合理化によって多角化がさらに進展し、化学肥料部門の事業部門として役割が低下した。資本規模が小さくなれば二次加工メーカーとして高度化成やBB肥料の生産に重点を置いた経営戦略がとられた。この肥料産業の効率化・合理化は個別企業レベルでは対応しきれないため新会社の設立や合弁といった融合化がとられた。その代表として朝日化学工業（株）として設立され、また産業合理化で1983年に4社合弁統合をとげたコープケミカルは、肥料の専業メーカーとして、76％が肥料事業であり、全農との取引依存度は79％（2000年の有価証券報告書）に達した。合弁時にあった8工場は営業譲渡を含めて5工場に縮小し、売上額の減少と経常利益のアイナスを計上した。1994年300億円以上あった販売額は2000年に連結決算で210億円まで減少した。コープケミカルは高度化成市場のシェアは三菱化学についで2位の地位にあり、また過石ではトップのシェアにあった。このコープケミカルは平成に入って硫酸カリ、園芸培土の製造に入り、ついで水稲用側条液肥や農薬肥料へと開発を拡大し、1994-95年では中国の広西省、雲南省での合弁事業によるリン酸の匪発輸入を開始した。この企業への全農へ出資割合は12％であり、かつ取引依存度も極めて高いので系列化の関係にあって全農の価格交渉力が強くなった。

　片倉チッカリンも2000年有価証券報告で肥料事業の割合は70％、全農との取引依存度も43％であり、販売額はコープケミカルとほぼ同じ程度であったが、販売額の減少はコープケミカルほどでなくコンスタントに経常利益は確保されている。この企業は従来から有機質肥料の分野が強く、省力化に対応したペースト肥料、環境負荷の少ない被覆肥料の開発などがあり、園芸分野への販売額の多いことにも特徴がある。普通化成市場では片倉チッカリンと多木化学のシェアが8％程度で上位1位と2位の地位におり、多木化学の販売額は200億円程度で大きな減少がない。この多木化学の肥料事業の割合は42％であり、水処理薬剤、機能性材料、一般化学品の割合が肥料よりも多く

49％であり、経常利益は最近になって多少とも増加している。このように企業規模が多少小さくても、多角化戦略をとって事業領域を拡大することが不況業種から脱出することであった。

　全農はカリとリン鉱石の原料を輸入し、調達先も北アメリカ、ヨーロッパ、アジア、アフリカと拡大し、原料から二次製品、さらに最終製品も扱うようになった。まず原料ではリン安の輸出国であるアメリカ、カリの輸出国であるカナダでは山元やメーカーが寡占化し、輸入先との価格交渉力を強化した。カナダのカリの山元は1972年11社から1998年3社に減少し、リン安はアメリカで1975年13社から1998年に7社に減少した。製品輸入では1986年から韓国、87年からヨーロッパから輸入され、中国からはヨウリンや有機質肥料の開発輸入が拡大された。国内価格に大きなインパクトをもたらしたのはヨルダンと日本との合併事業による製品輸入であり、肥料専用船が利用された。ヨルダンの肥料は全農30％、三菱化学10％、朝日工業10％、三菱商事10％、残り40％はヨルダン側の会社が出資し、「日本ヨルダン肥料（株）」を設立して製品は「アラジン」と称された。アラジンは3銘柄の一般化成であり、年2回のフラット価格が設定された。輸入化成肥料と国産化成肥料の価格差は韓国と比較して1996年で16％、97年でアラジンと比較して20％低下し、硝酸系を国産とヨーロッパ化成と比較して97年で18％低下することになる。このような輸入の増加は肥料メーカーと全農との価格交渉では全農側に有利となり、肥料安定法が廃止されてからメーカーは個別交渉となっているため、価格は低位になりがちであった。すなわち、1985年を100とすれば農薬価格が100〜92の幅にあるのに対して、肥料は90以下であって80に近いこともあった。このように肥料価格の低下は産業の合理化をさらに促進し、農家レベルにおける生産コストの節約を課題とするようになる。

　流通システムからみた場合、効率化するには、①バラやフレコン輸送、②一貫パレチゼーション、③工場直取などが物流システムに関係して、②では低減効果がBB肥料で3.8％、よう成リン肥で10％と算定され、③では硫安で13.6％、高度化成で4.9％と算定されている。肥料メーカーの工場レベルでの

コスト節約は、①銘柄の集約化、②工場の賃貸と受委託生産などによる提携関係の形成、③BB肥料の利用拡大が関係してくる。①の銘柄数は我が国では台湾の20倍の約2000（1993年）もあって、1967年に228であったから非常な増加である。この増加は生産ラインを多様化してラインを停止するため非効率的となりやすく、類似した製品では銘柄の一本化を取引先に提案することが必要である。②は交差輸送や長距離輸送の減少になるだけでなく、委託先では操業度の拡大につながってコストの節約になる。第1次加工メーカーは生産合理化のために高度化成の設備を廃棄してコープケミカルに委託する場合もみられる。また、工場の賃貸も増加し、1997年には50％をこえることになった。化成肥料における受委託生産の割合は1992年度で8％にすぎず、飼料産業と比較すると遅れている。③のBB肥料比率は大きな変化がなく、30％程度にとどまっている。このBB肥料と高度化成肥料の小売価格を比較すれば、20％程度もBB肥料は安価となるので生産コストの節約効果は大きいであろう。また、米の生産費調査（1996年）によった試算によるとBB肥料の低減率は9.3％になる。それに対して、農家レベルで単肥の自家配合を実施するならば、13.6％とさらに低減すると試算されている。

　このように肥料産業の効率化・合理化は産業レベルで進展してきたが、企業間や企業と農家とのシステムの合理化が遅れた。しかし、生産コストの低下に農業資材産業の効率化・合理化の重要性が高まってから本格的なコストの節約の可能性が解明されるようになった。

4．農薬産業の展開

（1）農薬産業の成長と産業組織

　我が国の農薬産業を特徴づけたのは、第1に戦後における合成農薬への転換によって農薬専業メーカーより構成されてきた産業組織に総合化学メーカーが参入し、原体生産と製剤生産が社会的に分業化してきたことである。戦前では果樹の防除に農薬が開発され、効果の大きな品目は外国から輸入さ

れ国産化された。庵原農薬や伴野農薬など静岡県の果樹産地から成長したように、後に農薬専業メーカーとなる企業は農家とつながった農村のリーダーであり、企業家精神をもった革新者が多かった。戦前の農薬は無機系及び自然系の農薬であり、大規模な装置型の資本設備で規模の経済性を追求するような競争でなく、技術的にも参入しやすかった。しかし、くん蒸剤のような品目では戦前段階でも化学工業資本が参入していた。多様な多角化戦略をとった総合化学企業は石油生産などとの関係が強く、原体生産に入って寡占的競争構造を形成してきた。この原体生産は限定的な品目で大規模な装置型工場と最先端の革新技術で支えられており、参入障壁が高くなる。それに対して、製剤メーカーでは原体を材料とし、実需者ニーズに対応した製品化が必要となり、かつ営業活動には効果的な利用のためのサービスが不可決であり、付加価値が形成されやすくなる。原体生産における新製品開発をめぐる競争は国際的であり、1955年から10年まで外国企業との技術提携を経過して国産化を実現してきた。この原体生産は石油、ソーダなどの素材生産よりは知識集約的で相対的に付加価値のつきやすい精密化学である。農薬以外にさらに収益的な医薬品や染料（化粧品など）などのファインケミカルへの多角化みられたが、農薬生産ではこれらと比較しても、原価に占める原料費が70％程度もあって本来、それほど収益的な産業ではなかった。

　この原体と製剤の社会的分業も1965年からの10年間に入ると総合化によって製剤メーカーの原体生産への進出、あるいはその逆に原体メーカーの製剤メーカーの組織化がみられるようになり、社会的分業が経営戦略によって変化する。さらに国際的なレベルでも原体メーカーが製剤過程の統合化や企業の系列化をはかる経営戦略もとられる。海外の原体メーカーの企業規模は我が国メーカーと比較してもかなり大きく、しかも資本収益率も高いため研究開発投資が多額になっているので国際競争力は高水準になった。

　第2の特異性は、系統農協のシェアが肥料部門と同様に高位にあって農薬専業メーカーが製剤を担っているが、全農との取引依存度が高く、全農が資本出資しているメーカーが数社あるので、プライスリーダーシップを発揮で

きることである。1955年から10年間に複合肥料の普及と同時に稲作における
代表的な殺虫剤であるDDTやBHCが普及したことで、それまで利用が樹園
地や畑地に限定されがちであった農薬を水田に拡大して需要が急速に拡大し、
収量形成に大きな役割を演じた。特に動力散布機の普及や共同防除による防
除技術の確立は省力化と同時に薬剤費の節約効果があったので、農薬の需要
を拡大した。やがて高度経済成長によって兼業化が進展すると省力化が追求
され、また農薬も殺虫剤から殺菌剤、さらに除草剤へと開発が進展した。特
に除草剤の省力化効果が大きく、稲作では1949年から71年で10a当り51時間
から11時間に減少し、みかんも117時間から39時間に減少した。「戦後の新農
薬は日本農業の悩みである虫と病気と雑草との闘いから農民を解放した」と
され、農薬使用量は著しく増大した。そして我が国のha当り農薬使用量は
世帯的にトップレベルになった。稲作部門での需要拡大と全購連の共計方式、
予示価格制度で系統農協のシェアは拡大した。農薬は季節的に 5 ～ 7 月に利
用が集中しやすく、計画購買が計画生産につながって在庫を減少させること
になった。全購連のシェアは1952年16％にすぎなかったが、1958年38％、67
年50％に達し、単協では従来から60％以上もあり44年74％、47年80％と高位
にあった。価格交渉でも30年代に低下し、石油ショックの時にも取引価格が
安定的であった。最大の農薬メーカーではクミアイ化学（イハラ農薬と東亜
農薬の合併）は全購連の持株比率は34％に達し、八洲化学、三笠化学もそれ
ぞれ24％、35％であった。農薬メーカーでは差別性が強く、特許も関係して
原価に基づいて価格設定はしにくいのが普通であるが、出資関係や取引依存
度を高めることで、全農の交渉力を高めた。農薬メーカーも在庫の発生や市
場価格の低下があると安定的な販路を確立しておかねばならなくなる。特に
高度経済成長期に系統農協に大きな安定的販路を期待できたので、これまで
稲作用の農薬を開発してきたメーカーにとって、系統農協との提携は成長の
機会を確保することであった。1975年でみて各製剤メーカーの全農取扱額を
農薬部門売上額で除すると14社中で80％以上が 5 社となり、取引依存度の高
さが全農の交渉力の強さであり取引の停止は企業の解体になりかねなかった。

全農は薬剤メーカーとばかりでなく、原体メーカーとの取引があり、1970年代前半で30%程度のシェアが確保され、需給の調整の機能があった。しかし、稲作部門での全農のシェアは70%をこえたが、減反によって需要が減少し、また園芸部門でのシェアは30%程度にすぎなかった。

　第3に1960年代後半に入って安全性の基準が強まり、農薬取締法の改正によって、毒性や残留性の試験成績書の提出、人畜の被害の生じる場合の適用病害虫の範囲や使用方式の変更の登録、または登録の取消しができるようになった。パラチオン剤・TEPP剤の生産中止、BHC・DDTの稲作への使用禁止、PCPの生産と使用中止、非水銀系農薬の使用促進などが41年〜47年に通達され、農薬メーカーは減反への対応もかさなって大きな転換に立たされた。この転換は低毒性農薬への移行であったが、企業行動からみると新製品開発の投資額の増大になり、研究開発投資は企業規模と密接に関係してくる。親農薬の製品開発は化学研究→薬効薬害試験→毒性試験→代謝試験→残留性試験→環境科学的試験→製造研究→特許・登録申請というプロセスをたどるが、米国農業薬剤協会の研究によれば成功確率は低くなり、同時に開発費用は1970年代後半から3〜4倍に増加する。また、農薬を毒性別にみれば、60年代後半から毒物や特定毒物から減少し、70年代には消失化した。政府の農薬の安全性についての規制は、71年の農薬取締法の改正後に、農薬の毒性と残留性をめぐる安全性評価が検討され、農薬使用者である農家、消費者、環境の安全性確保のための調査を必要とした。大きな関心のもたらされた残留性についての試験成績では、厚生省レベルで残留農薬の安全性評価がなされ、環境庁レベルで農作物中の残留許容量の設定へと移り、最終的に農水省・農薬検査所で安全性基準の設定がなされた。また、農薬の規格、性状については農水省・農薬検査所での農薬使用時安全性評価がなされ、剤型の変更、使用方法の変更、注意事項の追加を要求できた。このような規制の強化によって農薬登録が変化し、また有効登録件数が減少し、総廃棄件数が急速に増大するようになった。特に73年からの再登録される既存の農薬では安全性を確認するための費用や市場性との関係で登録されなかったし、またこのことは

国産農薬の減少にもなった。

　第4に我が国農薬メーカーの国産競争力が輸出・入の貿易構造に影響し、特にヨーロッパやアメリカでのM&Aの進展で国際寡占が進展してことである。アメリカではデュポン、UCC、モンサント、ヨーロッパではバイエル、BASF、ヘキスト、チバ・ガンギーなどが代表的企業であり、我が国の農薬を扱う総合化学メーカーとの規模格差が大きかった。M&Aは短期間で経営成長が可能であり、シェアを拡大することができたばかりでなく、それぞれのメーカーの蓄積してきた技術の吸収が新製品開発につながった。農薬の輸入は50年代のパラチオンの製剤の大量輸後に原体輸入が中心になり、75～85年に増加してきた。特に西ドイツのバイエル、アメリカのデュポン、スイスのチバ・ガイギーからの購入が多く、特にバイエルは日本特殊農薬の50%を出資しており、提携関係が深化している。デュポンではメソミル原体とベノミル製剤の輸入があり、原体だけでなく製剤の流通チャネルも形成されている。たとえば、ダイアジンは開発メーカーがガイギー社、原体製造がチバ・ガイギー、日本化薬、輸入業者が日本チバ・ガイギー社であって全農を介在して製剤メーカーのクミアイ化学に供給される。殺虫剤のランネート（メソミル）は開発メーカーと原体製造がデュポン、輸入業者がデュポン・ファーイーストジャパンでは商社機能はシェル化学が担って、製剤は三共が担当するという役割分担をとっている。全農の原体輸入は輸入業務代行を海外の原体メーカーの子会社や組合貿易が担当し、主として系統の製剤メーカーであるクミアイ化学、北興化学、八洲化学に出荷される。最終製品によっては全農の取扱割合の高い品目もあるが、市場は細分化されメーカーによって棲み分けされている。

　他方、農薬の輸出は80年頃まで輸入と同じテンポで増大したが、81～86年は急速な増加をみた。原体を中心に殺虫剤と除草剤が加わり韓国やアメリカへの販売割合がやや高いが、全国的である。輸出の担い手となるメーカーは住友化学や日本曹達である。また、海外農薬メーカーが日本支社を設立するのとは逆に、日本企業も台湾、タイ、マレーシア、インドネシア、ブラジ

ルで新会社を設立した。96年からは輸出が大きく増大し、我が国の原体を中心に国際競争力を確保してきた。多くの製剤は稲作用であり、ヨーロッパ・アメリカの農薬メーカーにとって参入障壁となりえるが、原体でのアジアへの輸出は国産競争力が強化されたことを意味する。

（2）企業行動と農薬産業の効率化・合理化

　農薬は原体生産が総合化学メーカーや医薬品メーカーが主体たる担い手であった。しかし、原体メーカーも製剤生産を総合化して垣根をこえた代表的企業として日本曹達、日産化学、日本化薬、石原産業などであり、これまでのように原体生産にとどまっている企業は輸出が多く、大手の住友化学や呉羽化学が代表的であった。他方で、医薬生産メーカーは多くが原体と製剤生産を統合する行動が一般的あり、三共、武田薬品、SDSなどの企業である。農薬専業メーカーは規模の小さなメーカー製剤にとどまりやすいのに対して、規模の大きな企業はクミアイ化学、北興化学、日本農薬、日本特殊農薬のように原体生産を統合している。クミアイ化学は原体生産については子会社のイハラケミカルを設立して製品管理を厳格に実施し、出荷していた。

　原体生産は、①設備投資が多額化して原体開発には時間と費用がかかるわりにライフサイクルは短くなりつつあること、②開発した原体の独占的権利を確保できること、などの特質がある。他方で製剤生産は、①販売員と技術サービスを結合させて、メーカーの生産品目はデパート方式といわれる多種多品目生産であること、②新製品の開発力は原体生産ほどではないが、実需者のニーズに合致した製品開発が必要となることなどである。製剤メーカーのシェアは1989年でクミアイ化学13.8％、日本農薬12.1％、三共グループ12.2％、北興化学10.7％、武田薬品10.7％であり、上位5社では59.4％のシェアに達するが、高度寡占には移行しにくかった。

　クミアイ化学は全農の指導で東亜農薬と合併し、全国的に立地した工場の合理化になった。55年から10年間では年率12〜20％もの成長をとげて工場を配置してきた。全農は64年にクミアイ化学を中心としたクミアイ農薬協議

会を結成した。全農との取引依存度を拡大することは、メーカー間の価格競争による収益性の低下を緩和しただけでなく、在庫を減少した計画的生産を実現することができた。クミアイ化学では合併によって全農（当時全購連）の持株比率が上昇し、また工場も全国的に配置された。製品開発はアソジン（紋枯病）－キタジン（低毒性で倒伏軽減）－サターン（大型除草剤）という「稲作用3本柱」がそろって普及が拡大した。特にキタジンPは粒剤化によって2.4-D、BHCにつづいて普及し、水面施用浸透移行性の殺菌剤であり「手でまけるいもち病防除剤」として評価された。またサターンは減反面積の増加とともに殺虫剤と殺菌剤は減少し、販売額が停滞したが、除草剤は省力化への効果と農家の苦汁労働からの解放があったため需要は拡大した。この除草剤はより省力化を指向した「一発処理剤」開発へと展開した。

　最大の製剤メーカーであるクミアイ化学は製剤から原体生産を統合化する戦略を早くから持っており、前身であるイハラ農薬の時代に日本曹達と共同出資でイハラケミカル工業を設立した。このイハラケミカル工業はキタジンやサターンの原体生産を中心としてクミアイ化学への供給と北米・ヨーロッパへの輸出をしてきた。新製品開発と原体生産で技術を蓄積したクミアイ化学はグループとして80年にケイ・マイ化成を設立して研究開発部門の設立に入った。さらに外国の寡占的企業との提携に入り、デュポン社との提携で除草剤スティプルの開発、チバ・ガイギー社との共同による大豆除草剤の開発、ヨーロッパのシューリング社との提携によるヒビフルの開発などは、自社開発新剤となった。このようにグローバル化した提携では稲作用の農薬に限定されず、スティブルが綿作除草剤であるように対象を拡大することが必要となる。

　しかし、クミアイ化学の売上高は81年から減少がはじまり、同時に経常利益も減少に転じることになった。それに対応して工場の自動化のためにコンピューターシステムの導入、拠点工場への集約化に入って工場段階での合理化を進展させた。しかし、平成に入って経常利益がさらに減少し、従業員の削減や輸出の拡大で対応した。88年の売上高は最大であった81年の3分の2

程度にまで減少した。

　北海道に立地する北興化学工業は、岡山県での工場設立を契機として全購連への取引依存度を59%（1999年度の有価証券報告）まで拡大した。この企業の戦略は、ファインケミカル部の設置によって有機触媒、電子材料、医農薬中間体、香料原料等の新しい事業領域を拡大した多角化行動をとることであった。この多角化で売上額の減少はそれほど顕著にならず、経常利益はむしろ増加した。それに対して業界第2位の日本農薬は旭電化工業の農薬部から成長し、殺虫剤と殺菌剤の割合が高く、全農との取引依存度は低かった。この企業も95年から98年で売上高が20%減少し、経常利益がマイナスに転じた。

　以上の3社では企業規模は大きな格差がないが、収益性に格差が形成されつつある。3社とも研究所を所有し、研究開発費はクミアイ化学で24億円（5.7%）、北興化学工業で14億円（32%）、日本農薬で30億円（8%）である。サンケイ化学のように売上高が100億円に達していないため、研究開発費は3%程度で研究所を所有するまでに至っておらず、販売割合は殺虫剤が62%と高くなっている。

　農薬製剤メーカー10社の経営指標を経営成長の著しかった70年代でみると経常利益率4〜5%、売上原価率75〜77%であったが、'90年代初めには経常利益率は2%を割って1%に近づき、売上原価率も83年の79%から74%に低下した。この間に試験研究費は'75年33億円、'83年76億円、'90年95億円の上昇をたどり、この上昇が収益性を悪化させる要因の一つとなった。この間の全農における農薬価格交渉ではメーカーの要求に対して低下しようとする行動がとられ、79、82，83，87〜90、94〜96で上昇の要求にもかかわらず、マイナスになった。農薬価格の低下は肥料価格の低下よりも小さかったが、1994年から0.3〜1.5%の低下をみている。

　農薬の流通システムは系統農協が全農一経連一単協という流通チャネルが中心であったが、単協から農家のシェアは、'76年の82%から'98年の68%に減少し、メーカーから全農への出荷割合も54%から40%に低下した。肥料と

異なって農薬の流通システムは元卸段階がなく、卸売−小売の２段階であるため効率的であり、卸売−単協ルートの割合が96年で20％に達した。全農では、①奨励金価格の算入、②予約・買取制度の充実、③安全防除運動の三つの目標が設定された。この全農の奨励金の価格の算入は、系統事業に対する協力費、予約・早期引取の促進費、物流助成費、品目別販売促進費、作物別販売促進費などであり、大口農家に対しては割引制度の活用がある。

減反や生産基盤の弱体化などで我が国の需要は減少になり、特に原体の輸入は40％程度にまで拡大した。安価な農薬の製品開発も粒剤の普及、製品の大型包装化、さらに物流システムでは基幹倉庫、ストックポイント（SP）倉庫の配置でコストが節約された。国際的にも農薬市場の縮小や安全性の確保のために寡占的企業によるM＆Aによる合理化で集中度が大きく変化し、他方で流通合理化のために流通チャネルの再構築へと展開した。我が国でも住友化学をトップとする原体生産は新製品開発コストが多大になり、「10数年の期間と40 〜 50億円の費用が必要」とされた。輸入原体を利用するメーカーにとって国際寡占メーカーとの競争力差が大きくなり、かつ取引関係の停止にまで進展すると国内メーカーの交渉力が弱体化することになる。他方で、国内メーカーも住友化学と三井化学の合弁に代表されるようなM＆Aによる対応と、国際競争力の拡大が大きな課題となってきた。国際寡占の展開は自国内の合弁・吸収から国際的になり競争力の拡大を求めて経営資源、技術の集中と短期的成長が必要となった。

我が国の農薬メーカーは最大の住友化学が世界ランク15位、クミアイ化学が16位である（92年）。90年代におけるM＆Aの展開は、トップメーカーのチバ・ガイギーとサンドの合弁によるノバルティスの設立、つづいてヘキストとローヌ・プーランの合弁、さらにノバルティスとゼネカの合弁によってトップが短期間に交替した。96年におけるチバ・ガイギーとサンドの合弁でノバルティスが設立されると、97年MSD（米国）の農薬部門、98年オリエンタル（韓国）、エボルヤ（フランス）、パルセネ（フランス）を買収するなど、広域的な合弁であった。国際寡占メーカーのバイエル、モンサント、ノ

バルティスなどは、独自の流通チャネルの確立が競争の激化に対応して必要となり、モンサントは系統農協を利用するか、商系ルートを利用するかの選択があった。すなわち日本モンサントは直接販売を決定し、除草剤のラウンドの原体供給の三共、クミアイ化学工業への供給打ち切り、新たな流通チャネルとして農薬卸売業者の60社を組織化、全農との直接取引に入った。競争関係にあるアグレボも除草剤の「パスタ」を中心に直販に入り、これまでの供給先である国内農薬メーカーとの取引の継続が検討された。このような国際寡占メーカーによる流通チャネルの新たな形成は、これまでの取引先の原料確保を困難にさせ、他のメーカーとの取引の拡大になった。

このように国際寡占化は企業間の競争力差を大きくし、有利な販売価格を実現するために系列化に入るようになり、世界的レベルで産業の合理化が進展した。農薬の安全性への配慮は開発投資額を上昇させ、その売上高に占める割合も5〜10%程度になると、企業規模の大小が競争力差を強く規定するようになる。したがって、M＆Aによる国際寡占化は国内メーカーの資本出資に伴う系列化に入り、製剤メーカーへの原体の供給をコントロールする可能性が発生する。

環境保全型農薬の進展とともに減農薬化が実現され、適期で的確な防除体系が確立してくると農薬使用量の減少や、より害の小さい農薬への代替がみられた。また、農薬の省力的な製品開発として水稲育苗箱施用剤、投げ込み剤、などがあげられる。

以上のように肥料に比べて農薬生産は付加価値が高く、製剤メーカーはより実需者に近づくことによって国際市場を確保しようとした。しかし、製剤メーカーも市場規模が縮小するにつれて多角化戦略ととらざるをえなくなり、研究施設をもたない中小規模のメーカーでは独自の製品開発が限界になってきた。

5．農業機械産業の展開

（1）農業機械産業の産業組織と企業行動

　我が国の農業機械産業は1955 ～ 70年にかけて大きな成長をとげ、トラクター－田植機－コンバインの中型機械化体系が形成されるようになった。農村の相対的過剰人口は高度経済成長による労働市場の展開によって解消され、労賃の上昇が機械化による省力化を必要としたことが、農業機械の普及の第1の要因であった。第2に米価と農家所得の上昇が機械の購買意欲を向上させ、規模拡大は新型の機種の導入で生産性をさらにアップすることができたことである。第3に農地と農道の整備が構造改善事業などを契機に進展することによって小型機械から中型機械が圃場に入るようになったことである。新型機種の導入は初期には上層農であったが、より規模の小さな階層へと普及したことが急激な市場規模の拡大となった。

　農業機械産業を産業組織論にみて、我が国としての特異性を整理すると以下のようになる。第1に技術革新の特異性は稲作を中心としてきたことから耕耘機、特にロータリー耕、田植機、コンバインなどの開発に我が国の独自性があることである。このことは欧米が畑作農法でトラクタを中心に多様な作業機を開発したのと対照的に、我が国では原動機に作業機がついて専用機械化しやすいため過剰投資になりやすかった。水稲稲作の農業機械はトラクタを除外すると競争力のある外国の大手企業の参入しにくくさせることになる。この過剰投資は操業度の拡大で緩和されることになるが、雇用労働力を基礎として大規模経営では労働力に多くの農業機械をはりつけるため、やはり過剰投資の可能性がある。技術的には規模拡大し、複合化を志向することは作業適期への調整がしにくくなるため、労働力ごとに農業機械を使用することになる。このことは当然のことながら、生産コストにおける減価償却費を増大させるので、コストの節約を制約する。

　第2に農業機械メーカーは地域の実需や実需者のニーズに対応して、少量

多機種生産になりやすく、たとえばトラクタでも馬力別型式数を品揃えしよ
うとすれば、500種をこえるとされ、この少量多機種生産は製造コストを上
昇させた。原動機は水冷、空冷、ジーゼルなどがあって、空冷の利用が多く
なったが、作業精度をあげるには作業機の開発が必要となった。また、トラ
クタでは大型機種が欧米からの輸入であり、北海道を中心に普及してきたが、
我が国のメーカーでも大型トラクタの開発に入って品揃えが拡大された。

　第3に自動車産業と類似した企業システムがとられ、多様な提携関係を
とったグループ化が進展してきたことである。この企業システムは外国企業
との技術提携、企業間の販売や委託契約、系列化などの中間的組織の形成が
寡占的メーカーで進展してきた。この企業システムの形成はメーカーが販売
会社を系列化する方式が1965年からとられてくると、メーカーの品揃えは原
動機から作業機までの品揃えが必要となった。つまり、自社生産ができない
機種については、グループ内の企業から調達することになり、規模の小さな
作業機メーカーはグループ内に取り込まれることになり、グループのリー
ダーとなる農業機械メーカーにはエンジンメーカーが規模拡大の求心力と
なった。このような寡占企業を核とした企業システムは系列化にある販売会
社が保守・サービスのためのステーションを設置することになって、新製品
開発と保守・サービスまで含めた製品差別化が連動しやすくなった。この企
業システムは生産工場を保有しない系統農協と比較すれば優位であり、また
新規企業がこの企業システムを形成しようとすれば、参入障壁はかなり高く
なった。

　第4に大手3社による寡占的市場構造が形成され、この企業システムと連
動して市場成果を規定してきたことである。農業機械産業における寡占的市
場構造は1955年から10年間に形成され、市場規模が最も大きくなった1976年
では、トラクタ、田植機、コンバインに占める久保田、ヤンマー、井関の3
社のシェアはそれぞれ72%、75%、84%であり、農業生産資材の中では最も
高度寡占型である。同じ生産資材である肥料や農薬では価格競争が進展し、
系統農協の交渉力も強かったのに対して、農業機械では販売価格が新型機種

の開発とともに値上げされやすく、系統農協の交渉力が強まっても価格の据え置きがなされるにとどまった。流通システムでみると全農のシェアは20%強にすぎず、農家レベルでの単協のシェアは2分1程度であって農業機械市場は系統農協と商系に2分されてきた。経済連や単協は全農から調達するだけでなく、メーカーや特約店より調達する流通チャネルが形成されていた。全農は佐藤造器の倒産後に久保田鉄工、ヤンマー農機との「全農号」などのブランド形成に入り、やがてメーカーとの提携関係をとるようになった。

　第5に中型技術体系が確立され、トラクタ－田植－コンバインの普及が終了してくると市場が飽和するにつれて、更新需要への期待が強まり、他方で中古市場の形成が必要となってきたことである。特に1976年以降、田植機の普及や1部で大型機械への転換もみられたが、市場規模は縮小化し、機械のライフサイクルの影響を受けるようになった。さらに兼業化の深化と大型圃場の整備は農家所得の多い兼業農家への普及を促進してきたが、生産調整の実施と米価の据え置きによって専業農家でも購買力が減退した。メーカーは新機種の販売には農家に有利となる下取り価格を提示し、他方でサービスステーションでの整備士の充実をはかることが課題となった。前者は景品や接対などのメーカーによる過度の販売促進に結びつきやすく、公正取引の立場から問題が指摘された。後者は中古市場の拡大とともに商系、系統農協共に実需者を固定化し、取引の継続化をはかるための必要条件としての認識が形成されるようになった。中古市場は1965－70年からコストの節約のため新機種の購買力のない小規模農家層への普及が想定されてきた。しかし、中古市場での製品については品質に対する不安が残され、この整備体制がとられることによって利用する生産者が増加した。しかし、市場規模の縮小と更新需要への転換はメーカーの製品差別化の企業行動をとりやすくさせる。トラクタでは大型を中心にしてアメリカからの輸入に依存してきたし、また国内のトップメーカーである久保田鉄工は日本的な中小型で輸出することで国内市場との調整を実施してきたことから、国際市場での競争を意識した価格設定がなされてきた。それに対して、コンバインや田植機では水田稲作を前提と

しているため国内市場だけの価格設定となって、販売価格が高度寡占の市場構造を反映して高位に設定されやすくなる。たとえば、1981年と1984年の農業機械価格を比較するとトラクタ価格が14％の上昇であるのに対して、田植機（4条植）で2倍近く、コンバイン（自脱2条）で20％の上昇があって機種間格差が大きかった。農業機械での製品差別化は先端技術のコンピューターなどの設置によって新しい価格帯を形成することであり、このことが価格水準を引き上げやすくさせた。

　第6に生産者レベルでの生産コストの節約は減価償却費の負担が大きくなり、機械の耐用年数を長くするような共通部門の調達の円滑化、機能を重視した農業機械の開発、新製品−中古−整備−部門のシステム的関連性の配慮が重要となったことである。農林水産省の固定資産評価標準によれば、トラクタの耐用年数は8年であるのに比べて、田植機、コンバインは5年であるが、生産者の買い換え年数は田植機、コンバインでも7〜8年であって耐用年数の1.3〜1.6倍の年限を利用するのが一般的である。この買い換え年限は新製品の購入で早まれば下取りに出され、耐用年数×1.8の使用限界まで利用されることが生産コストの節約になる。また、メーカー間で部品の規格の進展や安定的供給システムの確立が必要となる。農林水産省肥料機械課の1996年調査によると中古農業機械の販売率は30〜40％に増加し、平均使用年数も乗用トラクタで17年、田植機で13年、コンバインで13年と長くなった、また、生産レベルでの規模拡大と大区画、団地化、農道整備によって高性能農業機械の導入ができたことも生産コストの節約になった。さらに機能を重視したシンプル農業機械の開発も10〜15％の低減率を目標に進展し、97年でトラクタ31％、田植機36％、コンバイン17％の普及をみた。

　第7に産業の合理化と流通システムの合理化が連動して工場の自動化、OEMによるアウトソーシング、系列販売会社の広域化と整備ステーションの充実への転換が進展した。農業機械産業は10年程度の周期的変動がくりかえされるとされるが、新商品の市場規模は長期的に縮小せざるをえなくなり、かつトラクタの輸出も円高と為替変動によってメリットが減少した。また、

流通システムでは競争激化するとともに大規模販売店と中小販売店との競争力差が拡大し、粗マージンが圧縮されるようになった。小規模店ほど修理・整備の売上高が高くなりサービス化の志向が強くなるのに対して、大規模化するほど補修や下取りや部品供給システムの構築が条件になる。

　第8に全農の農業機械への取り組みが遅かったが、構造改善などの補助事業の拡大、生産組織や集落営農の育成などから系統農協のシェアは向上し、予約購買と計画生産、中古機対策、修理整備対策、部品対策の4つが1981年からの農機事業基盤確立運動のベースとなってシェアの減少に対応した再編戦略となった。特に農家への一斉訪問によって市場調査を実施し、中古農業機械については「6・3・1K運動」を展開し、また「A, B, C, 10活動」では県レベルで部品センターの設立、大手メーカーとの連携による部品情報システムの構築に入った。このように全農は系統農協として県連－単協との一体性を強めながら商系との競争に入ったが、肥料、農薬、飼料は全農の資本が入ったメーカーもあり、プライスリーダーの役割を全農が担ってきたのに対して、農業機械では高度寡占の市場構造下では買い手としての交渉力は制約されることになった。

　農業機械産業ではまず実需者の行動は必ずしも価格志向がそれほど強いわけではなく、性能やアフターサービスを重要視し、販売店の選択も機械の修理サービス、経営者との人間関係などを配慮してなされるのが普通である。このことは機械の更新の場合でも同様であることが多く、充実した修理・サービスが継続的取引の条件となる。欧米では我が国よりも農業機械の耐用年数が長いだけでなく、修理・サービス、部品交換の役割が販売店に強く残されると比べれば、我が国の販売店はメーカーの系列化で販売促進を中心としたマーケティングを展開してきた。また、市場構造も北海道畑作における大型トラクタの利用を除けば、水田稲作を中心とした小型、さらに中型技術体系がとられたため、国際市場との関係が弱かったことが、高度寡占の企業システムを形成させた。また、全農は生産部門の統合化がなく、かつシェアが低いために価格交渉力が弱く、プライスリーダーシップをとるまでに至ら

なかった。このことから相対的に農業機械価格は他の生産資材と比較すれば、高位に推移するということになった。しかし、市場規模の縮小とライフサイクルによって高度経済成長の時代のような経営成長は見込まれず、専業メーカーほど経営成果が悪化しやすくなった。

（2）農業機械の普及と産業組織

　農業機械化論は、生産力論や農法論の視点からの議論がかつては活発であり、産業組織や企業行動についての視点からの分析がほとんど見られなかった。我が国の農業機械産業が成長期に入るのは耕耘機の普及を契機としており、それ以前では「野鍛治」として小規模企業が無数に存立し、地域の作目や土壌条件に適合した農機具を生産していた。戦後、耕耘機の開発は競争構造を一変させ、石油発動機の技術をもった久保田鉄工の参入など、耕耘機に搭載するエンジンの小型化が競争力を規定した。ヤンマー農機は農業機械の販売会社としてエンジンをもつヤンマーディーゼルに藤井製作所などの各機種専門企業4社よりの出資を受けて設立された。このようなエンジンをもつ兼業メーカーに対して専業メーカーの井関農機と三菱農機（旧佐藤造機）はエンジンをアウトソーシングせざるをえなくなった。このようにエンジンを確保した企業は耕耘機の大量生産を実現した。また、耕耘機の普及には作業機のタイプがクランク式、スクリュ式、ロータリー式と3つあったが、我が国ではロータリー式が適合した。

　この寡占的競争構造はさらに大手3社による高度寡占化の傾向を強めることになるが、他方で系列化が進展してくる。専業メーカーはもみすり機、脱殻機から耕耘機部門を拡大し、エンジンは他社との提携をとったのに対して、兼業メーカーはエンジンメーカーから耕耘機に参入し、機種によって他企業と提携した。系列化は1955年頃からみられるようになり、やがて流通システムも専属関係が強くなって、特定メーカーの販売会社としての流通チャネルが形成されるようになると、特定メーカーは機種の品揃えが必要となった。大手4社による集中度は1956年32％から60年52％まで上昇し、76年には大手

３社で74％に達した。耕耘機段階では中小メーカーのシェアも半分程度あっ
たが、トラクタ、さらに田植機、コンバインになると中小メーカーのシェア
はかなり低位になった。

　この系列化は企業システムとして販売契約、生産委託などで中間組織を形
成し、また地域の作業機メーカーはそれぞれの寡占メーカーの系列化に入る
ことによって生産システムと流通システムの両面において寡占メーカーの経
営戦略が拡大した。大手３社は55〜65年ごろで1,000〜1,500の特約店と提
携していたが、さらに県レベルで組織化を強めることでシステムとしての優
位性を形成した。

　このように耕耘機からトラクタ、田植機、コンバインの中型機械化が進展
する段階では高度寡占の競争構造と企業システムが形成され、高い参入障壁
が形成されることになった。やがて修理・整備のためのステーションがブ
ロックごとに形成されるようになると実需者の固定化も進展した。

　耕耘機からトラクタの移行は省力化効果をさらにもたらし、他方で工場設
備を拡大するメーカーが限定されるようになった。そして、60年代後半から
田植・刈り取りの機械化による農繁期における労働ピークを緩和することに
なった。収穫作業は人力用バインダーの開発、さらに自脱型コンバインの開
発に向かい、田植機も人力一条植が利用されるなど中型技術体系は、「各作
業工程での機械化の進度のちがい」という「跛行性」を解決する作用をとも
なっていた。1960年代後半には作付け農家の割合でみて田植機の普及率79％、
動力刈取り機（コンバイン、バインダー）90％に達した。バインダーは65
〜70年に普及をとげ、刈取りと動力脱殻機の機能を統合したコンバインが
大規模層から転換が進展した。これまでの作業体系も刈取り−脱殻に乾燥機
が連動した。また、田植機の普及はビニールハウスによる稚苗育成と連動し、
苗代による生産から解放された。生産者の規模拡大と機械利用組織の形成に
よってトラクタも3.5PS、田植機６条植、コンバイン自脱型２条まで大型化
が志向され、省力化効果は大きくなった。農家の農業生産組織への参加割合
は1990年都府県で13％、北海道39％に達し、また委託作業別委託農家割合は

1988年に耕起、田植、収穫はそれぞれ20％、18％、28％に増加した。中型機械化作業体系をモデル的にみれば、規模14ha、トラクタ（30PS 1 台）、田植機（4 条）、自脱型コンバイン（刃幅 1 m）に対して、大型機械化作業体系は規模30ha、トラクタ（45PS 2 台）、田植機（5 条）、普通型コンバイン（汎用タイプ、刃幅 2 m）であった。さらに家族経営でも規模拡大を20haまで進展させようとすれば、直播栽培の導入で田植作業の省力化が課題になり、また40haの規模では常雇労働力の確保が必要となった。10a当りの労働では70年に入って120時間を割り、85年で50時間に近づき、中型機械化体系で14 ～ 21時間、大型機械化体系で12 ～ 19時間が想定された。しかし、大規模経営になるほど作業適期や機械の故障に備えて雇用労働力ごとに機械をはりつけ、他方で農閑期の対策として加工も含めた多角化が必要となる。しばしば、大規模な農業生産法人の経営体では機械の利用効率ということだけでは、10a当りの労働時間の減少が見られない場合もあった。

（3）系統農協の行動と再編

　系統農協は体制整備と購買対策を1955年からとりながら、優先予約、購買計画と完全取引、重点銘柄の推進、自主ブランドの実施へと発展し、78 ～ 81年系統農協事業刷新強化運動、81 ～ 89年農業機械事業基盤確立運動に入った。全購連、県経済連、単協のシェアは61年、それぞれ18％、21％、29％にすぎなかったが、70年には26％、36％、46％にまで増加した。88年でも単協は51％、経済連39％にまで増加したものの全農のシェアは23％に減少した。この81年からの新しい事業展開は、"流通機能強化の時代"ともいわれ、NUMP（新品・中古・修理整備・部品）の統合的な調整と機能（予約購買、協定購買）とが進展した。これは、需要の低迷と新製品中心の事業から均整のとれた事業展開をはからないと事業体制の再構築ができなかったからである。

　中古農機の販売割合は80 ～ 86年の間に乗用トラクタで13％→41％、田植機で 8 ％→31％、自脱型コンバインで11％→32％にまで増加した。また、取

扱体制の確立のために農業機械サービスステーションの設置によって技術指
導員の育成、修理整備が必要となり、70年で単協のサービスステーション
3,106 ヶ所、農業機械技術指導士12465人の実績になった。このサービスス
テーションは農機事業センター（MC）へと発展し、さらに農協の合併・基
幹MCへの編成をとげた。

　全農と取引するメーカーはかつて佐藤造機で取引依存度が高かったものの、
その後、大手メーカー 3 社は全農への販売比率を20 ～ 26％に設定した。久
保田鉄工やヤンマー農機との関連では「全農号」ブランドを設置したが、井
関農機は全国 7 経済連との一元取引を実施してきた。しかし、単協 – 県連 –
全農を結ぶネットワークが部門の供給、中古機情報などに弱いという特質も
あった。

　系統農協にとって農業機械価格は他の生産資材と比較すれば高位にあり、
特に外国との競争関係にある乗用トラクタを除けば、田植機、コンバインで
高位になりがちであるが、米価の上昇を配慮すると上昇率は相対的に低位に
あった。

（4）産業の効率化・合理化とコスト低下

　農業機械費低減は農業経営のコスト節約のための重要課題となった。日本
農業機械工業会は、①部品の規格化と安定的供給システム、②過度なモデル
チェンジの抑制とシンプル農機の供給、③メーカー間のOEMの形成と集約、
④耐久性の拡大と中古市場の確立、を 4 つの重要課題とした。①については
耕耘爪などの部品はJIS規格に入り、40 ～ 50％の共通化が実現できるように
なった。④については修理整備が実施され、生産者で中古機械の利用が拡大
されるようになるには、取引コストを節約するためにインターネット取引の
拡大が期待された。②はシンプル農機を「低コスト支援農協・HELP」とし
て、使用部品の共有化、新素材の採用による軽量化、などによって10 ～
15％の価格低下を実現しようとすることであった。③は品揃えの増加のため
に生産ラインを拡大することは、少量多品目生産になってコストを増大する

ことになるので企業間での提携としてOEMが必要になった。しばしば、大規模な工場生産では、生産ラインを多様化しすぎると切り換え時間のロスが発生した。

　また、全国農業機械商業協同組合連合会でも、①適正導入、効率利用の推進、②流通合理化、③整備体制の強化、の３点が行動計画に盛り込まれた。①では経営規模に適した機械の導入、リース、レンタル、コントラクター方式の検討、中古農業機械の広域的市場化があげられ、②では計画的な発注、在庫の圧縮、販売促進方法の多段階セールスへの転換、③では整備技能者の育成、部品の安定供給が実施計画にあがった。これに対して全農では、基本的計画は同じであるが、より具体的に稲作用を中心とした低価格農機の導入・利用、農機修理整備施設の基幹化と情報化システムの検討、需要動向の分析と計画的な発注・引取の実施などが重要な戦略であった。

　農作業の外部化への要請が強まり、農協、農業公社、農業生産法人の作業受委託が機械銀行によるコントラクター方式が全国500地区で進展し、リース、レンタル方式も農協系を中心に普及した。系統農協では営農指導と利用の効率化、低価格農機の開発が関連して生産者への減価償却費の圧力が減少することになった。また、中古農機の販売率は30 〜 40％で停滞し、他方で新製品に対する価格が上昇することになった。メーカーや系統農協では生産者への計画的更新を提案するとともに新規機械に整備した中古機械をつけて販売する対応がとられている。また、取引コストの節約と需要の拡大のためにインターネット取引が実施された。

　これまで農業機械の産業組織では大手３社の価格設定行動を全農の交渉力によって抑止しにくかったが、1996年からの農業生産資材費低減のための行動計画を受けて、産業の合理化が進展した。この合理化は系統農協で顕著であったが、系統三段階でのマージンの節約がしにくいこと、整備や計画的更新と関係してサービスが実需者である生産者との取引を継続化しやすく価格競争にはなりにくいこと、農業機械市場の規模が縮小しメーカレベルでも工場の操業度の低下になっていること、などが制約条件となっている。この市

場の規模縮小は為替変動による輸出の減少や中古農機の普及拡大だけでなく、稲作では米価の低下が機械の投資を抑制していることも要因となっている。

　農業機械化は畑作部門、特に集約的な生産管理が要求される園芸部門で遅れ、加工原料用品目、根菜類での収穫機械の開発と普及、果樹での防除作業の機械化の進展がみられるようになった。市場価格や契約価格の低下にともなって品質を維持しながら規模拡大をはかり、同時に生産コストを低下させて競争力を拡大するには、継起する作業を統合化し、側条施肥のように他の生産資材の効率的利用と結合させることが必要となる。

　我が国の農業機械産業は稲作部門を主たる対象とし、またサービスによる差別化をともなった高度寡占の市場構造によって、大型トラクタを除けば国際的競争に直面してこなかった。そして、稲作での機械化はロータリー耕、田植機の開発に代表されるように、我が国独自の展開をとげた。このことは肥料、農薬、飼料と比較すれば、価格の高位設定と系列化された流通システムの形成を維持しやすかった。東アジアからの稲作用農業機械の輸入も修理と整備のシステムとの連動性がないため、低価格であっても我が国市場では参入障壁が形成されているといえよう。

6．種苗産業の展開

（1）種苗産業の性格と産業組織

　わが国の種苗産業の国際競争力は他の資材産業と比較して高位にあり、その要因としてF1技術の早期の確立、野菜を中心とした採種生産の適地が多様の立地条件下で確保できたこと、寡占的な競争構造への移行が国際的にも早く競争的であること、バイオテクノロジーの技術革新への期待が強くあって異業種の参入がみられたこと、などが挙げられる。これまで種苗産業は野菜の種子を中心に種子産業を対象としてきたが、生産者における育苗過程の外部化や接ぎ木用苗の市場拡大から「流通苗」の産業が形成されるようになった。この産業も大手の種苗企業よりも大規模な専業的な生産企業が成長

し、寡占化が進展するようになった。

　わが国の種苗の市場規模は、1995年3,476 億円であり、構成は野菜35％、花卉・花木類39％であり、園芸部門の役割が大きいのに対して、アメリカではトウモロコシ、大豆、牧草類が中心で野菜は２％に満たないという特徴がある。戦後ローカルな採種企業が産地に多く立地してきたが、日本の気象条件やコストの高さからアブラナ科から海外の乾燥地域に立地移動し、新品種の開発には直営農場の規模が関係してきた。企業にとっての生産条件は、低コスト、交雑のない品質の確保、高発芽、無病などであった。低コストの追求であれば、アメリカでの大規模で機械化された生産システムが選択されるか、それとも東アジアの低賃金労働を利用した生産システムが選択されるか、であった。しばしば南半球では気候条件が異なり、北半球の産地と出荷時期を分担することによって企業はリスクを分散することができる。このように種苗企業は、大手からグローバル企業として海外に拠点を置くようになった。

　さらに製品開発も大規模農場の設置や遺伝子資源の管理が条件となって、これが参入障壁を形成することになると、寡占化が一層促進されることになった。企業規模が小さくなるほどこの製品開発のための必要資本額が多額になって、これが参入障壁となりやすかった。そのため小規模な企業では品種・品目の品揃えが制約されることになった。新製品開発は10億円に達するといわれ、販売までに10年近い時間を投入することから、大手の寡占企業でないとリスクに耐えきれないことになる。したがって、それほど開発コストを負担しない品目を限定しながら、特定産地と繋ぐことが中小企業の戦略となりやすく、細分化された市場で生存空間をみつけることになる。この生存空間がさらに縮小されと、特産地のような限られた地域に対応した契約による採種生産を維持することになる。このような対応もできなければ、直接生産よりも他社よりの購入して小売業として生き残ることになる。このように寡占化と国際化は国内種苗企業の階層分化を促進することになり、大手２社への集中度をあげることになる。

　種苗産業と農業経営との関係では、種苗が生産コストにしめる割合は野菜

で1〜10％であり、収益性の低い露地野菜でのコスト負担が大きくなる。付加価値を付けるにはコーティングで発芽率を向上させて生産性を改善し、さらに苗生産に入る戦略がとられる。しかし、大苗になると販売価格が高くなって生産者の収益性を圧迫するため、接ぎ木用を除けば小型のセル苗が普及しやすくなる。セル苗のコスト負担額は10％を限界とすると果菜類はそれをクリアーするものの、葉物では30％をこえるのが普通であり、苗生産のアウトソーシングは制約されることになった。また、接ぎ木用苗でも生産者が自給を選択するか、アウトソーシングを選択するかによって市場の規模が長期的に規定される。アウトソーシングの割合は、20％程度とされているが、生産者の規模拡大が進展すると自給よりも外部からの購入が選択されやすい。

　苗生産の担い手は多様化し、大規模産地では系統農協による育苗センターが設置され、アウトソーシングをすることで規模拡大を促進し、ひいては産地規模を拡大する行動をとってきた。しかし、特定産地では出荷時期が限られるため、この育苗センターの操業度が低位におかれやすのが普通である。それに対して、種苗企業では周年的で回転率を上げ、産地との契約関係を強めようとしているので、操業度が高位になりやすい。

　種苗産業の国際競争力は高く、90％程度が海外に輸出され、また海外の生産基地からの輸入もみられる。主な輸出国は台湾、韓国、アメリカであり、輸入国はデンマーク、韓国である。その後中国への輸出が増大し、中国で生産されて日本に製品が輸出されるようになった。アメリカにおける市場規模は日本の3倍程度であるとされているが、トウモロコシ・大豆が中心であるため、野菜の種苗はフランス・オランダ・イギリスとの競争となりやすかった。アメリカではバイテク技術の開発をめぐって多国籍企業のA＆Mや系列化が進展し、Pioneerが農薬メーカーの系列下にはいることで独立系資本がなくなり、企業の性格が変化した。種苗産業の国際化は1975年からの海外採種から本格化し、1985年からの海外販売にはいり、そのさきがけはサカタのタネであった。1980年代初めからのバイテクブームとM＆Aによって異業種の参入と寡占化が進み競争構造が変化した。1998年のトップ20社はPioneer

（1位－アメリカ）、Novartis（2位－スイス）、Limagrain（3位－アメリカ）で、日本のタキイ（8位－日本）、サカタのタネ（9位－日本）は1位Pioneerの5分の1程度の売上額である。上位20社のなかでアメリカの企業が3社であるのに対し、フランス4社、ドイツ3社、オランダ2社とヨーロッパ勢が多くなる。これらの企業は種苗以外にダイズ、小麦、油種、小麦粉と多角化し、2位のNovartis、6位のAdantaは農薬会社の多角化戦略にはいっている。バイテクに大きな期待を寄せた企業にとって新製品の販売に繋げられないままに、遺伝子組み替え実験への投資額が多大になり、バイテクへの過大な投資が業界の再編成になった。この国際寡占化は収益性の低下した外国企業の買収にはいり、価格競争と高金利の韓国種苗産業のSeminis、Novartisによるトップ3企業の買収が進展し、日本のサカタのタネも6位の企業を買収した。日本への進出は、Cargill、Pioneer、Dekalfのように提携関係で参入するか、Novartis、Seminisのように連絡事務所を設立して参入するかの選択がある。

　わが国の種苗会社は過度の多角化にはいるのではなく、卸売業の統合化、取扱資材の拡大によって事業領域を拡げ、苗生産にも参入したものの後発であり、生産システムは生産法人などの経営体との提携がとられた。サカタのタネでみるとグループ化が進展し、卸売事業の関連会社31社、農園資材卸売事業4社と海外を中心に増加し、南米では契約生産よりも直営生産が選択された。海外に生産の拠点を移動させることによって、国内では最適な生産条件でなくても、品質、コスト、品揃えにおいて有利になった。しかし、国際的には価格競争よりも品質競争に移行しつつあり、国内では品種ごとの市場占有率は、ブロッコリーでサカタのタネが1社で85％、ニンジン・トマトでサカタのタネとタキイの2社で90％に及ぶとされている。しかし他方で、キュウリは埼玉の中堅企業2社のシェアがこれまでも高く維持されているのは、新製品開発の進展がないからである。また、レタスでも大規模産地に立地している中堅の種苗会社はフィールドサービスと種子の販売を結合させてシェアを維持している。さらに、香川県の中堅メーカーはタマネギ産地に立

地する優位性を活用して、北海道でも高いシェアを拡大している。それに対して、同じ果菜類のトマトでは品質をめぐる技術革新の進展が早く、タキイとサカタのタネの2社による新製品開発競争にはいり、2社で90％のシェアに達している。また、国際的競争力からするとブロッコリーやキャベツは輸出品目であり、シェアも高位にあるのに対して、ほうれん草はオランダの企業が国際競争力を拡大してきた。このように品目によって競争構造が異なるが、国内での集中度は上位2社で40％程度であり、国際競争力のある品目の輸出の拡大によって販売割合が20％を越えるようになった。

　以上のような国際的寡占化と品質競争の進展は、企業の経営資源の集中的利用が必要になり、①統合する農場の規模、②遺伝子資源の確保と開発のための関連投資、③優れたブリーダーの確保、の3つ要因が企業の競争力を規定するようになった。これまで①が新製品開発の条件となったが、バイオ技術の革新は②への多額な投資を拡大し、他方で③の優れた人材を必要とすることになった。そのため中小企業の生存領域が大きく縮小することになり、小規模企業では直営農業の採種として利用するメリットが無くなり、他社の製品の卸や小売、苗・鉢物の販売に経営資源を集中するようになった。

（2）種子ビジネスの変化と企業の経営戦略

　わが国の種苗をめぐる技術革新では果菜類を中心としたF1技術の開発と普及が産業の成長に貢献し、技術水準を向上させた。また、1960年代では大都市周辺でも採種する産地をかかえていた。しかし、作付け規模で10〜20aが多く、零細な生産構造にあり、専業的な経営体は形成されにくかった。種苗会社の規模と販売圏は関係し、早くから全国市場での充実した品揃えでの販売（総合生産卸売）はタキイ種苗、サカタのタネ、カネコ種苗、協和種苗、みかど種苗、第1園芸の6社にすぎず、中小企業は品目や販売地域を限定することになった。また、業態を差別化しようとすれば、東北種苗のように小袋詰販売にはいることになった。

　産地形成が進展するとともに特定産地で品種指定を受けることは、販売量

の拡大に直結したので、産地と技術や営農指導で結びつくことで地域の種苗会社が存続してきた。しかし、優れたF1技術を確立したわが国の種苗会社も、適地への採種地の立地移動をとげてきたが、品目によっては梅雨期の降雨量と光合成の制約から良質種子の確保のためには、最適な立地条件を求めて海外に進出せざるをえなくなった。というのは、高温多湿という条件はこくはん病などの種子伝染を引き起こしやすいからである。特に1975年からの円高は海外シフトを促進することになり、アブラナ科ついで果菜類へと拡大した。アブラナ科では先進国のデンマークがアメリカへ、フランス・イタリアが南半球のニュージィランド、オーストラリアへ移動した。アメリカでは大規模生産による低コスト生産が誘因であり、また南半球での生産はリスクの分散と安定供給が誘因であった。他方で果菜類は労働集約的な生産システムをとること、大規模生産と機械化を結合しにくいことから、労賃コストの低いアジアへの立地移動になった。たとえば、台湾は早くからの生産基地であったが、より賃金水準の低いタイ、インドへと移動した。しかし、中国への移動は交配率の低さが障害となり、また国家レベルの種子公司〜郷・鎮までの各段階でのマージンの確保によって、初期にはメリットが少なかった。また、タイでも合弁会社を設立して採種生産にはいる場合が多かった。国際競争力のあるブロッコリーでは、早い時期に乾燥状態にして病気を抑えるために地中海性気候のアメリカのアリゾナへ移動した。他方、トマトはアジアだけでなく、南米のチリでの生産も拡大した。外国に移動しても生産システムは契約生産が原則となるが、生産者の技術レベルが低い場合には、直営生産が導入されることになる。カイワレはすしネタとしての高級品から小売段階での価格競争が深刻になると、種子生産をアメリカに移動させざるをえなくなった。このようにコストの低い品目から海外に移動したが、国内では付加価値の高い品目が残ることになった。

　大手種苗会社は1980年代に時間をかけても自前で投資して拠点をつくってきたが、1990年代では他企業からの買収によって成長のスピードをあげた。国際寡占化した企業は日本の企業（協和種苗）との資本提携に入り、

Novartis（スイス、世界ランク2位）のように独自で千葉県に企業を設立する場合もある。このような世界的な生産拠点の配置によって、たとえば国内では生産しにくいパプリカも生産できるため、品揃え機能が充実することになる。さらに国際市場で競争するには世界的に品目ごとの適地で生産し、輸出先に直接販売された。

　わが国における大手企業による開発コストは販売額の10%を上限とすることを原則としているが、この水準はバイテク技術の導入で押し上げられた。1980年代では三菱化成、三井東圧化学、三井石油化学、住友化学、協和発酵、キリンビール、住友商事、味の素、サッポロビールなどが種苗会社等と提携して参入した。しかし、期待されるほどの成果がみられず、一部のビール会社との提携をとった以外の企業にはほとんどが撤退した。この理由は、参入した企業は市場価値のある製品販売にまで至らず、地域や農業経営の理解が不十分であることであった。むしろバイオ技術は消費者行動を配慮すると、食用の野菜よりも花卉での開発が期待される。

　しかし、バイオ技術の革新は抵抗性や特別な遺伝子の入った製品開発を進展させたが、他方では多額の投資を伴いながらも、開発から製品化までの時間を短縮し、新製品の品質競争を促進することになり、秀品率や糖度の水準の向上に直結した。品目の遺伝子資源の多様性が研究開発を活発にさせ、たとえば遺伝子資源の狭いキュウリよりも広いトマトの方が製品開発は活発であった。また、実需者ニーズにマッチした育種目標が企業行動として設定されるようになり、伝統的なシステムが革新された。特に、栽培様式、肥料などの生産資材、病虫害などを総合的に企画できるブリーダーの役割が大きくなった。

　実需者ニーズも市場流通システムに全面的に依存した段階から川中・川下の食品企業との連携が進展してくると、実需者ニーズが明確に反映した育種目標の設定にはいり、開発－試作－普及の短縮化が必要となる。また、産地段階における競争は品種のライフサイクルの短縮になりやすく、新品種が価格形成やシェアに及ぼすインパクトが強まっている。大手2社による製品開

発の競争の場となったトマトでは、効果的な新品種の投入は2社間のシェアの大きな変動をもたらすとされている。

　青果物のフードシステムの構成主体における加工・業務用の割合が高くなるほど、実需者である企業のニーズが強くなるのが普通である。特に海外では加工・業務用比率がわが国よりも高い場合が多いので、十分な市場調査をふまえて開発に入ることになり、採算性を重視した計画をもつことになる。さらに採種生産では北半球と南半球における作期の分担によるリスクの回避、集約的な作目の低賃金地域への産地移動など、グローバルな経営立地戦略が寡占企業からとられた。国際寡占化の進展は国内中堅企業との提携関係を促進させることになる。韓国での国際寡占企業によるM＆Aにみられるように、自国内の過当競争による産業全体の収益性の低下は、国際寡占企業の参入を促進する誘因ともなる。

（3）苗の市場形成と企業の経営戦略

　果菜類を中心としてキュウリ、トマト、ナスの接ぎ木苗の需要が拡大され、さらにプラグ苗の市場が形成されることで、多様な経営体が参入してきた。産地の高齢化と規模拡大は接ぎ木作業の負担を高め、省力的な「合わせ接ぎ」への転換やロボット化の検討がなされた。また、経営主体は、①苗専門業者、②JAの育苗センター、③種苗会社であり、それぞれ接ぎ木と自根の生産をしている。①は早期に参入してきたグループであり、②は大規模野菜産地をもつ経済連などが中心である。③は種苗会社が苗生産に参入し、別会社で生産しているグループである。2000年における各グループのシェアを接ぎ木用でみると、①47％、②24％、③17％の構成である。③のシェアが低位にあるのは、参入が遅れただけでなく苗生産のノウハウが確立しにくいことが主たる要因である。サカタのタネが5カ所、タキイ種苗が2カ所に経営体を持ち、接ぎ木中心の生産システムであるため、やや非効率的である。②の育苗センターは特定産地に張り付いているので産地の販売期間に対応して生産期間が決定されるため、センターの操業度が30％程度に低くなる場合があ

る。①は専業的な生産者であり、大手数社による寡占的な競争構造に移行しつつあり、最大の規模の企業では10％程度のシェアになっている。市場規模は不明であるが、自家育苗を除き1.3 ～ 1.5億本、１本100円程度とすれば、150億円となる。しかし、購入苗がこれまでの20％から30％へと増大し、またセル成型苗の増加が予定され、市場規模はさらに拡大するであろう。セル成型苗はレタス、タマネギ、キャベツ、ハクサイで生産が拡大したが、トマト、ナスでも急速に普及した。葉物は単位面積当たり収益性が低く、15 ～ 18日の育苗日数ではコストが高くなり、生産者には普及しにくく２～３日の苗が中心となった。このセル成型苗は１箱250本を単位として数％の物流コストで広域的に配送された。

　苗生産の最大の経営体は、1,500 ～ 1,700 万本を生産し、500 ～ 700万本の経営体が３社あり、100万本以上の経営体が10社以上あるとされる。また、JAの育苗センターは400カ所以上で最大の生産規模は、200 ～ 300万本である。苗の生産者は西日本に多くが立地しているのに対して、実需者は関東や東北に多く立地するという構造が形成された。これは、関東や東北の生産者は苗生産をアウトソーシングしないで、一貫生産のメリットが大きいと判断してきたからである。また、種苗会社は大手では別会社による直営生産に入っているが、必要資本額が高い割に生産コストが高くなると判断した中堅企業では、大手の苗生産の経営体との提携によって、低コストで、かつ安定的な確保に入っている。

　苗生産経営体の経営管理は、実需者からの時期の異なる注文を周年的に組み立て、年間の操業度をいかに高位に安定化させるかという点が基本になる。ただし、流通チャネルは生産者ばかりでなく、ホームセンターが大きな販路となったが、小売段階の価格競争は納品価格の低下につながり、需給調整の手段としての役割がある。

　苗生産者の立地条件からすると、西日本に立地する方が気候条件から操業度が高くなるのに対して、東北の生産者では周辺産地への配送を前提とすれば、生産期間が限られ収益性が低くなりやすくなるので、関東や西日本の実

需者の注文を確保することが必要になる。また、苗生産者は実需者からの注文に対応して緻密な生産計画を作成して、ロスをできるだけ減少させることが原則となる。苗は少数ながら国内価格の2分の1強で韓国からの輸入もみられるが、国内相場を低下させるまでにはない。しかし、ホームセンターを始めとする低価格競争は長期的には苗の生産価格の低下をもたらすことになる。

花卉の苗生産の競争構造と企業行動をカーネーションのケースでみると以下のようになる。輸入苗がアメリカからオランダに移動して増加し、国内では三井化学、JT（日本たばこ）、キリンビールが参入してシェアを拡大した。それまでの市場規模は7,000〜8,000万本であり、①栽培期間が1年から1.5〜2年に長期化したこと、②65〜70本の密植から40本の粗植に移行したこと、などが需要減少の要因となった。この苗生産の主要な企業は、取扱の規模からみて第1園芸、フジプランツ、ミヨシ種苗、サカタのタネ、美香園（農業生産法人）であり、上位2〜3社の寡占化が進展している。輸入の増大と産地間競争の激化は切花の価格を低下させ、さらに資材である苗の価格を低下させるというプロセスをたどった。

輸入切花はアフリカの高冷地からヨーロッパを経由して、エチレンを付着したパッケージで大手量販店などに流通し、小売価格を低下させた。相場の良い時代は苗1本100円、オランダ企業のロイヤルティ30円を加えて130円であったが、輸入の増大で市場価格はロイヤルティ1本8円などを含んで40〜50円にまで低下した。これに対応して第一園芸は種苗生産と花市場、小売店を統合し、JTは資材、肥料、水耕プラントと苗の販売のセットをはかり、労働生産性を上げるために挿し木のロボットによる自動化を検討した。

経営の合理化は、プラグ苗への転換、計画的生産のための予冷施設の設置で実需者とのミスマッチを解消することであった。大手の実需者である長野県経済連では、苗生産者を4〜5社にしぼった価格交渉をするため、小規模生産者は生産コストだけでなく、営業部門を持たないこともあって不利となる。

　このように花卉では野菜と異なり、輸入品との競争が激しく、品質よりも価格競争が進展して苗価格にも反映しやすくなり、大口の実需者と交渉できる大規模生産者が優位となって、特定品目での寡占化が顕著になった。

7．結び

　農業資材産業は、実需者が農業生産者であり、この農業生産者はフードシステムの川下・川中の食品企業や消費者の行動から影響を受けるようになった。第1に、川下の量販店・外食企業の差別化やブランド化は農業生産だけでなく、特定資材の利用を指定し、あるいは制限する行動をとるため、資材−生産システムの連動性が強まってきた。第2に、安全性が農薬から生産資材の利用をさらに限定するようになった。農村の高齢化と生産者の購買力の減退に加えて、生産者の農法転換は市場の性格を変え、市場規模の縮小をもたらすことになる。第3に、生産者のコスト低減や農協の系統事業の革新と関係して、生産資材の販売価格の低下や流通マージンの低下が不可避的になり、産業と企業の改革と効率化・合理化がさらに必要になった。

　国際競争力のある農薬や種苗産業を除けば、わが国の多くの農業資材産業は市場の縮小と収益性の悪化によって効率化・合理化が限界になっている。資材価格の低下は、輸入資材の普及やホームセンターなどの小売段階での低価格販売によって引き起こされやすい。また、多くの資材産業では、農薬や種苗から国際寡占化が進展し、施設園芸では、東アジアにおいても中国・韓国でオランダとの競争関係になり、すでにオランダでは台風の多い東アジア向けに風速40メートルに耐えるハウスが開発され、さらに液肥や農薬などのセットも提案されやすいとされている。例えば、韓国産のハウスの価格は国産のほぼ2分1といわれ、わが国でも産地で組み立てて販売されるケースがみられてきた。これまで国産の優位性や参入障壁は、機械や施設が外国から購入しても、その後のサービスやケアがしにくかったが、この障壁は低くなった。産地の収益性が低下し、ハウスの更新時期になると、安価な韓国産

への転換が拡大する可能性がある。また、資源循環によってコスト低下と高品質生産が可能であるのは、堆肥や有機質肥料の生産であるが、堆肥は製品化のレベルが向上したものの、輸送圏域が限定される。そのため、食味の向上につなげられる有機質肥料の開発は販売単価を向上させ、ブランド化の要因となっている。

　農産物は国産であることが当然であるとする論者は多いが、資材も国産であるべきであるとする論者はまだ少ない。地域資源の循環によってコストを削減し、また有効な資源から製品を開発することが特に肥料産業では重要な戦略となってきた。さらに資材産業は実需者である生産者とつながるだけでなく、農産物の買手である食品産業との連携を強めて、生産資材－生産システム－販売システムを設計することが必要になってきている。

参考文献
1．JA全農・肥料農薬部「全農肥料輸入業務40年史—海外挑戦の航跡」1999
2．全購連肥料部「肥料の動向と年特運動－流通編」1968
3．全農「系統肥料購買事業40年史（1950－1990）1990
4．日本硫安『続日本硫安工業史』1981
5．農水省肥料課40周年記念誌『肥料20年の歩み』農林広済会、1971
6．日本燐酸（株）『二十年史』1987
7．ホクレン肥料（株）『20年のあゆみ』1980
8．片倉チッカリン（株）『60年史』1980
9．全購連『肥料購買20年』1970
10．全農『系統肥料購買事業30年の歩み』1980
11．肥料経済研究所「海外肥料流通実態等調査結果」1998
12．JA全農肥料農薬部「健康な土づくりと肥料改善運動」1994
13．三菱化成工業（株）『三菱化成社史』1981
14．全農肥料農薬部「肥料実務ガイド（1990版）」1990
15．JA全農肥料農薬部「JAグループ肥料・農薬」1999
16．ヤンマー『燃料報国—ヤンマー70年のあゆみ』1983
17．W.G.フィリップ『米国とカナダの農機工業』1962
18．全国農業機械商業協同組合「農業用機械販売整備または、整備業の技術戦略化ビジョン」1988
19．農林水産省農産園芸局肥料機械課「平成9，10年中古農業機械流通実態調査

　　　結果」2000

20.　ソーボン・チタサッチャー「日本農業機械工業の流通機構」、経済論叢（京都大学）、132巻3/4, 4/5 号　1986

21.　全国農業機械商業連「昭和53年度活路開拓調査指導事業報告書」1978

22.　農林水産省「中小企業近代化促進法関連―農業用機械流通調査報告書」1970

23.　金安信吾『農業機械20年史』近代農業者、1968

24.　農業機械学会「機械化による農業再建を考える」1982

25.　久保田鉄工（株）『最近10年の歩み（創業90周年）』1981

26.　井上完二「農機工業と農業機械化」農業機械化研究所、1967

27.　農薬工業会『農薬成長への証し』1974

28.　農薬工業会『40年の歩み』1995

29.　クミアイ化学工業（株）『クミアイ化学工業50年史』1999

30.　渋谷成美「世界の農薬業界のM&A動向（1）（2）」、ファインケミカル、2000

31.　全農肥料農薬部『農薬事業概論』1977, 1988

32.　浜田慶二「生産者からみた農薬開発動向（1）（2）」農業機械学会誌、56（5）、56（6）

33.　全農農薬部「農薬原体の現状と課題」1972

34.　農林水産省振興局編「農薬のあゆみ」1960

35.　農林水産省農産園芸局種苗課編『種苗産業の将来ビジョン』農林統計協会、1988

36.　そ菜種子生産研究会編『野菜の採種技術』成文堂新光社、1978

37.　そ菜種子生産研究会編『ハイテクによる野菜の採種』成文堂新光社、1988

38.　板木利隆『昔の野菜、今の野菜』幸書房、2001

39.　T. Tokita, "Seed and Seeding Industry in the World and Japan," Farming Japan

40.　荏開津典夫・樋口貞三編『アグリビジネスの産業組織』東京大学出版会、1995

41.　神奈川県「神奈川県における農村市場の現状と問題点（下）」1959

42.　M.R. Cooper他『アメリカにおける農業機械化の発展』新農林社、1962

43.　宮崎宏『国際化と日本畜産の進路』家の光協会、1993

44.　宮崎宏他『食糧・農業の関連産業』農文協、1990

45.　吉岡金市『日本農業の機械化』農文協、1979

46.　西園隆泰『全農農機事業の復権』農経新報社、1988

47.　森七郎『化学肥料の流通機構』お茶の水書房、1964

48.　加用信文編『日本農業機械化の課題』農政調査委員会、1962

49.　伊藤喜雄『農業の技術と経営』家の光協会、1979

50.　農業機械公正取引協議会「十年の歩み」1900

51. 日本機械工業連合会「市場調査研究会・農機具委員会報告書、農業機械化の将来」1963

52. 岸田義邦編『農機産業百年』新農林社、1968

53. 武井昭『日本農業の機械化—その経営的分析』大明堂、1971

54. 河野修一郎『日本農薬事情』岩波新書、1990

55. 生井謙一郎『農協の購買事業入門』全国共同出版、1979

第3章　肥料産業の国際的展開とわが国の産業組織の特異性

1．はじめに

　肥料産業はかつて化学工業の草分け的役割を背負い、1955年では出荷額の20％程度の地位にあったが、現在では１％を切るまでに至った。市場規模も3,000 億円程度で世界の肥料消費量におけるに日本の割合は0.5％にすぎず、中国23％、インド16％、ブラジル10％、アメリカ10％と比較すると、国際的な寡占化した企業によっても魅力的な市場ではなくなった。2021年の世界市場におけるシェアを見ると、カナダのニュートリエン３兆円（17％）、ノルウェーのヤラ1.4兆円（10％）、アメリカのモザイク1.4兆円（８％）、とグローバル企業として成長して寡占化し、わが国最大で400億円近い売上額の片倉コープアグリのシェアはわずかに0.2％にすぎない。まだ国際市場では肥料は４％程度の成長を遂げており、インド・ブラジルでの食料生産には肥料産業の役割は大きい。

　これに対して、農薬産業では国際市場は年率10％程度の成長がアジアや南米の農業生産の拡大によって支えられている。またグローバル経営として成長したシンジェンタ、バイエル、BASF、コロテバ４社のシェアは62％とされ、わが国の住友化学が７位で6.2％をもっている。国内の農薬市場は大きく外資系メーカーであるシンジェンタ、バイエル５社と研究開発に基軸をおく住友化学、日産化学農薬、クミアイ化学９社、製剤メーカー 76社の３つのグループから形成される。日本の農薬市場は外資系メーカーにとって日本市場は魅力的ではない。同様にわが国のメーカーも早い段階から国際的な拠点をインドやブラジルにおき、地元企業との合弁や統合が進展した。

　このように肥料産業に比べ、農薬産業はグローバル化し、これにわが国の

主要企業が連動し、国際市場での競争になり、当然のことながら、製品の半分以上は輸出であった。また、農薬はプラントプロテクションとして殺虫剤・殺菌剤・除草剤にとどまらず、微生物農薬・植物成長調整剤としての活用へと拡大した。経営多角化の戦略として、基礎化学、ファインケミカルから石油化学、さらに半導体などの情報電子化学などへ事業領域を拡大し、住友化学では売上額に対する研究開発費は10％にもなり、シンジェンタ、バイエルよりも多くなった。

　以上のように肥料と農薬産業は、産業組織の性格が大きく異なるようになったが、肥料産業は国内市場の編成がJAの統合化の戦略とも連動して、系統シェアは肥料で70‑80％になり、農薬では早くから外資系の参入もあって60％にとどまった。農薬産業では全農系は井原ケミカルから出発したコープケミカルを保有して国際化対応した展開をとげてきたが、JA系であることもあってファインケミカルなどへの事業展開はできなかった。飼料産業は6,000 億円の市場規模であり、JA系が工場を設置し、暫定的にシェアを低下させ40％から28％とシェアを低下させてきたが、中部飼料や協同飼料と日本配合飼料の合併したフィード・ワンのシェアはそれぞれ12％、14％なのでJA系の優位性は持続している。肥料や農薬は稲作生産者や野菜・果樹生産者であり生産法人として成長する経営体が増加しつつあっても、市場流通等で販売チャネルの選択にJAの関与が大きく、それに比べて中小家畜ではブロイラーさらに養豚からインテグレーターが成長し、調達‑契約・直営農場の生産‑処理加工‑販売のチェーンのなかで飼料が評価されるため、継続取引が持続しやすくなる。したがって、肥料や農薬のように系統外のメーカーや卸から県連・単協に流通量が少なく、垂直的な関係性になかで例えば取引先のブランドに適合した飼料設計がなされるのが普通である。肥料や農薬も環境保全や有機農業の拡大によって農産物と資材のつながりが強くなると、その取引関係が資材を決定し、共同で開発するようになるであろう。

　なお、諸外国の肥料産業については、BSI生物科学研究所やアジア経済研究所等の研究レポートを活用した。

2．産業組織論からの接近

（1）産業組織としての特異性

　肥料産業の農業経済研究からの分析は、市場研究の視点から飯澤理一郎・綱島不二雄の研究があり、産業組織研究からは茂野隆一の研究がある（注1）。資材産業全体の研究はなく、農薬産業について伊藤房雄・伊藤順一の研究があり（注2）、また、飼料産業については斎藤修・生源寺眞一の研究があるが（注3）、多少の産業比較はしやすいものの、資材産業全体についての研究はほとんど見られない。企業の経営戦略については産業史研究の立場からわずかになされているが、会社史からの分析することが必要になる（注4）。

　肥料産業の産業組織と企業行動は、資源の偏在や立地条件、環境汚染や規制などで公的機関の介入をうけやすく、かつ資本装備も重装備になることから、窒素肥料など多くの企業が参入してきたが、次第に大規模化し、寡占化するようになった。多くの寡占企業は単肥を中心にして専門化し、輸出を拡大することで、工場の操業度をあげて過剰能力を解決する行動をとりやすかった。そのため、企業行動として価格競争を抑止するための水平的な連携を強めた価格カルテルがとられやすかった。また、窒素・リン酸・カリの3つの産業を集積化できた企業はカナダのニュートリエンに限定され、国内においての各産業は異なった展開をしてきた。さらに、本来窒素肥料の生産がかつても現在、原料はほとんど輸入に依存している日本・韓国・台湾では早期に単肥から化成肥料、高度化成肥料に転換するようになり、日本・ヨーロッパ・アメリカの先進国では実需者への提案力をつけるには、実需者や地域の条件にあったBB肥料の開発が必要であった。ここでは3つの肥料産業の特徴や産業組織について整理し、ついで国際的な競争構造を分析したうえで、肥料価格の高騰のメカニズムを解明することにする。なお、資料や情報の制約から、産地はシェアの高い中国・カナダ・ロシア・アメリカ・モロッ

コについてこれまでの研究成果を踏まえて分析することにする。

　肥料産業の産業組織は主として窒素・リン酸・カリの３つの産業群より構成されるが、各産業は固有の資源利用やイノベーションを展開し、特にリン酸とカリは資源が埋蔵される鉱山の分布や立地条件によって産業の発展プロセスは異なってくる。それとは逆に、尿素等は空中窒素とアンモニアとの合成によって生産されるため、燃料である石油・自然ガス・石炭のサプライチェーンによって生産コストが大きく異なってくる。特に石炭の利用は中国を除けばなくなり、石油から天然ガスが主たる熱源に転換し、アンモニアから尿素等の生産に入り、工場規模の拡大によって操業度の拡大と生産コストの低減で競争力の拡大をはかることが企業の戦略となってくる。また、人口増加に対応して生産力の拡大が必要になったアジア・南米諸国にとって新品種・肥料・水管理による収量拡大が最大の課題であり、特に肥料産業では窒素を主力とした化学肥料産業の発展が必要条件であった。

　アジアでは日本・中国・インドを始めとして、規模拡大や機械化が進展しにくい条件下で、生産力の拡大には特に窒素肥料の投入が必要であった。したがって、多くのアジア諸国では窒素肥料の有効性についての認識が栽培技術として慣行化され、リンやカリの肥料の開発が遅れ、さらにそれをミックスして効果を高めた高度配合肥料への展開が遅れることになった。窒素肥料の立地はアンモニア・天然ガス・石油などの原料によって制約をうけるが、工場立地は分散的に立地しても、規模の経済性や操業度の高さで、多少の調達コストの高さは相殺することができた。したがって、わが国でも戦後多くの肥料メーカーが参入して国内需要だけでなく世界でも有数な輸出国として成長することができた。その後は中国が国内自給率を高めて、規模拡大と小規模工場のスクラップによって、世界最大級の輸出国に成長した。

　肥料工場は窒素－尿素等の製品化ラインの装置化・自動化が進展し、労働生産性が向上すると、規模と操業度が競争力の大きな要因となる。また寡占化が進展してくると、過剰の生産能力を抱えやすくなり、輸出市場の拡大によって操業度を向上させようとする。このような企業行動は、価格競争を引

図-3-1　尿素とリン酸の工場経営の比較

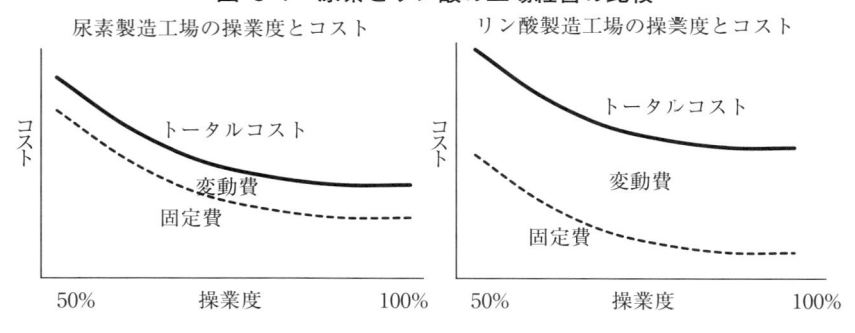

（資料）坂梨晶保「発展途上国における肥料産業の発展とその背景」から修正作成

き起こしやすくするため、政府や企業間でカルテルを含めた価格の調整が必要になってくる。しばしば、輸入価格が引き下げられて収益性が低くなると国内価格が相対的に高位になりやすい。しかし、価格競争は寡占化をさらに進展させるが、市場を差別化しにくく、高い収益性を実現しにくい。

　尿素とリン酸の製造工場における経営問題として、**図-3-1**のように尿素工場では燃料・原料等の変動費のウエイトは、リン酸工場と比較して小さく、工場の資本装備の高度化が進展しやすい。したがって、規模の経済性が作用しやすく、操業度の拡大による固定費の低下が大きくなる。また、資本装備の高度化は、コストの低下が大きく貢献することになる。それに対して、リン酸工場では鉱山からの調達する原料費のウエイトが高く、操業度を拡大しても、コストの低下は大きくない。カリ製造工場の鉱山からの調達が一般的となるため、リン酸工場とコスト曲線は類似することになろう。このことから、リン酸とカリ工場は鉱山を統合し、開発と製造の統合化によって資源管理を強くすることが、競争力の源泉となりやすい。特に、リン酸はP_2O_5（DAP、MAP）の濃度が低ければ、選鉱によって処理コストが上昇しやすく、原料の調達コストはさらに上昇することになるであろう。さらに公共機関の環境規制が厳格になるにつれて副産物の石膏の処理コストの上昇も配慮する

ことになる。

　他方で、尿素工場は、調達する原料・燃料が外国に依存して輸送コストの負担があったとしても、規模の経済性によって相殺することが可能であった。したがって、多くの発展途上国では外国からの技術支援や企業との連携によって尿素工場の規模拡大が短期的に進展した。その結果、国内自給の達成が実現され、さらに工場の余剰能力の活用で国際市場へと販路を拡大した。日本や中国も最大の輸出国まで成長し、韓国も計画的で、効率的な工場の立地配置、製造品目の集約化、流通段階の短縮によってコストの節約が可能になった。この展開によって韓国は日本よりも尿素の価格を60年代には低下させることに成功した（注5）。このような尿素・リン酸・カリの製造は単肥をベースとしており、化成肥料工場では、規模の経済性を追求するよりも、実需者のニーズにあった肥効性のある製品とその品揃えが必要になる。さらに有機肥料は小規模・零細が多いのは、多くの地域固有の資源の確保や輸送コストの負担が大きいことから、工場規模の拡大がしにくかったからである。また、尿素の製造はアンモニアの製造を統合化できれば、規模の経済性の効果が相乗的になってコストの低下がさらに進展する。さらに、尿素等の窒素肥料は、石油化学工業の副産物のカプロラクタムの活用は低コストであるが、肥料用以外の新用途が開発させると、供給ができなくなる。

（2）リン酸肥料の産業組織

　リン酸やカリの産業は、偏在する資源によって鉱山を起点にした原料−製品化、さらに物流までの効率的システムの形成が必要になり、特に鉱山の開発への初期投資は多額になるので、窒素肥料産業よりも参入の障壁が高くなる。具体的にリン酸肥料の特異性を説明すると以下の5点になる。第1に、リン鉱山の開発とリン酸工場、さらにリン安等に生産の工場を一カ所に統合して設立することによって効率性を追求することである。また採掘コストでみると露天採掘ができるモロッコやサウジアラビアは、坑内採掘に依存している中国やアメリカではコストで不利になりやすい。

　第2にリン鉱石以外の原料として硫黄（硫酸）とアンモニアが利用され、輸入によらず国内で調達することが、コスト低下の要因になり、この点ではモロッコなどの北アフリカが優位になる。物流コストの視点からみると、リン鉱石輸送のパイプラインや輸出のための港湾整備、さらに港湾管理から専用船の保有まで広げると、地域のインフラの整備の投資額は膨大になる。そのこともあって肥料メーカーの企業形態は民営というよりも国営が特に社会主義国で多く、国家政策として事業展開をとっている。

　リンをめぐる第3の特徴はリン酸の品質の問題であり、P_2O_5の含有量30％以上でDAP、27－30％でMAPの基準が設定される。それ以下の24－27％と品質の低い過石や熔リンになり、さらに24％になると選鉱してコストかけて含有量を向上させてDAPやMAPとして製品化することが必要になる。しかし、中国、サウジアラビア、チェニジアなど鉱山によって品質の低い鉱山ではこの選鉱によってコストをかけても製品化してきたが、長期的な視点からみると、採掘量が多くなると品質が低下し、選鉱のコストが増大することから、採算性がとりにくくなるとされている。

　第4の特徴は、リンの採掘については環境汚染や資源の枯渇をめぐって政府の規制が強くなり、特に大手肥料メーカーのモザイクの二場が立地してきたフロリダでは、環境規制が厳格になった。工場によっては閉鎖に追い込まれ、またリン鉱石の輸出ができなくなり、さらにアメリカでは輸入を拡大するというように、ドラスチックな転換をした。その後、主力輸出国である中国でも揚子江流域での環境規制は強まり、工場の移転にまで発展した。リンは副産物として石膏を輩出することから、近くの海洋や自らの鉱山での埋め立てに利用できなければ、処理コストをかけて再利用する必要が発生する。この石膏の処理ができないと、河川の周辺から環境汚染が始まることになる。このような展開からアメリカのモザイクは国外のブラジルに鉱山を保有し、またリン事業の収益性の低下に対応してアメリカ・カナダでのカリ鉱山を保有してカリ事業の拡大をはかった。さらに、中国では環境規制によって生産能力が減退し、また需要の減少を招くことになった。

以上のようにリン酸の生産地域は中国でも貴州・雲南省などの４地域に限定され、肥料メーカーも大手３社が成長してきたが、大竹久夫によれば「大半のリン鉱石におけるP_2O_5の含有率が17％以下で、30％を超えるものは全体の10％しかない」ことから、100年足らずで資源の枯渇が予想されている（注６）。したがって、フロリダのモザイクの環境規制と競争力の減退につづいて中国も同様な展開を辿り、品質とコストで競争力が高く、石膏の内部処理、インフラ整備の進展したモロッコの競争力が強化され、国際市場でのシェアは2015－2018年の４年間で、中国40.4％から31.2％、アメリカ15.2％から9.6％に減少し、モロッコは10.9％から19.7％、サウジアラビア10.0％から14.3％に増加した（注７）。中国の肥料消費量は、窒素・リン肥料・カリ肥料で、世界水準のそれぞれ２倍、1.63倍、1.57倍と増加し、有機質肥料や化成肥料の製品開発への転換が必要になってきた（注８）。中国は競争力の減退によってリン肥料をめぐる輸出であるインド、ブラジルやわが国への輸出競争力の減退が予想され、特に「増値税」や輸出関税は、それを促進することにつながった。リン資源はモロッコの資源埋蔵量が極めて多いが、石油資源よりも早く枯渇するとされ、また回収リンの活用が必要になってきた（注９）。

（３）カリ肥料の産業組織

　カリ肥料はリン酸肥料と比較して世界的に資源が豊富であるが、かつては死海・アメリカのユタ州・中国西部での塩湖で塩化カリの小規模な生産があったが、大規模な鉱山開発から塩化カリの生産が、カナダ・ロシア・ベラルーシで集積し、カナダのニュートリエンなどロシア、アメリカのリン酸肥料から事業拡大したモザイク、ロシアのUralkali（ウラリカリ）、ベラルーシのBelaruskali（ベラルーシカリ）の４社の国際的な寡占市場が形成された。特徴的な展開は、第１にメッカであるカナダのサスカチュワン州では、ニュートリエンが６工場、モザイクが３工場、ドイツから参入したK+Sの工場などが参入した。主として初期コストは高いものの大規模な採掘が可能で

ある乾式採鉱法がとられ、井戸をボーリングしてカリウム資源を溶解してくみ上げる溶解採鉱法はあまり採用されなかった。中国の「ロプノール」での塩湖を活用した生産システムは、高コストで大規模生産には不向きであった。

　第2に、2005年ロシアの最大手のUralkaliとベラルーシの最大手のBelaruskaliは連携して販売会社の「ベラルーシ・カリ会社」を設立し、一元販売によって輸出の40％以上のシェアを獲得することで「価格カルテル」の実現したことである。それに対してカナダでは、PotashCorp（後のニュートリエン）とモザイクとAgrium（アグリウム）の3社が共同でCapotexという輸出販売会社を設立して、塩化カリを統一した価格で販売し、サスカチェワン州の精製工場から輸送、船の積載からの営業販売活動を展開した。販売量については3社の生産能力ベースで割当を決めて配分し、10万トンタンカーが停泊できるふ頭を主として活用したので、効率的な物流システムを構築することができた。カナダの3社とロシア・ベラルーシの2社とも「価格カルテル」を実現することによって、ロシア・ベラルーシは世界のカリ肥料の40％以上のシェアになり、輸送距離の近いインドや中国への出荷量が安定的に増加することになった（注10）。また、カナダのカリ肥料の輸出は2016年で半分近くの47％がアメリカであり、15％がブラジルである。カリ肥料はリン酸肥料よりも生産地域ロシアやカナダのサスカチェワン州では需要の拡大に対応して増産の計画を持っており、ロシアとベラルーシではカルテル崩壊の危機をもちながらも、持続的な生産システムをもっている。わが国では全農が長期にわたってニュートリエン－Capotexの販売チャネルでの取引が継続させている。しかしながら、中国は尿素とリン酸の肥料産業を発展させ、世界有数の輸出産業として成長させることに成功したが、カリ肥料については国内に鉱山がないことから、「国産3分1、外国からの持ち帰り3分1、輸入3分1」を戦略として、国外のラオスに4つの拠点をつくって調達した。しかし、開発コストが多額になることだけでなく、採掘－精製の投資、さらに港湾までの物流コストは国際相場の2倍になるとされた

　以上の窒素肥料、リン酸肥料、カリ肥料の3つの産業は特異的な展開をと

げてきたが、立地条件と資源利用、寡占化の低度、政治体制の違いからみて、窒素肥料は石油・天然ガスなどの燃料の調達によって企業の成長と競争力が多少の制約をうけるにすぎない。したがって、ネパールのような後発的であれ農業生産力を拡大しようとしている国でも、輸入に依存するよりは、自前で技術移転等に支援によって工場の設置は容易である。すでに窒素肥料の生産をほとんど停止している日本や韓国では、輸入に全面的に依存しても諸外国の肥料メーカーの選択をしやすいであろう。原料になるアンモニア（硫酸）は ナイロン原料のカプロラクタムの副産物として生産されるので、かつて全農と宇部興産が新会社をつくり少量ではあるが国内需要向けに供給してきたものの、新たな付加価値のつけやすい用途が発生すると持続が難しくなる。

3．肥料産業の国際的な寡占と競争の構造

　カリ肥料はカナダとロシア・ベラルーシの２つの政治体制の異なる独占的な供給システムが形成され、後者は大きな実需者である中国・インドとの連携が鉄道輸送でつないで進展し、さらにロシアのウクライナ侵攻で強化されることになった。しかし、カナダのサスカチェワン州における生産の集中と効率的な大型タンカーによる海上輸送によって供給と価格は安定的になっている。他方で、中国は長期にわたって増価税（消費税に類似）によって輸出を調整し、その後2004年から暫定と特別の２種の輸出関税を2016年まで課し、それが緩和されると、再度2021年に「法定検査」が実施され輸出が大きく制限された。特に尿素肥料が32.4％の減少であるのに対して、リン酸肥料のリン安のDAPとMAPはそれぞれ83.5％、65.2％と大幅に減少し、世界的な肥料の高騰につながった。中国では肥料を戦略物資として扱う傾向が強く、輸出制限は結果的に国内の多くの肥料メーカーの収益性を悪化させることになり、また「法定検査」は多くの批判をうけ、輸入割当制への移行が検討された。ロシアではウクライナ侵攻によって2022年に輸出量を15％減少させ、他方で

輸入割当制度によってインドへの輸出量は2倍に増大させた。リン酸肥料を
めぐるアメリカ・中国・モロッコ・サウジアラビアの国際的な競争力差は顕
著に拡大し、多くの輸入国は肥料価格の高騰を契機に、中国から品質と生産
コストの優位性からモロッコへの購入先を変更した。また、リン資源の枯渇
や環境汚染の国民的理解が進展し、下水汚泥の回収リンの利用が議論しやす
くなった。

　寡占化した肥料メーカーは窒素肥料、リン酸肥料、カリ肥料の専門化して
きたが、経営資源の活用やバリューチェーンによる付加価値の形成のために、
多角化や統合化が戦略となった。トップ企業のカナダのニュートリエンはカ
リ肥料からリン・窒素肥料へと多角化し、また各単味肥料を配合する化成肥
料工場を設置し、さらに実需者向けのBB肥料生産を統合化した。また、ア
メリカのモザイクはリン資源の枯渇や環境汚染による公的規制によってカリ
肥料にカリ肥料の事業に入ることによって収益性を安定化する戦略がとられ
た。窒素肥料への依存度が高いノルウェーのヤラは、原料となるアンモニア
から石油化学製品や合成樹脂の原料となるアクロニトラルやカプロラクタム
で新しい用途の開発に入り、また石化エネルギーの利用からアンモニアをグ
リーンエネルギーとして活用することで、CO_2の排出を抑止する戦略がとら
れた。

　肥料の最大級の消費国であり、農業国であるブラジルとインドの肥料確保
が問題となる。ブラジルを始め南米はリンやカリの鉱山がほとんどなく、こ
れまで窒素肥料はロシア・カタール・中国、リン酸肥料は中国・エジプト・
モロッコ、カリ肥料はカナダ・ロシア・ベラルーシからの85％は海外からの
輸入に依存していた。

　ブラジルは耕地面積の拡大が中西部の酸性土壌のセラードの開発や大豆・
砂糖キビの作付け拡大に入ったことからリン酸肥料の需要は高かったが、リ
ン鉱石の自給率は10％程度とされ、またカリは全量依存しており、窒素の肥
料の自給率を向上させることが国家レベルの戦略であった。しかし、遅れて
いた石油基地の建設とともに、アンモニアが確保され、全国的に窒素系の製

造工場が設立された。窒素系肥料の自給率は70年代前半に30％を割っていたが、77年43％まで上昇し、80年には100％の達成を目標とした。国内工場の生産コストが高く、窒素系肥料で輸入肥料よりも17％高く、韓国のような展開がとれなかった。カリ肥料はロシアからの購入が多く、ロシアが地元企業に出資して連携が強まった。

　ブラジルは大きな市場であり、国内資本の成熟が乏しいことから、ロシア企業の合弁での工場設立や住友商事の地元の肥料工場を保有する資材販売会社の買収などの展開もみられる。ブラジルは中西部のセラードの開発が進展してきたが、肥料価格の高騰は大豆収量を減少させ、また生産者の肥料購買力を低下させることになる。そのため、政府レベルで「国家肥料計画2022－50」を施工し、50年までに肥料の国産化で輸入割合を45％まで低下させる戦略である。

　インドは窒素肥料産業の成長を促進し、政府補助金で小売価格の低下に対応してきたこともあって、天然ガスを燃料にした窒素肥料工場が多数設立され、自給率は2020年に59％まで増加し、生産能力では世界の14％までに成長した。さらにインドではリン鉱山の品質が低いものの、肥料メーカーは赤字であったが、リン酸肥料メーカーによってはリン鉱石や粗リン酸の輸入に依存し、収益性は低いものの政府補助金で支援された。インドでは生産者の栽培上の慣行として短期的に収量形成しやすい窒素肥料が重要視されやすく、カリ肥料の施肥技術が遅れることになった。インドは、カリ肥料については輸入に依存し、国内２つの商社が、大手メーカーとの年間基本計画に基づいて安定的調達してきた。以上のように、生産段階からの肥料産業の成熟化は、中国からインドでカリ肥料を除き、自給率の拡大から進展してきたが、ブラジルでは経済性のあるリン・カリの鉱山がなく、また窒素肥料の産業化すら遅れることになったので、輸入肥料の価格高騰は生産量の減少になりやすかった。

　日本はリン・カリの鉱山がないものの、多くの肥料メーカーが窒素肥料に参入して輸出拡大を国家的な戦略としてきた。リン酸・カリ肥料の原料ばか

りでなく、窒素肥料の原料まで輸入に依存し、化成肥料、さらに高度化成肥料へと展開をとった。JA全農は地域に適合したBB肥料の工場を多数設置することによって肥料メーカーとの連携を強めて、系統のシェアを高位に維持してきた。日本と類似した展開を遂げたのは台湾であり、窒素肥料を生産するための天然ガスの価格の上昇によってアンモニアと尿素の生産を停止し、化成肥料とBB肥料の生産を主たる事業領域としてきた。

　韓国は肥料工場の拠点が北朝鮮にあったことから、外国からの技術移転と投資によって短期的に窒素系肥料から自給率を向上させる目的で、輸入原料の効率的な調達のために内陸部ではなく港湾立地を選択し、またコンビナートの近くに建設してアンモニア等を中間財として活用し、さらに鉄道と高速道路の整備によって物流システムも整備された。60年代に新たに3カ所で大規模製造工場を設置し、77年に南海化学は韓国資本とアメリカの加里鉱石の輸入会社の提携で設立された。この段階で、工場の余剰能力で窒素肥料の輸出拡大をはかり、操業度は90％に近づき、高い競争力を形成することになった。しかし、この窒素系肥料を拡大は、単肥中心となりやすいため、また特に韓国は酸性土壌が多ことからも、リン酸とカリの施肥均衡を図る化成肥料が必要になった（注11）。

　韓国では南部の港湾に大型バースの設置と周辺に大規模工場を設置することによって、①調達コストの低下と工場の規模の経済性を追求すること、また②化成肥料の輸出競争力を強化するために、銘柄を減少させて生産ラインの効率化をはかり、中間の卸売業者を介在させることなく農協への直結した販売チャネルを中心としたことが、特徴的である。そのため日本のようなBB肥料の開発への意向がないが、土壌診断による施肥設計、緩効性肥料や付加価値の高い機能性の製品、有機質肥料の開発などでこれまでの化成肥料の革新が進展し、わが国と類似した展開を遂げた。また、アンモニアと尿素の工場での窒素肥料の生産は撤退し、台湾では石油化学工業の発達によってカプロラクタムの生産があり、その副産硫安が利用されるにすぎない。以上のように、リン酸肥料やカリ肥料の鉱山のない諸国は、燃料の天然ガスやア

ンモニアが輸入であっても窒素肥料の工場の立地配置や大型クレーンを利用できる港湾の整備、さらに工場規模の拡大や銘柄数を集約することによって、韓国のように化成肥料の生産コストの低減は可能である。また、リン肥料の原料輸入については、リン鉱石にするか、リン酸にするかの選択があり、付加価値をつけるにはリン鉱石からの輸入になるが、輸出国が副産物の石膏の処理が可能であれば、リン酸での調達になる。日本ではリン鉱石での輸入は20％程度まで低下しているが、韓国ではリン鉱石の輸入割合が高く、付加価値をつけやすいであろう。

４．肥料価格の高騰

2021年からの肥料価格の高騰は、コロナによるパンデミックがおさまり、経済が回復に向かうことでエネルギー価格が上昇した。天然ガスや石油を燃料にするチッソ肥料価格に影響し、さらにFOB価格を引き上げになったことから、化学肥料の尿素、リン安、塩化カリの価格がまず高騰した。リーマンショック以降、2016-20年は尿素、塩化カリは過剰能力を抱えて価格が低迷してきた。しかし、リン酸と窒素の肥料の最大の生産国であり、２位の輸出国である中国は、かねてから輸出制限のために輸出関税を課し、2021年から「法定検査」を実施したことから、リン安(DAPとMAP)の価格はトン当たり４万円から10万円を超えて、16万円にまで暴騰した。この「法定検査」の影響で、中国の化学肥料の輸出量は38％減少し、特に尿素32％、DAP84％、MAP65％と減少したことから、リン安の価格高騰の大きな要因となった。この「法定検査」は批判もあり、「輸出数量割当制度」の導入に切り替わり、地域ごとに輸出量を決定した。韓国はこの中国の尿素の輸出規制に対応して、補助金で財政支援をし、他方では中国からサウジアラビアに調達先を変更する戦略がとられた。

また、ロシアは塩化カリを中心にして世界２位の生産国であり、かつ最大の輸出国であり、2021年12月からの「化学肥料輸入割当許可制度」の導入で

表-3-1　中国のDAPとMAPの輸出量

年	DAP輸入量（万t）	DAP輸出量（万t）	MAP輸出量（万t）
2002年	493	0	0
2005年	175	71.4	※
2010年	42	398.8	93.5
2015年	8	801.1	274.3
2019年	0	647	※

（資料）BSI生物科学研究所「中国リン酸肥料界の窮境」

輸出量を15％削減、EUには塩化カリ50％まで削減した。これによって2021年までトン当たり4万円を割っていたが、ややリン安に遅れて15万円程度に急上昇することになった。この肥料高騰に対応して我が国では、窒素肥料は中国からマレーシアからの調達を拡大し、リン安では中国への全面的な依存からモロッコからの調達を拡大した。塩化カリはこれまでカナダに加えて、ロシアとベラルーシから調達してきたが、カナダに全面的に依存することになった。アンモニアの国際価格が2022年5月に入って下落し、さらに翌年に入ってさらに下落し、中東湾岸のスポット価格はトン当たり1,600 ドルから400ドルと急落し、大粒尿素も750ドルから400ドルまで下落することになった。日本でもトン当たり12万円まで上昇した尿素の価格がまず低下し、ついでリン安と塩化加里の価格が急激に低下することになった。それに対して、農薬の販売価格の変化はそれほど大きくなく、後に述べるようにジェネリックの普及の遅れと制度設計の問題である。

　中国、ロシア・ベラルーシの政策実施に対応して、モロッコではリン鉱石とリン酸肥料の輸出を急増させたが、塩化カリについてはカナダのニュートリエンはロシアやベラルーシからの減少分を休止しているカリ鉱山の再開を含めて数年間で補充する戦略を検討している。サスカチュワン州では、「加里プロジェクト」がフェーズ1で現在生産を436万トン拡大し、フェーズ2

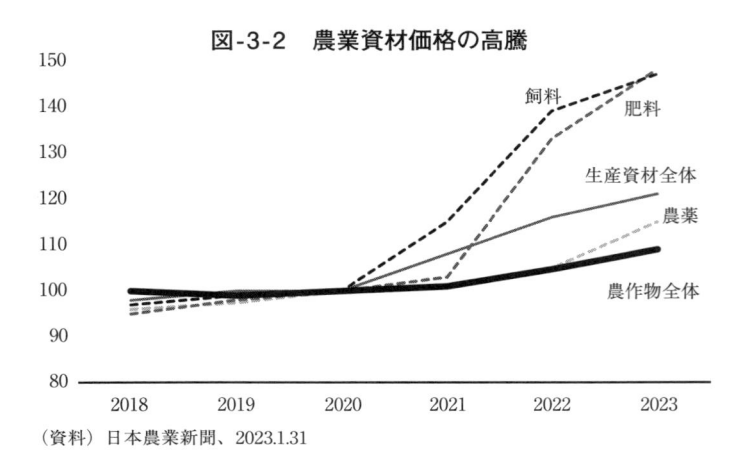

図-3-2 農業資材価格の高騰

（資料）日本農業新聞、2023.1.31

図-3-3 肥料価格の高騰（尿素・リン安・塩化カリ）と農薬の価格変化

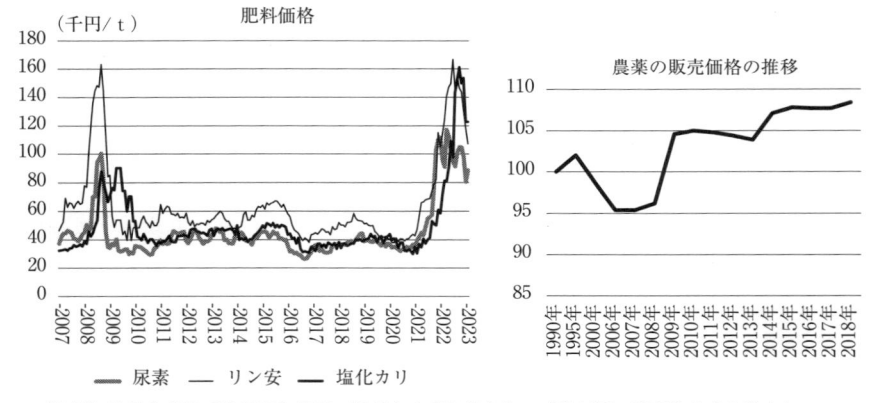

（資料）農林水産省「我が国と世界の肥料をめぐる動向」、「我が国の農薬をめぐる動向」

では6年間かけて414万を生産する予定で、フェーズ3と4も加えると塩化カリの生産能力は1,600 －1,700 万トンになる計画であり、サスカチェワン州は世界最大級の生産拠点となることになる。

　ブラジルでは高騰した大豆相場に対応して、MAPの施用と作付け面積の拡大が図られたが、アメリカと中国からの大幅な輸入の減少はロシア、モロッコ、サウジアラビアからの調達に転換した。インドは窒素肥料の自給を

大きな戦略としており、5カ所の工場をすでに設立し、さらに1工場を設立することによって窒素肥料から自給体制をとる戦略である。

5．我が国の肥料産業の構造的性格

（1）肥料工場の立地

　わが国の肥料工場は、飼料工場が輸入を前提に臨海型の立地をとり、またコンビナートとリンクした対応をとって、その周辺に実需者となる産地・生産者が立地してきたのに対して、初期は鉱山や地域資源の周辺に立地してきた。諸外国ではリンやカリでは鉱山に工場が立地し、付加価値をつけるための加工工場が建設され、規模拡大が進展しやすくなる。わが国でも有機質肥料では魚粕生産は臨海部に立地されるなど、地域からの原料・資源の確保が工場の立地条件となる。しかし、硫安や尿素などアンモニアからつくる化成肥料は、原料による立地条件を配慮することなく、むしろ燃料が石炭から石油・ナフサになると臨海型の輸入基地が有利になる。さらにリンを中国・アメリカ・モロッコ、カリをカナダ・ロシア・ベラルーシから輸入するなら港湾立地で、大型本船や専用船、大型倉庫による品質管理（粉砕・乾燥）のためのバースが必要になり、このバースからの効率的な輸送システムが展開される。港湾の規模が小さく、大型本船が着船できなければ、内航船を活用することになる。

　わが国は輸入肥料を本格的に扱うにあたって、肥料メーカーは、①明確は立地政策を初期から持っていなかったことや、②小規模工場が多かったこと、③地域の実需者に対応したBB肥料の生産の確保の必要性があったこと、などによって肥料工場は非効率性をかかえてきた。①については韓国の肥料工場は、立地政策として、大規模工場の設立、港湾整備と臨海型の立地・施設の集積、銘柄数を絞り込んでBB肥料の製造をしない、流通は農協中央会がコントロールして多段階にしない、という計画的な国家政策を初期から樹立してきた。工場規模についても年産20万トンの基準をもうけ、最大規模は農

協中央会の出資比率が65％で、50万トン規模であった。このような国家戦略によってコスト低く、銘柄数の著しく少ない効率性の高い肥料工場が成立し、国際競争力をつけることができた。小規模工場は価格競争になりやすい化成肥料よりも、有機質肥料を選択することになった。わが国も国家政策として大蔵・農林・通産省が輸出産業として工場の規模拡大や、市場の縮小下での生産調整が工場の廃止や統合を誘導した。しかし、競争力の強化にはつながりにくかったのは、市場の変動が大きく、計画的な立地政策がなかったことである。そのことによって事業の譲渡、子会社化、合併という経営の再編によって欧米、韓国・中国に遅れて寡占化することになった。

　また、BB肥料はアメリカ・ヨーロッパでの一般的であり、韓国でほとんどないのは例外的である。国内に実需者の利用よりも輸出による競争力の拡大のために規模の経済生が作用しやすいスラリー式と工場の大規模化を優先させたと理解される。

（２）肥料産業の産業組織の特異性

　個別産業は市場構造、企業戦略、技術革新によって産業組織が異なり、特に同じ資材産業である肥料と飼料と農薬の産業組織の性格の違いは企業の競争力や生産者の経営の成長に大きなインパクトをもたらした。資材産業の食品企業と同様に原料調達から製造・販売までの効率的なサプライチェーンが農産物よりも求められ、また販売についても実需者は農業生産者であり、食味や安全性を重視する農産物・食品と異なり、使用価値が重視される。農産物ではブランド化によってレギュラー品と２－３倍以上の価格差が発生するのは一般的であるのに対して、資材産業では、生産者の反復的利用がブランドよりも使用価値の評価を強くし、機能やサービスが重視される。資材産業の生産者への指導や営農相談などのサービスが特に新製品に必要になり、信頼性が重視され取引相手が継続される場合も多い。したがって、世代をこえた取引も発生するが、肥料・農薬では製品数が多くなり、複数の企業との取引が発生し、機能の異なる新製品が採用されるかが課題となる。肥料と農薬

表-3-2　肥料・農薬・飼料の産業組織の比較

	肥料	農薬	飼料
主な担い手	肥料メーカー	総合化学企業	インテグレーター
主な販売先	輸出から国内市場へ	国内から海外市場へ	国内
イノベーション	有機質肥料・堆肥・資源循環	世界レベル開発能力	物流システム
サプライチェーン	化学肥料の全面的輸入と国内肥料資源の活用	開発－原体－製剤－販売の統合化	資材－直営・契約農場－加工販売のシステム化
企業戦略	企業の合併・合理化と寡占化	総合化学事業への拡大と国際寡占化	寡占化と受委託生産
系統シェア	74％	60％	28％

（資料）筆者作成

と飼料の産業組織的な要約を寡占化、イノベーション、企業の戦略等を**表-3-2**で明示しておく。

　飼料と肥料は生産者の生産コストに占める割合が高く、特に飼料は養鶏部門では60％を超えることになり、差別化しにくいこともあって取引価格をめぐる競争が激化しやすく、港湾から畜舎までの物流の合理化や大口対策、また他方では飼育管理などの経営支援のサービスが取引の継続と関係してくる。肥料は、茶で20％程度と高いが、園芸・稲作で10％程度にとどまっているが、茶や果樹では品質形成に関与する場合が多く、化成肥料や有機質肥料の選択が重要な問題となりやすい。飼料や肥料に比較して、農薬の生産コストに占める割合は数％から10％程度と低くなるが、気象変動による病虫害の発生などのリスクが、収量と品質に及ぼすインパクトが強い。農薬産業は原体から製薬までの統合化が特にわが国では原則となってきた経緯があり、原体の研究開発が企業の競争力を規定してきたので、製品の開発は差別化や付加価値化をともない、開発能力のない企業が脱落しやすかった。

　産業組織の性格をさらに整理すると、飼料はアメリカからのシカゴ相場で

の購入が支配的で、わが国では自家配合よりは完全配合という形態をとっているので、プレミックスが入って付加価値が高くなるが、肥料や農薬の開発－加工での付加価値とは大きな格差がある。しかし、濃厚飼料はわが国では生産が極めて少なく、外国からの輸入に全面的に依存し、諸外国ではなくアメリカからの購入に全面的依存している。また、産地は都市化地域から東北・南九州の産地が形成され、これまでの横浜・神戸港から八戸・志布志港へ大型タンカーが着船し、バラ輸送で直送されてきた。産地の立地移動の大きな要因は、効率的な物流システムとそれによる飼料価格の低下であった。このことが大消費地への出荷コストを低下させ、規模拡大による生産コストの低下と相まって競争力の拡大になった。

　肥料産業は食料の増産が稲作生産力の発展に寄与し、ベースとなる窒素（硫安・尿素）の化成肥料の施用の増大となり、国家的な産業政策であった。日本の化成肥料がアジアへの輸出産業と成長した後で、中国・ブラジル・インドが農業の生産力の拡大と肥料産業の育成に入ったように、リンやカリのような限られた鉱物資源を原料とすることなく、単位面積当たりの収量形成ができた。また、わが国は気候条件や土地条件によって稲作の生産力が異なるために、多くの肥料が開発され、また多くの肥料工場が各地に立地することになった。そのため飼料工場が大きな港湾やコンビナートに立地したのに対して、輸送手段の小規模で、かつ肥料工場は製品を分担し分散的であった。さらに実需者である生産者の栽培管理や要求によってBB肥料が普及することになり、物流コストを配慮すれば、肥料工場は地域密着型であり、当然のことながら生産する銘柄数はかなり増加することになった。このことは、肥料工場は装置化や規模拡大が進展してきたとはいえ、規模の経済性はそれほど大きくなく、また物流コストが相殺しやすかった。さらに稲作生産者は小規模な経営規模にあって、中小畜産の経営体が法人化し、インテグレーターとして成長し、規模の経済性を追求したのと対照的である。

　初期のリン酸肥料の原料は国内資源の利用から、小規模ながら肥料工場が多くの地域で設立された。窒素肥料はアンモニアから生産であるため国内原

料とは直接的には関係なく、装置化した工場が設置しやすくかった。特に熱源が石炭から石油、ナフサを活用することで、生産コストを低下させ、硫安は輸出産業としてカルテル価格が設定された。しかし、国内市場の価格の上昇を契機に諸外国の輸入肥料が増加した。多くの肥料メーカーは総合商社との連携をとり、国内市場での営業や販売チャネルを担当してきたが、本格的な開発輸入をしてこなかった。それに対して、農薬産業では、国内市場の縮小に対応して、早くから原体、さらに製剤の輸出の拠点づくりを展開してきた経緯がある。また、飼料産業では、飼料会社は総合商社と連携した事業展開をするのが一般的であった。本格的な開発輸入を展開したのは、総合商社ではなく、リンやカリで半分程度の輸入業務を展開してきた全農であり、対象はアメリカのフロリダ、中近東のヨルダン、中国であった。

　肥料産業では、総合化学産業として多角化を展開してきた企業では、肥料産業の需要の減少や収益性の低下にともなってファインケミカル、石油産業、半導体などの事業を多角化して、肥料事業から撤退したのに対して、専業メーカーは生産工場の統廃合や生産拠点の強化によって対応してきた。この専業メーカーは農薬メーカーのように製薬や医療等のファインケミカルの事業への転換をはかるには、製品開発への投資額や人材確保、販売チャネルなどでの参入障壁が大きかった。

　総合化学メーカーは国際市場への対応や「パイプライン」のように長期的製品開発の必要性から市場機会をつかまえて、経営資源を集中させる「選択と集中」が成長戦略となり、肥料産業のような低収益部門に経営資源を集中できなくなった。縮小している国内市場が寡占化しても販売額は3社のトップグループでそれぞれシェアでは10％程度、売上額で300－400億円であり、総合化学メーカーの住友化学や信越化学の2兆円クラスと比較にならなくなる。

6. 肥料産業のイノベーションと企業の経営戦略

（1）コーティング肥料の開発

　肥料産業のイノベーションについての詳細な分析・検討は第4章に譲るとして、ここでは簡単な概要を説明する。

　化成肥料は輸入価格の低下に対応して硫安ついで尿素、さらに単肥から高度化成肥料への開発へと進展し、生産者の省力化と結びついて普及することになった。その後の大きな技術革新はチッソや三菱化学は取り組んできた樹脂をつかったコーティング肥料であった。この技術革新は施肥方法の革新によって肥効を決定的に改善し、またシグモイドタイプで緩効性があって肥効日数を長期化することができるようになった。硫安は15日、高度化成は45日とされたが、コーティング肥料は20−700日の幅があり、植物体の生育条件にあわせた施肥設計が可能となった。この技術革新によって肥料の製品としての付加価値が50％上昇することが目標とされた。この製品開発で多くのコートが発生し、現在のジェイカムアグリが主導力を発揮し、高度化成肥料の価格下落に対応して多くの肥料会社に採用された。

　もう一つの技術革新は、コーティング肥料と主として稲作の肥効を改善するための施肥法の改善として、全層施肥から側条施肥（基肥一発施肥）、さらに接触施肥（水稲育苗箱全量基肥）へと転換することにとって20−30％の節約が可能になったことである。この技術革新はわが国が独自に開発してきたV字理論稲作の栽培システムに大きな革新をもたらした。特にまた、この技術革新は、稲作の機械化とも連動し、側条・深層施肥、さらに二段階施肥田植え機等によって省力化と連動することが必要になってきた。さらに、倒伏軽減や特定病害虫の農薬をコーティングに加えることによって肥料散布と農薬散布を同時に実施することができた。特に、接触施肥は本圃での作業がなく、育苗段階での施肥になることから省力化と肥効の効果が高くなるが、気候と生育条件によって肥料が不足し、追肥することも多く、側条施肥（基

肥一発施肥）に戻ることもみられた。このように肥効の向上によって肥料の需要はさらに縮小したが、その技術は省力化が可能であったことから、多くの稲作生産者に採用されるようになった。野菜でも年2作の作付けでは1回の基肥や耕耘機の作業と結合して、肥効を高めることによってコストを下げ、また過剰施肥を回避するようになった。特に野菜の園地では、窒素やカリの過剰が常態化し、土壌病害を回避することが必要になり、地域によっては緑肥として麦類の作付けで地力の維持を図ってきた。

（2）有機質肥料と資源循環

　環境保全型農業や土づくりが新たな課題になり、有機質肥料の開発が片倉チッカリンを中心に展開した。これまで、なたねカス・大豆カス・骨粉・魚粉などの有機質の原料確保が、地域によっては限定され、また時間をかけて発酵させるすき返しの作業が面倒であった。骨粉、魚粉や大豆カスなど飼料の原料とかさなるため、調達は不安定化し、輸入原料への依存度が高くなってきた。特に魚粉は200カイリの漁獲高制限によって生産量は大幅に減少した。

　しかし、肥料メーカーや食品企業によって機能性の高い肥料としてペーストや液肥が開発された。特にビールカスや焼酎カスは発酵しやすく、固形よりも扱いやすかった。また、液肥は葉面散布として果樹に活用しやすく、短期的な効果もあった。ペースト肥料は稲作で灌漑水と一緒に流し込むことで、水田に入ることなく効果をあげることができた。このペースト肥料は有機入りにして、有機由来窒素を50％程度にして特別栽培用として使われ、圃場での作業では、専用の田植え機も開発された。

　これまでの化成肥料の技術革新はコーティングを中心として稲作生産に対象が限定的であり、またコメの需要の減退や生産調整の拡大によって主たる担い手であったジェイカムアグリも大きな成長ができなかった。他方で有機質肥料を中心とした片倉チッカリンは、養蚕の桑の肥料開発から出発したことから、果樹・野菜部門を対象にしてきたこともあって成長することができ

た。輸入肥料の増大と国内市場の縮小のなかで、多くの生産者は国内肥料資源の循環的利用として堆肥として利用してきた。また、家畜糞の広域的利用が環境保全のためにも、必要になってきた。特に化成肥料や有機質肥料の価格水準に比べて、極めて安価な鶏糞は、短期的に肥効のある窒素を含んでいることから、活用されやすかった。鶏糞や豚糞は水分量が少なく、ペレット加工することによって、地産地消から流通圏を拡大しやすいが、牛糞で水分量が多く、乾燥する施設への投資が必要になる。牛糞は肥料法の改正で堆肥として土壌改良資材としての価値が評価され、南九州からペレットでの販売が広域化し、これまでの地産地消に限定された理解ではなくなった。主力産地にとって家畜の糞は環境問題であったが、ペレット化によって利用しやすくなり、また物流コストの負担を軽減することができた。

　ブロイラーではインテグレーターは早くから鶏糞の商品としての販売をてがけてきたが、FIT（固定価格買取）の制度ができてから、売電によって利益をあげられるようになり、南九州や岩手県のインテグレーターが導入し、燃焼後に残された「燃焼灰」は肥料として利用されるようになった。わが国を代表するブロイラーインテグレーターの十文字チキンカンパニーでは、パルシステムの消費者15,000人への販売しており、北海道の酪農でも電力会社への販売だけでなく、生協等への販売もみられる。さらに木質バイオマスの資源循環でも加里やリンを含む「燃焼灰」は肥効が小さいとされるが、肥料の原料としての価値がある。さらに下水汚泥についても、リンの20％が回収されるとされ、自治体等がこれまでコンポストとして利用してきた資源は工場段階で重金属が除去されて、活用できるようになった。食品残渣は有機質肥料の原料だけでなく、堆肥としての活用もあり、家畜の糞の活用の利用も発電と堆肥の活用があり、カスケード的な利用がみられるようになった。また、家畜の糞の利用は、朝日アグリアでは化成肥料や有機質肥料とミックスして、BB肥料として販売するケースが多く、供給圏の200kmの範囲にある。

　以上のように地域資源を循環することによって、肥料コストを節約すると同時に、長期的視点から地力の維持がなされるようになった。有機農業を実

践する生産者は食品残渣、有機質原料、バークや家畜の糞を独自に集荷して、地元の発酵菌を培養して堆肥を生産することになるが、すき返しによる発酵と手作業の散布作業などを配慮すると労働集約的である。

（3）農協の役割と企業の経営戦略

① 農協の役割とシェアの拡大（注12）

　わが国に経済主体からみた肥料産業の特質は、実需者である生産者を組織したJAの役割が強いことであり、そのシェアは末端になると多い時で80％近くにも達した。ジェイカムアグリ、片倉チッカリンや朝日アグリアなどの多くの飼料メーカーは系統農協を安定的な販売先としてきた。実需者JAが肥料メーカーを統合するのは東北肥料を存続会社として、サン化学、ラサ工業や日東化学工業の４社を農林中金による全農への提案もあって統合し、コープケミカルを設立させたことである。また、全農は肥料二法と肥料安定法の政府規制が解除され、価格決定は全農と個別肥料メーカーとの間でなされたことから、全農の交渉力は高まった。さらにアメリカのフロリダ、中近東のヨルダン、中国からの開発輸入は販売価格を20-25％も下げる戦略であったので、交渉力がさらに高まった。その後、無機の化成肥料の取り扱いの多いコープケミカルと片倉チッカリンは、片倉チッカリンを存続会社として合併し、業界で10％程度のシェアを確保したことで、原料確保-有機・化成肥料の品目の拡大-生産者の土壌診断から営農指導という垂直的で効率的なサプライチェーンが形成されることになった。肥料メーカーは製造を担い、商社が全国的な営業部をもって販売するシステムの革新が遅れ、小規模メーカーは営業部門を統合するか、それとも全農との連携を強めて販売するか、の選択になった。農薬産業では原体-製剤の統合化から、製品開発や営業を統合化するバリューチェーンが形成されたのに対して、肥料産業では製品開発のための研究施設は貧弱であり、売上額に占める研究開発費は低位におかれた。肥料の製品開発はビールカスや焼酎カスを利用した液肥の有機資材の活用になると、肥料と農薬の境界がみえにくくなり、バイオステミュラント

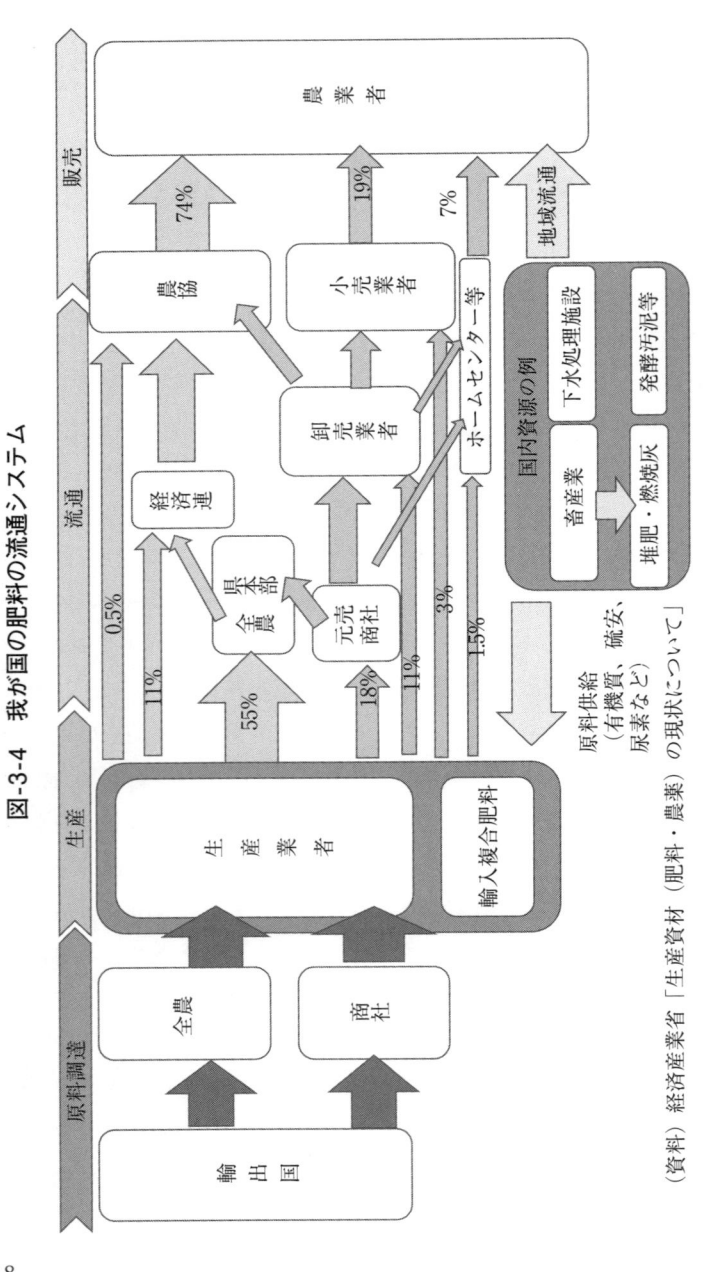

図-3-4 我が国の肥料の流通システム

（資料）経済産業省「生産資材（肥料・農薬）の現状について」

118

図-3-5　全農の流通システムにおける役割

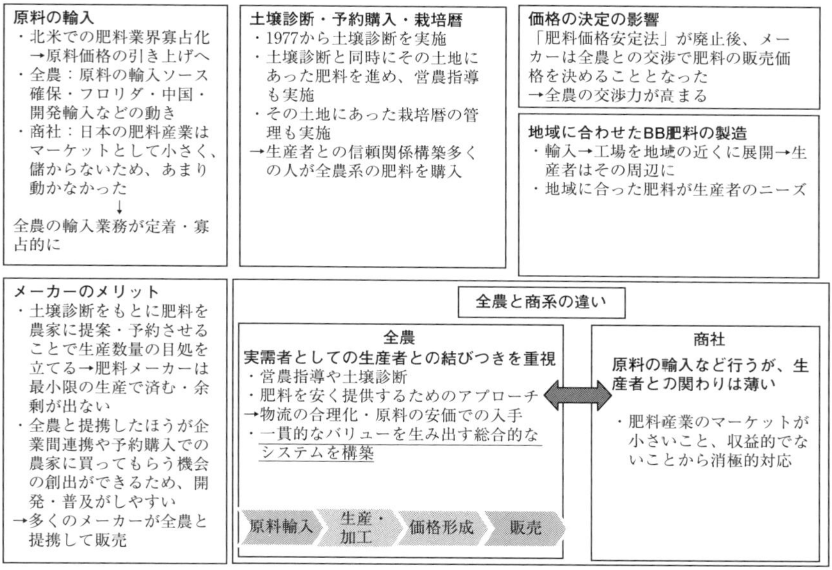

原料の輸入
- 北米での肥料業界寡占化
  →原料価格の引き上げへ
- 全農：原料の輸入ソース確保・フロリダ・中国・開発輸入などの動き
- 商社：日本の肥料産業はマーケットとして小さく、儲からないため、あまり動かなかった
→全農の輸入業務が定着・寡占的に

土壌診断・予約購入・栽培暦
- 1977から土壌診断を実施
- 土壌診断と同時にその土地にあった肥料を進め、営農指導も実施
- その土地にあった栽培暦の管理も実施
→生産者との信頼関係構築多くの人が全農系の肥料を購入

価格の決定の影響
「肥料価格安定法」が廃止後、メーカーは全農との交渉で肥料の販売価格を決めることとなった
→全農の交渉力が高まる

地域に合わせたBB肥料の製造
- 輸入→工場を地場の近くに展開→生産者はその周辺に
- 地域に合った肥料が生産者のニーズ

メーカーのメリット
- 土壌診断をもとに肥料を農家に提案・予約させることで生産数量の目処を立てる→肥料メーカーは最小限の生産で済む・余剰が出ない
- 全農と提携したほうが企業間連携や予約購入での農家に買ってもらう機会の創出ができるため、開発・普及がしやすい
→多くのメーカーが全農と提携して販売

全農と商系の違い

全農
実需者としての生産者との結びつきを重視
- 営農指導や土壌診断
- 肥料を安く提供するためのアプローチ
→物流の合理化・原料の安価での入手
- 一貫的なバリューを生み出す総合的なシステムを構築

原料輸入　生産・加工　価格形成　販売

商社
原料の輸入など行うが、生産者との関わりは薄い
- 肥料産業のマーケットが小さいこと、収益的でないことから消極的対応

（資料）筆者作成

　資材に近づくことになり、植物体の根圏の生育の促進を促すなどの機能が発生してくる。

　肥料産業の需要の減退は1974年をピークとして４分の１まで減少し、製品別にみると硫安、尿素、過リン酸石灰、化学肥料の生産量はそれぞれ最盛期の35％、12％，４％、17％と激減している。硫安が残っているのは、コークスからの副産物であり、製造コストが低いためである。さらに石油ショックなどの経済危機によって価格が高騰によって肥料メーカーの収益性は多少の改善がみられたが、輸入肥料の増大によって肥料価格は低下を続けることになった。これまでの肥料二法や肥料価格安定臨時措置法などによって企業内では工場の廃止や製品の分担、また生産工場の拠点化によって生産コストを下げる対応がとられ、さらに事業譲渡や子会社化で経営資源の集中を図ろうとしてきたが、競争力の減退は企業間やグループ間での統合化が必要になっ

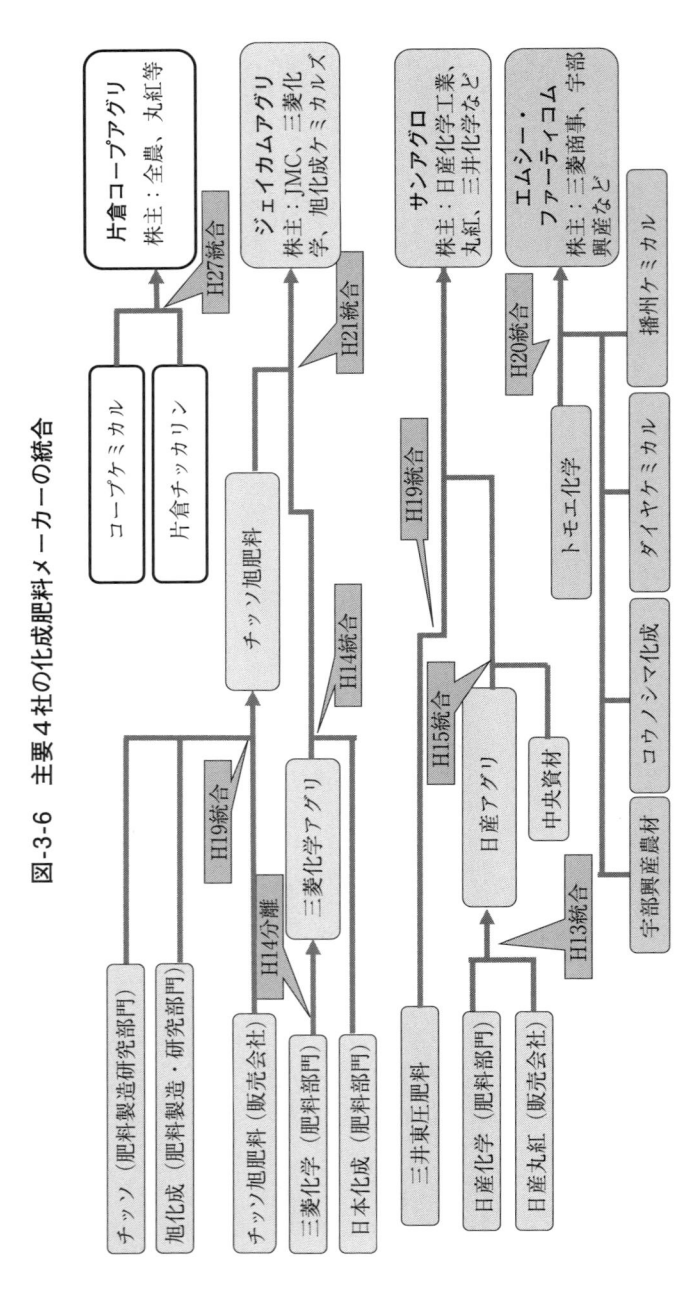

図-3-6 主要4社の化成肥料メーカーの統合

（資料）経済産業省製造産業局「生産資材（肥料・農薬）の現状について」（2016）

てきた。

　肥料産業では2008年から2009年に需要の減少によって硫安、尿素、リン酸、高度化学肥料などの化成肥料を中心とした肥料メーカーは、肥料事業の経営譲渡、分社化、生産拠点の再編が進展して、合併が相次ぎサンアグロ、エムシー・ファーティコム、ジェイカムアグリが設立され、少し遅れて片倉コープアグリが設立された。この５社の寡占化によってシェアの拡大が図られたが、合併後もトップだったサンアグロは売上額を落とし、片倉コープアグリは売上額を多少拡大し、当期純利益も改善されることになった。

② ジェイカムアグリの経営戦略（注13）

　コーティングを先進的に展開してきたチッソは販売の旭化成を統合し、三菱化学の肥料事業を分社した三菱化学アグリを合併してジェイカムアグリが設立された。チッソは1978年のLPコートの実験に入り、水俣・戸畑に新工場を設立し、三菱化学もエムコートの生産に着手し、2009年に合併した。合併によって８工場10系列から３工場３系列の生産システムに変更し、旭化成は富士工場のスラリー方式10.5万トン、三菱化学は日本化成からすでに譲渡された小名浜工場の１系列で配合方式７万トン、黒崎工場の１系列でスラリー方式19万トンの３工場が残った。スラリー・配合方式ともに化学肥料生産を合理化し、３工場ともにコーティング尿素（単体）とコーティング複合（コーティング尿素＋化成肥料）を新設・増設した。また、小名浜と黒崎ではBB肥料を加えて、化学肥料210銘柄、コーティング尿素入り複合を中心としたブレンド肥料250銘柄と多く、それでも合併後は90銘柄を減少させた。生産量は約22万トンで操業度90％まで向上させているが、生産日数のうち品目の切り替えし日数が20％以上になるため、余剰能力はかなり解消された。この３工場も規模が小さな小名浜工場の１系列は富士工場に集約された。

　このようにコスト低減の効率化・合理化はさらに進展したが、需要の低下が出荷量の減少になるので、効率化・合理化の効果が短期的に消失しやすくなっている。ジェイカムアグリは系統農協との連携が進展し、特にコーティ

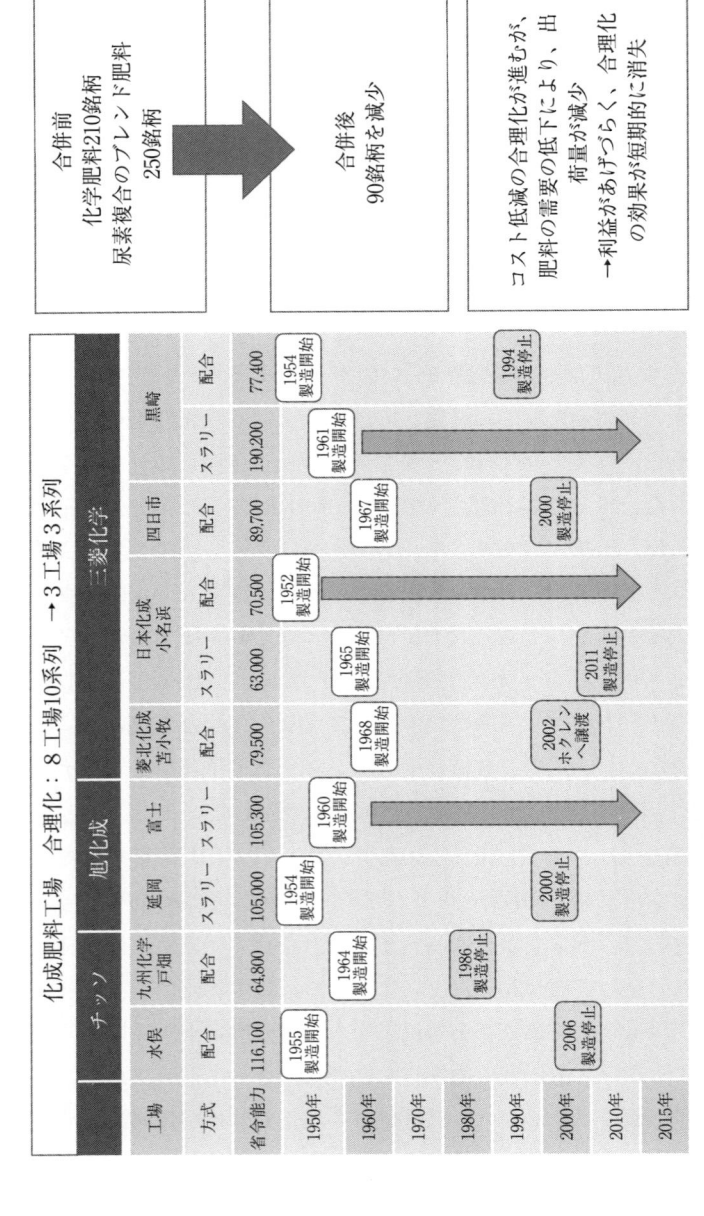

図-3-7 ジェイカムアグリ経営合理化

（資料）ジェイカムアグリ資料（規制改革会議ワーキング・グループ合同会議），2016

ング技術は稲作の機械化や肥効率の改善と結びつき、さらに育苗箱全量基肥施肥の普及はJAとの連携が不可欠な条件になる。販売額は350億円で10％のシェアを目標としてきた。

③ 片倉コープアグリの経営戦略（注14）

　片倉コープアグリの合併は化成肥料を中心とするコープケミカルは合理化で希望退職を募るまでの経営危機に直面し、価格競争が激化していない有機質肥料の拡大や生物資材の開発の長期の戦略のために片倉チッカリンと合併することになった。両者の合意書では、ほぼ以下の5項目である。①販売関連−販売地域の相互補完、販売拠点・取扱い品目の増加、経営類型のニーズに対応した総合化学メーカーへの深化、幅広い経営層をカバー、②調達関連：仕入れの一元化によるスケールメリット、③生産関連：生産品目・生産方法の精査見直しによる効率的生産体制、④開発関連：技術・研究開発の融合による新製品、⑤管理その他：各種インフラや間接機能の共有化・標準化、などである。

　存続会社は片倉チッカリン、消滅会社はコープケミカルとして、西日本では片倉チッカリンの支店・営業所を活用、新潟営業所はコープケミカルの札幌・仙台営業所はそれぞれの拠点を統合することで店・支所の統廃は最小限へでなされた。また、片倉チッカリンは各支所の独立採算、コープは本社が

図-3-8　コープケミカルと片倉チッカリンの売上高と収益性比較

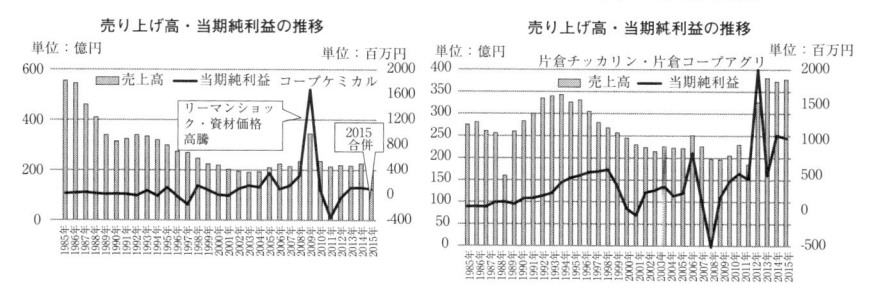

（資料）片倉コープアグリ『100年史』の経営資料から作成

業務管理の一括集中であったが、片倉方式を採用し、「有機に強い片倉」と「無機に強いコープ」が合体へはかられることになった。

　もともとコープケミカルは新潟・秋田・宮古・八戸工場を拠点としてきたのに対して、片倉チッカリンは大分県の日出工場や愛媛・名古屋などの関西市場に対応してきた。そして筑波工場は関東への供給の拠点として、また施設園芸経営が多いことから養液栽培肥料や育苗培土の開発や中国上海での中国との合弁による「片倉農業科技有限公司」を設立して、「有機物」「微生物」「土づくり」の研究施設を設立している。片倉アグリコープは、ジェイカムアグリのように化成肥料のコーティング技術で製品開発を展開するよりも、合併前からの細根の発達を促す「畑のカルシュウム」、アミノ酸・有機酸・糖類を含む有機質100％資材の「ソイルサプリエキス」などを主力製品として、一部の製品はJASの認証をとっている。

　「有機に強い片倉」と「無機に強いコープ」が統合されることによって単肥、配合肥料、化成肥料、農薬入り肥料、ペースト肥料、液体肥料、土づくり肥料（畑のカルシュウムや土壌改良剤・ソイルサプリなどの特殊肥料）、微生物資材、育苗培土、養液栽培用肥料などの製品の品揃えが充実し、新事業として化粧品原料の開発まで事業領域を拡大することができた。

　ジェイカムアグリと片倉コープアグリは化成肥料に重点おくか、有機質肥料に重点を置くかによって、異なる戦略グループとして性格をもっている。前者の戦略グループのなかでもやや早めに合併したサンアグロは、「千代田化成」や尿素や化学肥料を硫黄でコーティングした「硫黄被覆肥料」など旧来からの製品が多く、販売チャネルの商系を中心としていることから、生産地・産地の指導にまでいたっていない。そのことから、合併当初は最大のシェアをもっていたが、その後売上額は大幅に減少した。サンアグロは肥料工場は富山県に集約され、物流コストや品揃えの制約から出荷圏域が限定的になり、さらに卸－小売の流通システムが維持されたことが、競争力の減退した理由となった。

　また、有機質肥料メーカーは地域資源への依存が高いこと、また伝統的な

切り返しによる生産のために大規模化しにくい性格があり、企業規模がかなり小さくなる。片倉チッカリンは北海道や鹿児島まで10カ所以上の工場をもって広域的に資源を確保し、開発能力を高めてきたのは例外的である。

　総合化学メーカーとして国際的に多角化事業を展開してきた、住友化学は肥料部門から撤退し、また信越化学の早い段階でコープケミカルに事業譲渡してきた。また、わが国の農薬産業を原体の開発からリードしてきた住友化学や石原産業は国際的にも1990年代から開発能力や製品力などで、高い評価をされてきた。この開発能力の高さが、ファインケミカルなどの新事業への拡大をはかり、また農薬の製品開発も原体−製剤−販売のバリューチェーンを形成しやすくしたといえよう。

　それに対して、肥料産業は硫安や尿素などの開発は技術が標準化され、欧米や韓国のように寡占化の遅れと大規模工場による規模の経済性の実現がなされないままに、需要の減退と価格の低下を引き起こしてきた。化成肥料の大きな技術革新はコーティング肥料の開発に限定されやすかった。むしろ環境保全と土づくりに適合したのは有機質肥料の開発であり、植物や動物のカス類や骨粉による「ボカシ肥料」が一般的に活用されたが、ペーストや液肥の開発が進展し、さらに付加価値をつけた微生物資材の開発に発展した。この微生物資材の開発にまで広がってくると、肥料というよりも、農薬からプラントプロテクションやバイオステミュラントの性格が強くなり、植物体の耐性や成長の促進の視点が強くなってくる。

7．結び

　肥料産業は窒素、リン酸とカリによって産業組織が異なり、窒素肥料は燃料の石油・天然ガスの国内の確保、さらにアンモニア工場との併設によって生産コストが引き下げられる。また規模の経済性によってさらに効率性を志向するなら、生産品目を少なくして切り替え時間を短縮することができる。かつて20万トンとされる適正規模は、技術革新によって100万トン、中国の

最大規模では1,000 万トンまで拡大してきた。他方で、日本・中国・インドを始め窒素肥料の技術革新は先進国から学び、自給率を高めて輸出産業化を志向する戦略をもってきた。リン酸やカリの産業は、経済的に利用可能な資源が限定され、さらに鉱山からの加工工場・物流システム・港湾整備までの統合化が効率性の追求になった。しかし、窒素肥料よりも寡占化と資本装備の高度化が進展し、企業の戦略的行動に国家間の政治的思惑がリンクした政策がとられやすくなってきた。リン酸やカリは国際地域レベルでの競争力差が明確になり、また国産原料の乏しい国では競争力が高く、パートナーとして提携できる企業との提携によって変動のリスクを減少させることが必要になってくる。

　肥料価格の高騰はコロナの終息にともなったエネルギー価格やアンモニア価格の高騰、中国・ロシアの輸出制限が重なっており、原料輸入国は輸入先の変更、化学肥料から有機質肥料へ、資源循環による肥料資源の確保をはかるようになった。また、肥料価格の高騰は生産者の購買量の減少をもたらしやすく、その後多くの肥料メーカーは売上額や収益性の低下を招きやすくなる。

　わが国の肥料産業は他の資材産業や北欧・中国・韓国と比較しても特徴的である。リンやカリは鉱物資源を活用するために、資源が国際地域に偏在していることから、畜産の飼料のように輸入依存を前提として、効率的なサプライチェーンを構築する必要がある。飼料と異なり、地政学的に政情が不安定な国際関係が需給調整を困難にさせ、輸出が制限され、関税率の上昇などによって肥料価格はリンから高騰しやすくなっている。わが国の市場規模は国際的にみても小さく、国際的なグローバル企業との連携は、全農では現地企業との出資関係をとることで安定供給を図る努力がなされた。原料の安定的確保は食料安全保障につながる。

　ブラジルは肥料の輸入依存度が高く、大豆生産地域では、施肥量の減少は大豆の収量をさげ、価格の高騰を引き起こしている。ブラジルは世界最大の大豆輸出国であり、価格の高騰は中国をはじめとする輸入国へインパクトは

高くなる。

引用文献
（注 1 ）飯澤理一郎「肥料市場構造の特徴と転換の方向性」天間征編『価格の国際比較－農業資材編』農文協、1991；綱島不二雄『戦後化学肥料産業の展開と日本農業』農文協、2004；茂野隆一「化学肥料産業の市場構造と産業政策」荏開津典夫・樋口貞三編『アグリビジネスの産業組織』東京大学出版会、1995；茂野隆一「肥料産業の展開と産業組織」斎藤修・髙倉直編『農業資材産業の展開』農林統計協会、2004

（注 2 ）伊藤房雄「我が国の農薬産業の寡占化と系統の対応」天間征編『価格の国際比較－農業資材編』農文協、1991；伊藤順一「農薬産業の産業組織」（荏開津典夫・樋口貞三編『アグリビジネスの産業組織』東京大学出版会、1995）

（注 3 ）斎藤修「飼料産業の市場構造的性格と立地問題―アメリカ飼料産業と比較して―」、農産物市場研究　29，1989；斎藤修「飼料産業の立地と競争行動」経済地理学年報，36.4　1991；生源寺眞一「配合飼料産業の市場構造と市場行動」（荏開津典夫・樋口貞三編『アグリビジネスの産業組織』東京大学出版会、1995）

（注 4 ）大東英祐『化学肥料―産業経営史シリーズ 4 ，化学工場 1 』日本経営史研究所、2014；全農『系統肥料購買事業70年のあゆみ―1950－2020』2021；片倉コープアグリ（株）「60年史」1980、「80年史」2000、「100年史」2020

（注 5 ）山田三郎編『韓国工業化の課題』（アジア経済研究所、1971）神宮滋「韓国化学肥料工業の発展」

（注 6 ）大竹久夫編『リン資源枯渇危機とは何か』大阪大学出版会、2011；ダン・イーガン、阿部将大訳『肥料争奪戦の時代―希少資源リンの枯渇に脅える世界』原書房、2023；大竹久夫・常田聡「持続的リン利用―生命と産業の栄養素の管理」環境バイオテクノロジー学会誌Vol. No.1、2019；大竹久夫「今年 7 月施行の欧州新肥料法の戦略的意味」肥料時報、2022、NO.1

（注 7 ）BIS生物化学研究所「中国リン酸肥料産業の窮境」2020

（注 8 ）史清華・高晶晶「中国農家における化学肥料の過度の使用とその原因」のびゅく農業1052、農政調査委員会、2021）。

（注 9 ）中国・カナダ・モロッコ・インド・韓国などの主要な事実関係は、BSI生物科学研究所業界レポートや国際化学肥料ニュースに依拠している。「カナダの加里資源と加里肥料産業」2017.7.22；「肥料価格高騰の原因と今後の見通し」2022.6.3；「北米の肥料産業」2021.6.1；「世界リン安業界と主なメーカーの競争力」2019.1.30；「中国加里肥料産業の現状」2017.4；「圧力

下のインド肥料」2020. 10；「中国尿素産業の発展と現状」2016. 5；「中国有機肥料の現状」2017. 3；「中国化成肥料産業の現状」2016. 11；「法定検査下の中国化学肥料の輸出（2021. 1 ～ 2022. 6）；「韓国に肥料産業」2017. 6；「モロッコのリン酸肥料産業とOCP」2016. 8；「肥料価格高騰の原因と今後の見通し」2022. 6；「日本の化学肥料輸入実態」2021. 10；「チャンスに満ちた世界」2021. 1

(注10) 服部倫卓「ロシア・ベラルーシ肥料産業の残酷物語—カルテル崩壊で起きた値崩れ」（朝日新聞Globe　2020. 7. 14）

(注11) 坂梨晶保・林俊昭編『発展途上国の肥料産業』（アジア経済研究所、1979）の坂梨晶保「第1部　総論：発展途上国における肥料産業の発展とその背景」；野副伸一「第2部　第9章　韓国」；加賀美充洋「第2部　第10章　ブラジル」；日本農業法人協会「農業資材価格調査報告書」2016. 4；清水達也「ブラジル・セラード地域における大規模農業経営体の経営管理」（清水達也編『次世代の食料供給の担い手—ラテンアメリカの農業経営体』IDE-JETRO、2021

(注12) 全農「系統肥料購買事業70年のあゆみ」（1950–2020）2021；加藤一郎『帰りなんいざ田園まさに荒れんとす』農協協会、2011；全農耕種資材部「持続可能な農業生産の取り組み—国内肥料資源活用の取り組み」2023

(注13) ジェイカムアグリ「農業と科学」；ジェイカムアグリ（株）規制改革会議ワーキング・グループ合同会議資料、2016. 3

(注14) 片倉コープアグリ（株）「100年史」2020；片倉チッカリン（株）「80年史」2000；片倉チッカリン（株）「60年史」1980

第4章　肥料をめぐるイノベーションと
生産システムの革新

1．課題と構図

　肥料産業のイノベーションは、樹脂のコーティング（コート）の開発から始まり、リニアタイプからジグモイドタイプで生育期ごとの緻密で最適な施肥設計ができるようになり、すでに普及していた田植機の改良によって生産システムが変革された。これまでの綿密な回数を重ねた多労な追肥技術は規模拡大をはかる生産者に桎梏であるが、収量形成のために必要悪であった。また化学肥料による「ばらまき」といわれる全層施肥からコーティング肥料（尿素から複合への深化）の側条施肥になって、基肥一発施肥による慣行よりも20％の肥料の節約が達成できた。さらに画期的なのは水稲育苗箱全量基肥施肥（通称で箱まかせ）によって育苗段階での基肥施肥に本田への施肥作業が省略されることで、20－30％に肥料が節約されただけでなく、効率的な作業の実現によって規模拡大を促進する大きな要因となった。稲作経営の10a当たり収益性は園芸作と比較すれば、低位におかれ、生産力の向上にはコーティング肥料への転換が必要条件であった。肥効をさらに効果的にするには植物体の根系に近づいた施肥技術の「接触施肥」も開発され、このイノベーションによる一連の技術は稲作生産システムとして体系化された。この技術は野菜でも活用され、2作で1回の施肥とマルチ被覆の省力化がはかられるようになった。

　園芸や畑作の施肥技術は、化成肥料が一般的になっても収量だけでなく品質へのこだわりが大きいこともあって有機質肥料に依存してきた。魚粉・骨粉・なたねかす・ピートモスなどの多くの有機質原料をベースとして自家製造をしてきた生産者も規模拡大とともに、集荷から切り返しの多い製造まで

を統合化することは困難になった。肥料メーカーも多くが化成肥料に転換してきたので、有機質肥料のメーカーは片倉チッカリンや小規模メーカーに限定された。片倉チッカリンは全国11工場を配置し、化成肥料から有機化成肥料に転換し、ペースト肥料や液肥の開発に入り、前者は田植え機の側条施肥に活用し、さらに期間重点施肥の基肥として活用された。後者は、生物資材として焼酎製造の副産物の発酵濃縮液による殺虫剤や農薬を加えた液肥を開発し、潅水施肥、葉面散布・養液土耕に点滴潅水等の活用が拡大した。さらに生物資材としてアミノ酸・有機酸・腐植酸・糖類は作物の栄養・生殖成長を促進し、品質・食味の向上につながりやすくなった。このような展開は、価格競争と需要の縮小によって追い込まれた化成肥料を主体とする肥料メーカーの製品開発よりも、高付加価値の製品開発への期待が大きい。しかし、他方ではバイオスティミュラントとしての性格をもってくることから、肥料と農薬と土壌改良材の境界がみえにくくなった。

　肥料メーカーの競争力の減退と肥料コストの削減に対応して、資源循環型の展開として畜産の堆肥を活用した有機質肥料や未利用資源の開発が環境保全型農業と結びつくことになった。地域に密着した有機質資源の確保がしにくくなり、微生物を活性化するためには、多くの原料の確保が必要であった。これまでの骨粉・魚粉は輸入への依存度が高かったが、ビートモス、大豆カスなどの輸入が拡大し、肥料メーカーによっては中国に合弁で工場を設立して調達している。有機質原料は骨粉・魚粉・大豆カス類など畜産の濃厚飼料としての価値があり、飼料と肥料の原料は重なるために、不足期に価格が上昇しやすくなる。さらにカス類はビール・焼酎・豆腐・コーヒーなどの食品残渣に広がってくると、利用の形態はカスケード的な利用になる。たとえば豆腐カスはトップが食用に回され、次いで家畜の飼料、ついで有機質肥料の原料に、最後に堆肥として田畑に散布された。魚粉は飼料と有機質原料の利用が競争的なる。食品残渣でも食品メーカーが資源としての価値認識が高まり、残渣の乾燥、養液と固形物の分離によって肥料メーカーが調達から加工までの工程が短縮できるようになった。

　地域資源と利用でコスト削減と資源循環が結び付きやすいのは、家畜の糞の量であり、特に水分量が少なく、また窒素の含有量の多い鶏糞は、化成肥料や有機質肥料の数分1以下の価格であったので、地域内で活用しやすかった。大規模な養鶏業者は、早くから鶏糞の有機質肥料としての製品化し、ホームセンターをはじめ多くの販売先をもってきた。養鶏でもブロイラーは再生エネルギーのバイオマス発電の原料として南九州のインテグレーターから自社内のエネルギーから多くの実需者に販売されるようになった。その燃焼灰は肥料として利用された。このバイオマス発電は北海道の酪農で取り組まれ、熱電併給型の装置であれば、エネルギーだけでなく、施設園芸や養殖などの熱利用も可能である。それに対して、採卵鶏では、鶏糞にカルシウム分が多く、バイオマス発電の原料とはなりにくいが、乾燥してペレット化することによって流通圏が拡大した。養鶏産地は志布志湾からの飼料供給のしやすい特に南九州に立地し、地域内での流通は飽和して「糞圧」ともいうべき環境問題に直面することになり、ペレット化によって広域流通を展開することになった。豚糞は鶏糞よりも水分率が多いことから生糞の形態をとって地域内で流通することから、産地サイドで堆肥として熟成してきたが、ペレット化によって関東近郊の養豚経営と野菜生産者の連携がしやすくなった。水分含有率が60％に達する牛糞は、肥料法の改正によって水分を減らしてペレット化し、堆肥として施用することは土壌改良の効果が大きかった。これらの畜産の糞の広域的利用は、化学肥料と家畜の糞のペレットを混合堆肥複合肥料として開発することによって、企業によっては畜産団地から200km圏まで流通するシステムが形成されるようになった。製品開発も堆肥と不足する成分については化学肥料で補い、あるいは鶏糞燃焼灰入り化成肥料、堆肥入り配合（BB）肥料など土づくりと施肥効果を同時に追求して、ペレット化によって専用機となっているマニュアスプレッダーの装備が必要なくなり、これまでの機械で対応することができた。従来からカリやリンが過剰となっている畑地が多く、特に混合堆肥複合肥料の役割は評価されるようになった。
　畜産、特に養豚では牛乳やパンの残渣をエコフィードの原料とした供給シ

ステムがコストの削減ばかりでなく、品質向上によって実需者との資材から製品開発によるバリューチェーンを構築するケースがみられるようになった。肥料では未利用資源である堆肥、鶏糞・木材のバイオマスの燃焼灰を原料とした混合堆肥複合肥料等の製造は、生産コストの低下や散布作業の効率化、さらに地力維持に効果的であった。特にJAを中心としたBB肥料では、実需者である産地・生産者の生産システムを対応した製品開発がやりやすくなってきた。しかし、エコフィードや食品残渣とちがって有機質肥料や堆肥では、化学肥料の減少などによって環境保全、さらに特別栽培まで進展すれば、多少の付加価値形成につながることになる。また、未利用資源としては、リンの含有量の多い下水汚泥等はかつてコンポストといわれたが、重金属の問題がなくなり、食品工場の残渣を発酵して製品化し、さらに牛糞を加えてペレット化する複合肥料が利用できるようになった。製品価格は安価であり、生産者のみでなく、一般消費者でもホームセンター等の購入ができるようになった。

　以上のように輸入原料の高騰や過剰施肥によって肥料コストの低下と地域資源の循環的利用には家畜の糞や下水汚泥の肥料化と、農場で地力の維持と肥効を高めるための混合堆肥複合肥料の活用が進展することになった。

２．稲作の施肥技術と生産システムの革新

　わが国の稲作の施肥技術はV字理論稲作をベースとして、追肥回数を増やし、窒素系肥料を多投することで収量をあげることだった。この技術では窒素肥料の過多をもたらしやすく、また追肥作業では作業適期に対応した集約的管理が必要であった。研究者のレベルでも窒素肥料は肥効期間が短く、作物の利用率が低いこと、また溶脱やアンモニア揮散などの流失が大きな問題となった。特に規模拡大を目指した稲作生産者は、肥効の高い施肥技術と追肥回数を抑えた省力化を課題としてきた。肥効の向上は生産コストの削減と規模拡大ばかりでなく、環境保全にも結びついた。

表-4-1　コーティング肥料のタイプ

コーティング肥料	肥料	シリーズ名	溶出タイプ	メーカー
熱可塑性樹脂 ポリオレフィン系 樹脂	尿素	LPコート	単純溶出	ジェイカムアグリ
		LPコートS	シグモイド	同上
		LPコートSS	シグモイド	同上
		エムコートL	単純溶出	同上
		エムコートS	シグモイド	同上
		ユーコート	シグモイド	エムシーファーティコム
	ジシアン尿素	DdLPコート	単純溶出	ジェイカムアグリ
		DdLPコートS	シグモイド	同上
	硫安	ASコート	単純溶出	エムシーファーティコム
	硝酸石灰	ロングショウカル	単純溶出	ジェイカムアグリ
	NK化成	NKロング203	単純溶出	同上
		スーパーNKロング203	シグモイド	同上
		スーパーNKエコロング203	シグモイド	同上
	硫酸系化成	エコロング413	単純溶出	ジェイカムアグリ
		ロング413	単純溶出	同上
		スーパーエコロング413	シグモイド	同上
		スーパーロング413	シグモイド	同上
		エコロング250	シグモイド	同上
		エコロング426	シグモイド	同上
		エコロングトータル391	シグモイド	同上
		ロングトータル391	シグモイド	同上
熱硬化性樹脂 ポリウレタン樹脂	尿素	セラコート	単純溶出	セントラル硝子
			シグモイド	同三
無機系資材 硫黄＋ワックスなど	尿素	硫黄被覆尿素（SCU）	単純溶出	サンアグロ
	化成肥料	硫黄被覆化成（SC）	単純溶出	

（資料）全農肥料農業部「肥料・土壌改良資材の知識」2018

この肥効の改善は、1970年代からの樹脂をつかった被覆肥料の開発であり、2011年には200億円以上の売上額にもなり、多くの化成肥料を主力品目とする肥料メーカーが参入するにことになった。この製品開発のリーダーはチッソや旭化成工業であり、多くのLPコートが開発された（注1）。多くの肥料メーカーは硫安や尿素などの窒素系肥料の国際競争力を失い、かつ国内市場でも需要の減少と価格競争によって高付加価値の製品への付加価値と生産者の支援が期待された。また、被覆肥料は肥料取締法の公定規格にもなったので、外国では硫黄コーティングでは一部の企業にとどまり、樹脂のコーティングが一般的になり、緩効性から肥効調節型の機能性の高い製品が必要になった。初期はリニアタイプで単純溶出型であったが、さらに肥効調節型シグモイド

タイプが開発された。溶出の技術は、膜の厚さか、被膜の組成を変えることがコントロールすることであったが、後者が選択された。このシグモイドタイプでは、最大で70－170日と幅があり、被覆尿素だけでもLPコート、エムコート、セラコートなどの多くの製品が開発された（注2）。

　他方で施肥技術は田植え機の普及によって側条施肥のできる田植え機が開発され、施肥量は大幅に減少し、また全量基肥の一発施肥へと発展した。肥料のコーティング肥料だけでなく、ペースト・液肥も開発され、コストだけでなく、作業時間が短縮されることになった。次の大きな技術革新は、大潟村の大規模稲作生産者と秋田県農試の開発した育苗箱全量施肥である。この施肥技術は、不耕起栽培とも結びつき、窒素の施用量は慣行の50％まで低下でき、かつ田植え前後の本田での施肥作業を省略することができたので、地域で急速に普及することになった（注3）。

　以上のように被覆肥料の開発が岡山県の大規模稲作生産者との連携に始まり、育苗箱全量施肥も秋田県大潟村の大規模稲作生産者とのいわば共同開発でもあった。また、多くの肥料メーカーは化成肥料の価格の低下によってチッソ（現・ジェイカムアグリ）、三井化学（現・サンアグロ）など多くのメーカーはリニアタイプ、ジグモイドタイプの製品の開発に入り、窒素肥料の付加価値を追求することになった。この施肥技術は秋田や山形などで米の高収量・高品質を追求する地域で普及しやすく、やがて関西にも普及することになった。しかし、育苗箱全量施肥では課題も多く、第1に温度条件によって溶出が変化すること、第2に初期生育の段階で溶出が少ないこと、第3に溶出が終了してしまうと、生育が衰え、追肥を必要とることである。そのため、たとえば初期生育には速効性肥料と溶出期間の短いリニアタイプが利用され、中期生育には溶出抑制期間の長いシグモイドタイプを組み立てることで収量目標を実現するようになった。

　この施肥技術では、稲の生育ステージごとに累積溶出率が予測された施肥設計になり、肥効の改善によるコストの40％の削減が達成され、育苗管理と本田管理の施肥管理は省略化された。これまでも育苗管理は基肥化成肥料に

よる2回の液肥から全量基肥1回（ロング使用）へ、本田管理は基肥化成肥料と2回のNK化成から全量基肥1回（LP100使用）に移行し、さらに育苗・本田管理との育苗箱全量施肥に転換することで、省力化効果は大きく、大規模稲作生産への普及率は著しく高まった。秋田県農試の試験研究によると施肥技術ごとの肥効（窒素利用率）は、全層施肥（硫安）で9.3%、側条施肥（硫安）で32.5%と大きく改善され、コーティング（尿素）全層施肥で60.5%からコーティング（尿素）側条施肥で77.7%までコーティングの効果で肥効が飛躍的に向上した。育苗箱全量施肥ではさらに肥効は83.2%までさらに向上した。作業の合理化はペースト肥料の利用によっても水圧への流し込みや、2段階施肥機能のある専用田植え機によってさらに進展する。このペースト肥料には有機質原料を活用しやすく、省力化だけでなく環境保全的な役割をもってくる。

　一般に施肥技術は肥料の形態、施肥位置、施肥時期、施肥量の4つの要素からなり、特に施肥位置は「接触施肥」として植物の根圏の近くで施用されることが、有機から無機のアンモニア成分となって吸収される。「接触施肥」の位置は、肥焼けを配慮すると4cmまで接近した施肥が可能だとされるので、施肥位置が肥効を向上させることになる。この接触施肥は機械作業との関係で位置は最終的に調整されることになる。

　以上のようにコーティング樹脂や肥効調節型肥料の開発が肥料コストと省力化の両方の効果を実現し、散布作業の主力化や圃場での輸送の効率化によって稲作生産者の規模拡大が促進されるようになった。さらに次の段階で、コーティング肥料は、予想される病虫害に適した農薬を加えた製品が開発されると、肥料と農薬の散布作業が1回になり、省力化は進展した。以上のような稲作の施肥技術の革新は、東北の稲作地域から暖地の稲作まで全国的に普及することになった。

　露地野菜の施肥技術は、速効性の基肥と追肥が多かったが、肥効調節型が増加するようになり、長野県では高冷地でも年2作化は進展した。1・2作を一回の施肥で済ませる施肥技術では40−60%の肥料コストの削減になる

図-4-1 ジェイカムアグリのコーティングの革新

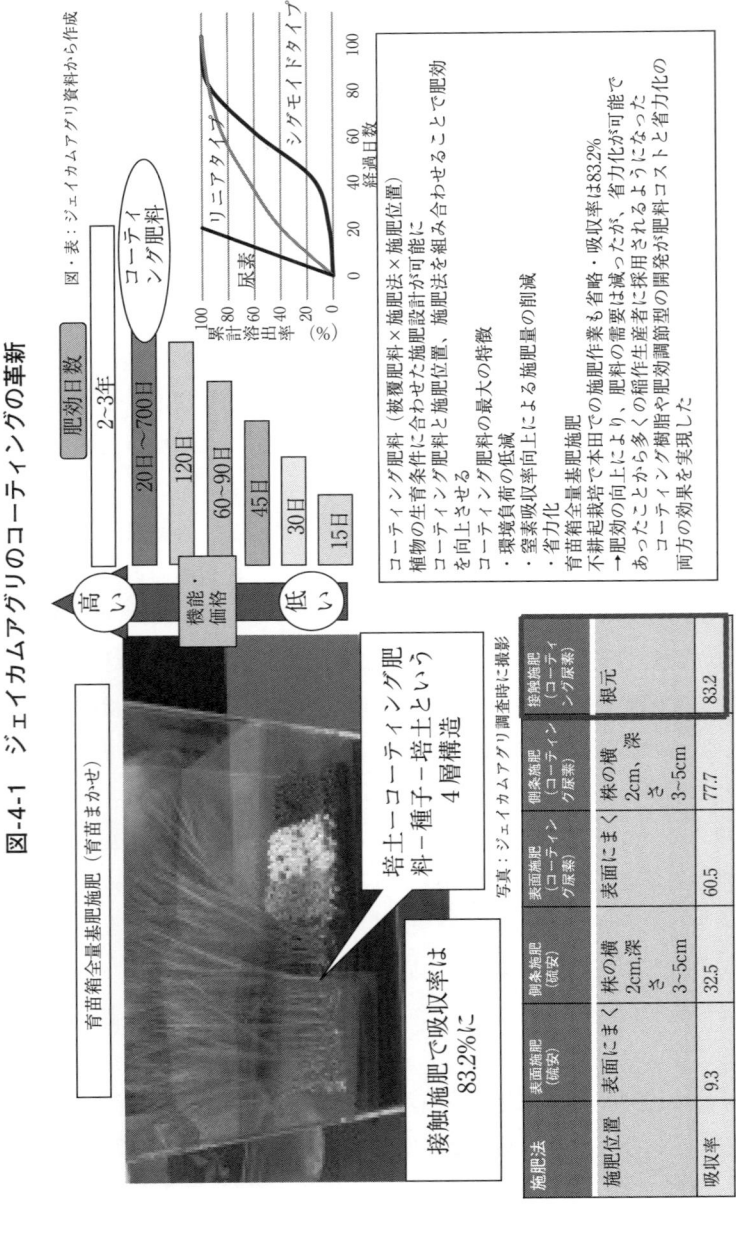

写真：ジェイカムアグリ調査時に撮影

施肥法	表面施肥（硫安）	側条施肥（硫安）	表面施肥（コーティング尿素）	側条施肥（コーティング尿素）	接触施肥（コーティング尿素）
施肥位置	表面にまく	株の横2cm、深さ3～5cm	表面にまく	株の横2cm、深さ3～5cm	根元
吸収率	9.3	32.5	60.5	77.7	83.2

コーティング肥料（被覆肥料×施肥法×施肥位置）
植物の生育条件に合わせた施肥設計が可能に
コーティング肥料と施肥位置、施肥法を組み合わせることで肥効を向上させる
コーティング肥料の最大の特徴
・環境負荷の低減
・窒素吸収率向上による施肥量の削減
・省力化

育苗箱全量基肥施肥
不耕起栽培で本田での施肥作業も省略
→肥効の向上により、肥料の需要は減ったが、省力化が可能であったことから多くの稲作生産者に採用されるようになった
コーティング樹脂や肥効調節型の開発が肥料コストと省力化の両方の効果を実現した
・吸収率は83.2%

（資料）ジェイカムアグリの関連資料より作成。

136

（注4）。特に野菜は機械施肥をすることによって数cmレベルの正確な作業が可能であり、畝立て・マルチフィルム被覆までの作業を同時にできるので作業の効率性も高くなる。長野県は高冷地でさえも作期の拡大によって全面マルチの年2作化が普及し、ペーストなどによる局所施肥も利用しやすい。

　施設園芸は本来、果菜類等の作期の長い品目が多く、カリやカルシウム等の塩基・有効態リン酸が富化しやすく、PHの低下と土壌のEC（熱伝導度）の上昇が大きい。施設園芸の施肥技術は有機質肥料・ボカシ肥料や肥効調節型を主体にするが、回数の多い追肥の作業負担は大きい。施設園芸も環境統御技術が発展すると収量の安定や品質の向上のために養液土耕栽培に移行して、ドリップイリゲーションという潅水方式をとり、これに肥料を混合することによって統御する。これまでの環境統御技術にCO_2発生装置やヒートポンプが加わり、養液土耕栽培の収量の向上と品質向上をはかりやすくなった。しかし他方では、過剰施肥と有機物施用によって塩類集積が発生しやすくなり、牧草類のハウス内の導入によって集積した養分や塩基を吸収して、ハウス外に出すか、長期の潅水によって集積した塩類を除去するか、の対応がとられる。

3．有機質肥料の拡大と生産システムの革新

　片倉チッカリン『60年史』によれば、単肥肥料が中心であった時代から、新たな経営戦略は、「工場は消費者の近くに立地し、設備は大規模にしない。」「現在の10工場は2次加工メーカーとなり」、消費者の「代行的業務を遂行するのが肥料メーカー」であるとした（注5）。その事業領域は広く、北海道での魚粕事業やズワイカニからキチン、骨粉の生産、石炭砕石原料の確保なされた。その後、有機質肥料の付加価値化や微生物資材の開発に入り、1970年代に開発した「トミー有機肥料」はわが国初の「有機入り液体肥料」であった。片倉チッカリンの理念と戦略は、多くの有機質肥料を生産するメーカーの先導的な役割をになった。有機質資材を扱う多くのメーカーの理念は、

「ボカシは土をつかわず、有機質肥料を混ぜ合わせ、水分を加えて発酵させ、この発酵によって有機態チッソや有機態リン酸などの肥料成分で肥効を高め、多量に増殖される微生物によって土壌の環境をよくする」ことである。このことで「病気抑制、生育促進効果がみられ、減農薬が可能で、微生物がつくるアミノ酸、核酸、糖、ビタミン、ホルモンなど、作物の促進、品質向上に寄与する」ことになった。

　また、「有機を農の主流に」をスローガンとしてかかげる生産者グループの(株)マルタはグループで「モグラ堆肥」をつくり、「土壌微生物を増やして栽培を持続するには、堆肥の原料として油カス、魚カス、骨粉、米カスなど肥料分と微生物のバランスとるため、15種類を混ぜ合わせ、分解しにくいものから段階的に発酵させる」手法をとった（注6）。①微生物性に優れ有益菌が優勢で土壌中で活発に活動すること、②肥料分を多く含むこと、③物理性の改善として、アシやヨシの堆積した泥炭（ピートモス）や腐植を加えること、④作物に合わせたバリューエーションをつくりこと、などである。制約条件は以下の3点であった。①発酵と切り返しには原料によって90日が必要となり、労働集約的であること、②工場の立地条件によって原料の確保が地域では困難なこと、③資本装備として液肥・ペーストなどの工場生産への投資ができないことであった。このことから資本装備がしにくいマルタグループでは対応ができなかった。さらに、マルタグループのような多くの小規模な有機肥料のメーカーでは、魚カスや骨粉、大豆カスなど少なくなった原料との取り合いの競争になり、取引価格が上昇するようになった。このグループでは、家畜の糞は加えず野菜用（A）と果樹用（B）、さらに安価な一般用（C）の3種類を生産し、また生産者の自家堆肥の併用をみとめ、悪化した土壌を蘇生させるために「炭」と「活性ケイ酸含有の粘度鉱物」の施用を勧めている。また、移動しながら3回の切り返しで発酵の熟度（60－70℃）を高め、ペレットマシーンで造粒してグループの会員に広域的に配送する。ビートモスなどの泥炭原料は近くの河川周辺から事業等の時に大量に集荷してストックすることで、需給調整をしてきた。

　その点、片倉チッカリンは全農との取引依存度も高く、企業間での開発で需要を拡大することができた。たとえばペーストは農機メーカーと側条・深層施肥が可能な二段施肥田植え機の開発と連動して普及した。さらに武田薬品工業と連携してペースト肥料に殺虫剤や殺菌剤などの農薬を加えた製品開発に入った。また優れた製品として「ソイルサプリエキス」は、アミノ酸、有機酸、糖類を含む有機質100％資材であり、潅水同時施肥、葉面散布、水稲流し込み、種子散布に利用され、センチュウ対策の微生物資材など研究開発を強めた製品開発によって、有機質肥料分野では片倉チッカリンは指導的な役割を担ってきた。

　片倉コープアグリは合併前の片倉チッカリンの時代に、福島県の大越工場で有機質資材の開発をはじめ、2015年に３種の有機質肥料のJAS認証を取得した。１号は蒸製毛紛、魚カス、なたね油、米ぬか油カス、蒸製骨粉、バームマッシュなどを原料とし、２号は米ぬか油を１号から除外し、また３号はバームマッシュを１号よりも除外した。この有機質肥料は農業生産法人等については、成分構成を変えてPBとして対応している。この肥料は15％コストが増加するものの、食味が良好であることから有機や特別栽培の農産物としての価値提案ができている。しかし、会社の売上額のわずか0.2％にとどまっている。

　戦略を異にする肥料メーカーの成果（純利益）の違いを合併前の片倉チッカリンとコープケミカルと比較する。コープケミカルは合併後の1984年に販売額は550億円であったが、1992年以降急速に低下し、2000年に入ると200億円を割りだした。化成肥料への依存が高いコープケミカルの純利益は1992、1994、1996、1997、2000、2001年でほぼゼロかマイナスに転じ、事業の縮小と再編を繰り返した。それに対して、片倉チッカリンは1980年に入って販売額は250－300億円で、純利益は低迷してきたが、90年代に入って販売額が300億円を超え、かつ純利益は２－３倍に増加した。これは有機質肥料の市場が拡大してきたことや、化成肥料が全農の価格指導力の強い影響力や輸入品との価格競争に直面してきたからである。

しかし、2009年のリーマンショックでは、コープケミカルは売上額が価格の上昇で50％アップ、純利益は７倍という未曽有の成果をあげたが、翌年には売上額、純利益ともともとに戻り、純利益がマイナスになり、人員の削減の要因ともなった。それに対して、片倉チッカリンは、リーマンショックでの販売額の増加は、10％以上、純利益は３倍強であり、やはり翌々年にはコープケミカルと同様にマイナスに転じた。

　以上から、経済変動による輸入原料のリンやカリの高騰は特に化成肥料の高騰を招きやすく、その後もとの販売額にもどった。しかし、化成肥料を主力とする肥料メーカーほど販売額と純利益の上昇が、有機質肥料をベースとする肥料メーカーよりも著しくなった。また、有機質肥料をベースとする片倉チッカリンは、売上額の多少の減少があっても、純利益は90年代以降、化成肥料をベースとするコープケミカルよりも高位にあるといえよう。

　両企業は2015年に片倉チッカリンの主導（存続会社）で合併し、「片倉コープアグリ」として再編され、これまで以上に実需者であるJAとの連携や組織化、さらに品揃えの充実による委託品の減少と自社製品の拡大によって純利益率はこれまで１－２％から３％近くまで上昇することになり、合併の経済効果が短期間のうちに実現することができた。有機質肥料は窒素のコーティングによってペレット化がしやすくなり、また液肥・ペースト肥料と化成肥料のセットした販売が可能となった。このことで品揃えだけでなく、全国的な販売が可能になり、筑波の研究機関での開発が充実することになった。合併によるシェアは10％を超え、すでに合併で再編したジェイカムアグリ、エムシー・ファーティコム、サンアグロよりも競争的優位性が形成されるようになったといえよう。

４．鶏糞の資源循環と酪農排泄物のエネルギー利用

　養鶏部門ではブロイラーの大規模なインテグレーションが進展し、農業との連携が早期から進展してきた。ここでは、ジャパンファームと但馬フーズ

の事業展開から分析することにする。

（1）ジャパンファームにおけるアグリ事業部の展開（注7）

　ジャパンファームは直営生産を基本としているが、鹿児島県だけにとどまらず宮崎県まで含めて産地を拡大し、生産の20％程度が契約生産である。直営生産は、KFC向けや「ゴールド」というブランド生産であるのに対して、契約生産者は「桜島どり」というブランドでの生産システムがとられている。また、薩摩半島の大口市に大規模な養豚事業を展開してきたが、鶏肉が生産－処理加工－一部地域内向けの２次加工と統合化されているのに対して、養豚は生産だけに限定されている。本部の統制力が強い商社系インテグレーションでは、飼料会社の選定や川中・川下への統合化が、資本の所有関係などから制約される場合が多い。ジャパンファームでは、三菱商事との関係では、KFCとの取引関係が強く、飼料会社の特定化されているが、ジャパン

表-4-2　ジャパンファームのアグリ事業部

アグリ事業本部（合計人数40名：本部長1名		
アグリ第1グループ　18名	アグリ第2グループ　21名	

地域		大隈半島	薩摩半島
基盤事業		大崎・野方・垂水/チキン事業部	大口/養豚事業
組織）チーム		肥料製造　5名 肥料販売　7名 アグリ　6名 協力会社　大崎・野方工場 　　　　　1工場(9名) 　　　　　垂水工場　1工場 　　　　　(7名) 　　　　　原料運搬　2社	肥料製造　13名 肥料販売　5名 アグリ　3名 肥料工場　社員運営（製造チーム）
肥料	主原料	養豚・死鳥・血液・卵殻・鶏肉・残さ等	豚糞
	製品	鶏糞発酵（特殊）肥料、有機質配合品、鶏糞豚糞配合発酵（特殊）肥料	鶏糞豚糞配合発酵（特殊）肥料、豚糞発酵（特殊）肥料
	製品量	年間2万5000tを生産・出荷 大崎・野方・垂水の3工場体制で生産	年間7000tを生産・出荷 養豚事業本部内で生産
農産物		畑地　46ha（農業生産法人　27ha,委託農家19ha） 根菜主体（ジャガイモ・ゴボウ・ニンジン等） 年間収量　700tほどの農産物を扱う 農業生産法人：（有）ジェーエフアグリ【関連会社】牧草生産事業,ゴボウ生産事業	田地40ha（委託生産農家約50軒）米（伊佐地,コシヒカリ、「とことんう米」） 年間収量200tほどを販売

（資料）斎藤修『農商工連携の戦略』p238

ファームとして独自に加工事業に入るためにジェーエフフーズ（株）を1988年に設立した。さらにアグリ事業部を設立し、2001年に農業生産法人の「ジェーエフアグリ（株）」を設立した。ジャパンファームのアグリ事業部は40名で構成され、第一グループは大隈半島の大崎・野方・垂水を基盤として18名が肥料製造、販売、アグリを分担して経営している。他方、薩摩半島の大口を拠点とした第二事業部は、21名が肥料製造、販売、アグリに分かれて担当している。鶏糞は、乾燥状態でも直接散布すると作物にダメージを与えることから、鶏糞以外に死鳥、血液、卵殻、鶏肉残渣を主原料として配合し、製品としてはマッシュやペレットでの販売もしている。このような製品形態が採用されるのは、農家にとって省力的で、使いやすいからである。

　肥料の製品は鶏糞発酵肥料、有機質配合品、鶏糞豚糞混合発酵肥料であり、生産・出荷量は3万2,000tである。肥料の販売は3億円程度であるが、15kgkg、20kgで末端価格が300〜400円という状況なので、利益を生み出しにくい。製品の販売は、3分の1はペレットなどでの形態で、2分の1が九州、残りを中部・近畿などで、15kg、20kg単位で配送するが、残りは地域内か、生産者の圃場で利用することになる。

　アグリ第一グループは農業生産法人の「ジェーエフアグリ」が27haの規模まで拡大し、19haは周辺の委託農家に依頼し、ジャガイモ・ごぼう・ニンジンなどの根菜類やきゅうりを中心として46haになっている。農家ははじめ20〜30名と少なかったが、その後ジャガイモ・きゅうりを中心として100名程度にまで増加したものの、最近半分までに減少した。農業生産法人は減農薬・減化学肥料の農法の実現を目標に、鶏糞発酵肥料の消費が多く期待できるゴボウの生産を拡大し、また牧草の生産・乾燥によって敷料として鶏舎に供給することにしている。

　ジャパンファームの特異性は、有機質肥料を利用する委託生産農家との関係はシーズン値決めによってジャガイモときゅうりは中食のロックフィールドへ販売し、残りは量販店や鹿児島中央市場に販売される。委託生産農家の経営指導には1名のフィールドサービスの技術者が担当している。また農業

生産法人の生産するゴボウは、市場への出荷ととりゴボウとして加工される。また、養豚事業では、有機質肥料の供給が委託生産農家約50戸になされ、水田40haの作付がされている。価格は5kgで2,000～2,300円と有利な価格であり、消費者への宅配による販売を拡大している。

　以上のように鶏糞処理を契機にしてジャパンファームは、アグリ事業部の機能を拡大し農業生産法人の育成や周辺農家との連携に入り、全体で86haの農地での野菜・牧草・米の生産を拡大してきた。さらに生産物は、契約生産の方式をとり、市場出荷だけでなく、すでに鶏肉で取引のある中食企業への販売チャネルを拡大してきた。商社系インテグレーションであっても地域の需要に対応した加工事業を展開し、さらに地域農業との連携を強めることによって資源循環に取り組んでいることは高く評価できよう。

（2）但馬フーズにおける資源循環と農業との連携（注8）

　但馬フーズ（株）は旧産地の兵庫県に立地し、かつては400名の契約生産者がいたが、現在では直営農場10カ所、契約農場14カ所になっていて、今後さらに高齢化で契約農場の減少が予想される。但馬フーズグループでは、早くから生産者59名による但馬養鶏農協を設立し、製造・処理加工の機能を担っている。大消費地に近いことから生体取引が残存し、また卸売経由率が高かった。しかし、生協との取引や安全性や食品衛生基準についての県行政が早くから展開したこともあって、インテグレーターでも衛生管理システム、NON-GMOコーン、抗生物質を除去した無薬飼養の三つが、新しい取引条件となってきた。処理加工場では、1997年にHACCP対応の工事終了、2001年にISO9001を取得し、また鶏舎から食卓までのトレーサビリティの導入がなされるようになった。このことによって生協との取引依存度が増加し、近郊産地としての競争力の拡大に貢献した。これまで取引先は有受と専門店に依存してきたが、量販店や生協との直接取引に移行する戦略をとるようにし、さらに鮮度を上げるためにデーゼロ対応を遂げてきた。さらに但馬フーズグ

図-4-2　但馬フーズの資源循環

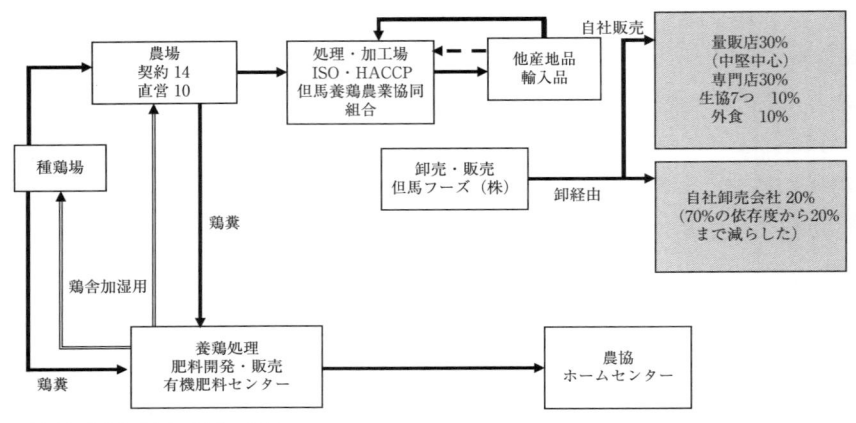

（資料）斎藤修『農商工連携の戦略』p.241

ループでは、鶏糞の燃焼によってエネルギーとする鶏舎を岩手県のアマタケ（株）から導入し、ほぼ70％がそれに利用され、残りが有機肥料センターによって有機質肥料の生産に入り、野菜・果樹産地との連携がとられた。野菜では産地とコープこうべとの提携関係がとられ、環境保全型農業として定着している。このように但馬フーズグループでは、鶏糞の資源循環システムが形成されており、差別的優位性のあるシステムを確立してきた。食鳥相場でみても、もも、むねの相場がそれぞれ50円高、100円高となっていて、有利な価格形成になっているといえよう。

　グループの有機肥料センターは、日高町有機肥料組合（組合員、178名）から発展し、1986年に但馬養鶏農協と合併した。この間に重油の高騰、悪臭問題などで火力乾燥処理から発酵処理に転換し、さらに最近になって利用しやすいように造粒機を導入した。この地域の鶏糞は、約1万tと予想され、このうち約7,000tが鶏舎の温湯暖房のエネルギー源としてまず利用される。契約生産者の規模は3.5 〜 4.0万羽を4.75回転するのが一般的である。本格的な直営農場は4カ所に建設され、それぞれの農場が一回の出荷羽数が、13.5

第4章　肥料をめぐるイノベーションと生産システムの革新

万羽、13万羽、7.5万羽、2.8万羽で158万羽になる。グループとしては年間出荷羽数600万羽となり、契約生産に移行した農場も含めると、出荷羽数の55％が直営になっている。直営農場は、コストが高めになりながらも生産性を向上させた。また、小規模な直営農場では、農業の経験のある家族（夫婦二人）を基本とした。

1974年にウインドレス鶏舎に転換し、温湯暖房のシステムを埋め込むことにって環境問題とエネルギーコストの上昇を食い止めた。この転換で、伝統的な鶏舎からの転換に多額な投資が必要がある。このため、社員の宿直費用を3倍にして動機づけをすることで生産性を向上させた。インテグレーターの鶏舎への投資による直営生産が拡大した。温湯暖房は気温の低下する秋・冬にエネルギーを多給する必要性が拡大した。逆に夏季は鶏糞が過剰気味になる。この鶏糞を燃焼させる温湯暖房には、大型のボイラーが完全燃焼のために必要になる。

生産者から排出される鶏糞は、有機肥料センターに3ランクに分けて引き取られる。4当たりで、乾燥状態によって良いもの2万5,000円、良くないもの3万円、湿っているもの3万5,000円のランク差がある。有機肥料センターの集め込ん量は年間3万5,000t。1日当たり処理能力6〜12tであり、事務員1名、作業員3名、工場5名という編成である。主たる製品は、グリーンメイト、ズバリ・ユーキ、カニ殻入りほか肥、EMぼかし肥、ほかし肥、ハイPKなどの9アイテムになる。これらの製品には、土壌改良剤とEM菌、さらに生産者から燃焼の後に残る鶏糞の燃焼灰（8％）を基本となる発酵鶏糞に混合される。カニ殻入りほか肥では、鳥取県からカニ殻6,000俵を購入してEM菌の加えることによって大屋高原に供給され、ホウレンソウ、キクナ、カブ、トマトなどが「有機減農薬」で生産される。これらの生産物は、ほぼ全量コープこうべに販売されている。これらの製品の販売チャネルは、農協とホームセンターであるが、後者では安売りになるため消費者への販売割合が高い。これらの製品はEM菌を入れることによって付加価値をつけ、15kg当たり1,150円もするが、未端価格は800〜1,000程度になる。配

送コストが200 〜 300円としても南九州産地と異なり、周辺にユーザーが分布することも良い立地条件である。これらの製品は、水稲、果樹、野菜にも適し、施用量・施肥時期・方法の調整が可能である。この有機センターの販売額はまだ約１億円にすぎない。

　以上のように但馬フーズグループでは、特にアグリ事業部を持ってはいないが有機肥料センターを設置し、資源循環システムの形成、安全性・衛生基準のレベルアップによって有利な取引条件とした。この有機肥料センターはグループの但馬養鶏農協の中に設置され、フィールドサービスのできる人材の確保されている。

　安全・安心、新鮮、健康がシステムを特徴づけることになり、ブランド化についても、「但馬のすこやかどり」ではNON-GMOコーンの使用、無薬飼料使用に加えて、脂肪の蓄積を抑止するお茶の飼料化、カルスポリン（納豆菌の１種で、鶏の健康飼育）、ココヤシ１番絞りの配合（高級脂肪化）に特徴がある。また、「但馬どり」では、飼養期間を80日までに長期化し、飼育密度の低下、繊維質の多い植物性原料の使用によって取引先をさらに限定した。そして、但馬フーズでは、はじめにブランド化した「但馬の味どり」から「但馬のすこやかどり」、さらにレベルをあげて「但馬どり」の開発に入り、安全性・健康・食味を重要視する戦略をとった。

5．畜産バイオマスエネルギー利用と資源循環

（1）北海道鹿追町にける酪農のバイオマスエネルギー利用（注9）

　畜産の糞尿を活用するバイオマスは、早くから鶏糞を燃焼させて鶏舎を保温するシステムが開発されたが、不完全燃焼が障害となった。また、多くのシステムが開発されたが、経済的な採算性がとりにくかった。大きな転換は、2012年のFIT（固定価格買取）制度の導入によってkwh当たり39円の買い取りの保証がなされたからである。特にバイオマス発電やメタン発酵のプラントが全国的に建設された。

図-4-3　鹿追町のバイオガスプラントによる町づくり

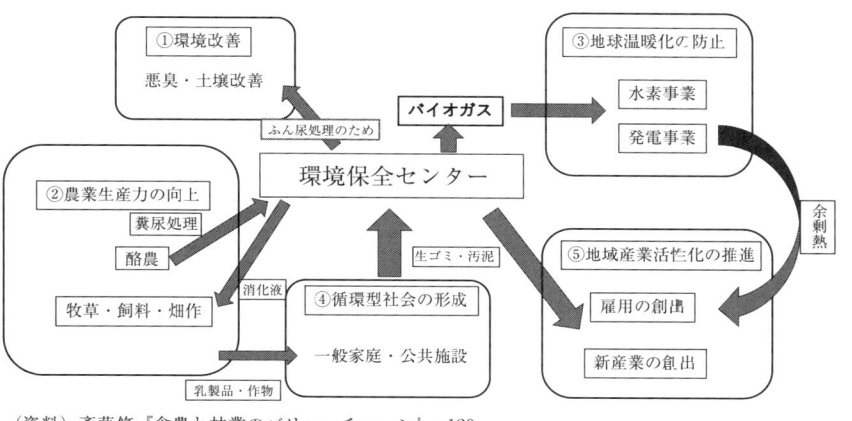

（資料）斎藤修『食農と林業のバリューチェーン』p.120

　北海道の酪農経営は、50頭以上の規模が支配的となり、150頭以上になると繋ぎ（スタンチョン）からフリーストールの飼養に転換するようになり、糞尿は固形分が少なることでバイオマス発電に利用しやすくなった。バイオマス発電の導入には、戸別型と集中型に分けられ、施設の規模の経済性、売電の取引単位や広域的な液肥の耕地への散布を想定すると集中型が有利である。多くの地域の戦略は、畜産による悪臭や衛生管理の改善、有機質肥料の確保、畜産の特徴であるカーボンニュートラルで電力や熱の供給によるCO_2の削減などの課題を抱えていた。酪農でのもっとも大規模で、かつ完成されたシステムが、鹿追町の環境保全センターであり、4,300頭の乳牛の処理能力を持つプラントを2007年と2016年に設置された。このシステムでは、原料とたい肥化する糞尿を集荷段階で区分し、バイオマスとしてプラントで発酵し、発電・精製・熱利用・液肥に分け、それぞれ施設内で利用した残りは売電、プロパンガスの代替、発酵槽の加温とハウス利用、農地への散布に活用する。大きな収入源は売電であるが、組織の従業員が集荷と散布を担当して酪農家から料金を徴収する。このことによって酪農家は糞尿処理の労働が省力化され、規模拡大を促進することになった。

鹿追町の２つのプラントの販売額は、約２億５千万円でコストが１億６千万円なので１億円程度の収益性が確保できた。岡山県の真庭地域の木質バイオマスと比較して、投資額と収益性、さらに年間売電量は少ないが、畜産公害問題の解決と生産力の拡大という評価が異なってくる。

　この２つのプラントの設置によっても町の４分２の乳牛しか対象になっておらず、さらに２つのプラントの設置が検討されている。このプラントでは、雇用は事務局２名を含めて11人の雇用が発生している。将来の固定価格買取の低下を想定して余熱の活用したハウス園芸、熱帯フルーツの栽培やサメの飼育が予定されている。

　木質バイオマスについては、木材加工メーカーではおが屑や端材などを活用した小規模プラントは、熱利用に重点がおかれたが、大規模化すると売電を目的とするようになった。また、木材はカスケード利用を原則とするためにバイオマス原料を供給するだけでは、「山」への利益配分にならず、製材用のA材・合板用B材の供給割合を高める必要がある（補注）。畜産では、糞尿処理施設への投資が多く、FIT制度に支えられて成立するようになり、この制度で飼料生産の拡大などで規模拡大が展開し、また売電で事業規模によって収益確保ができるようになった。

　畜産バイオマスは売電価格が39円になって関連企業のコンサルタントを活用するなどによって参入する経緯があって、地域の電力会社の送電のコストによっては、取引に入れないことになる。酪農地域にとっては環境保全のために戸別型で対応するよりは、外部に出して省力化することによって規模拡大や飼料畑・牧草地の生産力を拡大する意向が強く、このことがフリーストールの拡大とともに畜産バイオマスの取り組みが増える理由である。売電価格の低下は予熱等を活用した新しい事業として水素を燃料とした電気自動車の開発・普及を期待している。鹿追町では、サメ（キャビア）・マンゴー（温室利用）の余熱利用による生産に入り、サメは他地域の施設を活用してまでビジネスの拡大を予定しているが、最終製品の効果的な販売までに多くの時間を必要としている。

（2）九州における鶏糞のバイオマスエネルギー利用

　ブロイラーは発熱量が多く、木質ペレットと同等となり、また南九州では志布志湾の飼料基地周辺から安価な飼料価格によって、生産の集積とインテグレーターの成長が促進された。家畜糞は堆肥化や炭化、またメタン発酵による熱利用や発電し、あるいはペレット化によって南九州から流通圏を拡大することによって、過剰な鶏糞の処理をしてきた。しかし、大量の鶏糞を処理するには、FIT制度を活用した発電と熱供給の熱電併給システムの導入が必要になってきた。初めての試みはレンダリング工場を持つ鹿児島の南国農産から始まり、みやざきバイオマスサイクル（株）に拡大した。南国農産ではエネルギーは発電出力1,960kwで自社工場の利用を中心とし、燃焼灰はリン・カリ肥料やチッソを加えた化成肥料として販売された。それに対して、みやざきバイオマスサイクル（株）は大規模インテグレーターの児湯食鳥、商社系の丸紅畜産や西日本環境エネルギーなどの共同出資で2005年に設立され、発電出力11,350kwと能力が向上して鶏糞の発電では最大規模であり、9,000kwが売電され、燃焼灰は各出資者に販売された。この事業によって県内の鶏糞の50％程度が利用された。その後2024年から9,500kwの第2は発電所を設立する予定であり、これによって県内の鶏糞はほとんど利用させる計算になる。鶏糞の発電施設は鹿児島県と宮崎県で6カ所稼働し、ブロイラーの生産基地の糞尿問題は解消することになった（注10）。

　ブロイラーの燃焼灰の成分には全リン酸（TP）はP_2O_5％での高位にあり、堆肥に比較するとリンは3－4倍と高く、リン鉱石の代替が可能であったし、カリウムでもK_2Oは高濃度であった。それに対して採卵鶏の鶏糞では飼料設計の段階からカルシウムの含有量が多いために、難溶化しやすいとされている（注11）。また、宮崎県のブロイラーの燃焼灰はP_2O_5が30％を超えるというデータもあり、リンの回収は下水汚泥からの回収の期待さえ、濃縮することで液肥の品質を向上させることが期待される。発酵産業では微生物を扱っていて、有害物質を含まないこと、また環境規制が強化される中で、乾物基

準でP_2O_5約29％まで高めることができるため、輸入されるリン鉱石に匹敵するとされる（注12）。

　以上のように燃焼灰の活用は化成肥料やそのペレット化によって複合肥料としての価値が高まり、売電収入だけでなく、肥料としての販売額の向上になる。また、燃焼灰はリンのP_2O_5の成分が高いことから液肥としての価値が期待され、カリのK_2Oの成分も高いことも、液肥の製品ラインを広げる可能性がある。

（3）ブロイラーインテグレーターと消費者組織
　―十文字チキンカンパニーとパルシステム

　(株)十文字チキンカンパニー（以下十文字チキン、岩手県）はブロイラー生産の8％程度のシェアをもった最大級のインテグレーターであり、県内シェアでは50％に近いシェアを確保してきた。企業行動は革新的であり、八戸を中心とした飼料基地の形成で契約生産者の増加と規模拡大で大きく成長した。2000年代に入ると年商330億円をこえ、2023年で600億円に成長した。生産者から発展し、生産に集中して、生産－処理加工までのシステムを統合化したインテグレーションを展開して、販売活動は(株)ニチレイと(株)全農チキンフーズに卸機能を依頼して、大手量販店、生協を中心とした販売先個々に対応して特定銘柄を生産し、差別化をはかっている。特に全農チキンフーズとの関係が深く、差別化戦略として7つの取引先に対応したブランド構築を展開し、「彩菜どり」をベースに白鶏で大手量販店向けに開発された。

　「純輝ブランド」はイオン対象で、「こくみ鶏」はイトーヨーカ堂対象である。ほぼ契約生産のため生産性は安定している。また、「までっこ」は伝統的な飼育形態をとる小規模生産者パルシステムの全量契約なので専用のシステムをつくってきた。また、パルシステムはこの地域で早くから飼料稲に生産と養豚経営をつないだ耕畜連携の先駆けになり、「コメ豚」はシャブシャブ料理とセットされて消費者の評価も高かった。この「コメ豚」について取り組んだのが「コメ鶏」であり、いずれもJA全農北日本くみあい飼料もプ

図-4-4　十文字チキンカンパニーとパルシステムとの提携

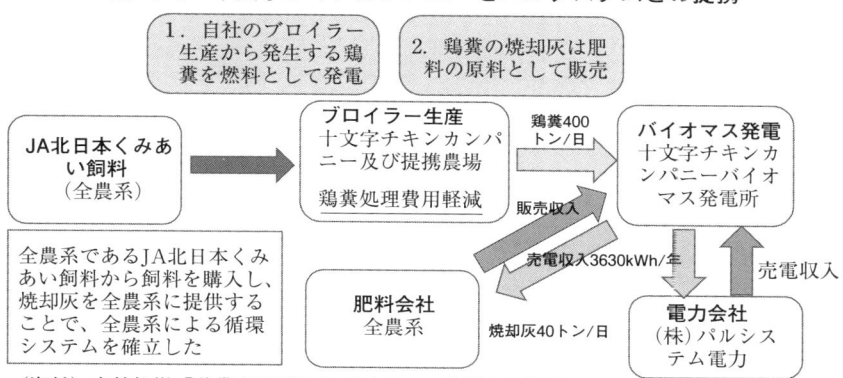

（資料）古館裕樹「鶏糞を利用したバイオマス発電」を修正。

レーヤーとして関与してきた。

　次の課題として西南暖地のブロイラーのインテグレーターや関連業者が鶏糞のバイオマス発電によるエネルギー利用が広がることになり、その導入が検討された。十文字チキンでも鶏糞はこれまで５カ所のコンポスト工場と２か所の炭化肥料工場で処理し、肥料・土壌改良剤・融雪剤など流通コストをかけて北海道の畑作地帯に販売してきたが、当然のことながら利益の確保は困難であった。2014年にバイオマス発電が着工し、2016年に約65億円をかけて軽米町に完成した。発電規模は6,250kwで自社の利用を差引くと4,800kwと中規模な施設で、FIT制度を活用することにして、全量をパルシステムへ10年契約で販売することにした。FIT制度の下では、間伐や未利用材を活用した2,000kw以下の木質バイオマスプラントは調達価格が40円と最も高い水準にあり、また酪農等で利用されるメタン発酵ガスは39円であった。それに対して、鶏糞の発電は17円にすぎなかったが、本来廃棄物であり堆肥・土壌改良剤として活用されても大きな収入源にはなりにくく、FITによる販売は安定した収入源となった（注13）。

　東北電力から東京電力の小売を担うパワーグリッドと接続することになった。これまでパルシステムは福島の大震災を契機に子会社のパルシステム電

力を設立し、太陽光・バイオマス・小水力・風力等の再生エネルギーの「産直」や「見える化」に取り組んできた。しかし、東京電力のパワーグリッドは、原子力によるエネルギーと再生エネルギーがミックスされるため、パルシステムは子会社による「見える化」が必要になった。また、パルシステム電力は東京電力のパワーグリッドによる中間マージンを圧縮することによって相互のメリットを追求することにした。当初FITをベースとしてきたが、FITに依存しない再生エネルギーへの転換をめざすことになり、十文字チキンとの取り組みは、全体のシェアの40％に達し、パル電気を利用する消費者は1万人から1.5万人まで増加した。

　十文字チキンとパルシステムとJA全農との関係をわかりやすくすると図-4-4になり、180の生産農場や25の種鶏場等からの鶏糞日量400トンであり、燃焼した灰は10分1の日量40トンになり、これを全農は主に購入することになっている。JA全農にとって飼料はJA全農北日本くみあい飼料から多くを購入していること、また燃焼した灰は土壌改良剤よりも化成肥料との複合化、さらにペレット化によって付加価値をつけることができることから、バリューチェーンの構築の可能性が高いことである。パルシステムにとっても「までっこ」ブランドの生産者は全体の構成割合からみると少ないが、十文字チキンはパルシステムとの革新的な取り組みとして10年間の全量販売は産直の1つの発展であった。十文字チキンの発電施設の規模では熱電併給システムで熱利用の可能であり、軽米町で施設園芸を経営する予定であっが、現在まだ設置されていない。パルシステムは産直産地との新たな事業として再生エネルギーに取組んであるため事業規模が限られるが、発電所は太陽光・バイオマス・小水力・風力・地熱まで含んで2023年で57カ所に拡大し、特にFITの取引価格の低下が著しい産地からの提案が多い。また、早くからFIT制度を活用した産地では、長期の契約期間が設定されているため、新たに自由な販売ができないという制約条件もある。さらに、鶏糞の燃焼灰については生成量が多いためJAグループとして地域内で複合肥料として活用している。

6．堆肥化と複合肥料化

　家畜糞の流通利用は、含水率が少ない鶏糞や豚糞は製品化やペレット化が進展しやすかったのに水分含有量が60％程度と高い牛糞は、混合堆肥複合肥料にならなかったが、2020年の肥料法の変更があり、混合堆肥複合肥料に組み込まれた。さらにこれに加えて土壌改良資材も加えて指定混合肥料として認められた。多くのこれまでの規制が緩和されたが、牛糞が入ったこともあって、含水率50％未満の規定が設定されるだけになった。また化学肥料と特殊肥料（堆肥、米ぬか、草木灰、鶏糞灰等）等の配合、特殊肥料と特殊肥料との配合が可能になり、総合基肥や総合土壌改良材としての銘柄の使用することができるようになった。このような配合は、省力化効果をもたらし、普及しやすくなった。

　混合堆肥複合肥料は肥料成分の含有量を保証することになり、生産方法・製品の原料として、①堆肥の混合割合50％以下、②造粒ないし成形と過熱乾燥、③製品の3要素の含有量10％以上と規定された。

　指導的な企業である朝日アグリアの試験データによれば、堆肥と化成肥料を混合・一粒化する効果は、①PHが変動しにくい、②石灰・苦土が流亡しにくい、③可給態チッソの蓄積量が多い、④牛糞>豚糞>化成の順で土壌を柔らかくする効果があること、⑤収量が安定化すること、などが分析された。他の研究所の分析からも堆肥と粒状化することによって、土壌中に固定化されたリン酸やカリウムの利用率の向上がし、環境の変化に対しても肥効が安定するとされている。JAとの連携では堆肥使用割合を30％に抑え、NP化成（窒素・リン酸・カリ）・微量要素（マグネシウム・ホウ酸）を加えて設計し、資源循環と産地に適した製品を提案している。未利用資源として、もみ殻燃焼灰、木質バイオマスの燃焼灰、キノコ培地の燃焼灰などの取り組みが予定されている。

　朝日アグリアは形状・有機の含有量によって4つの製品形態があり、特に

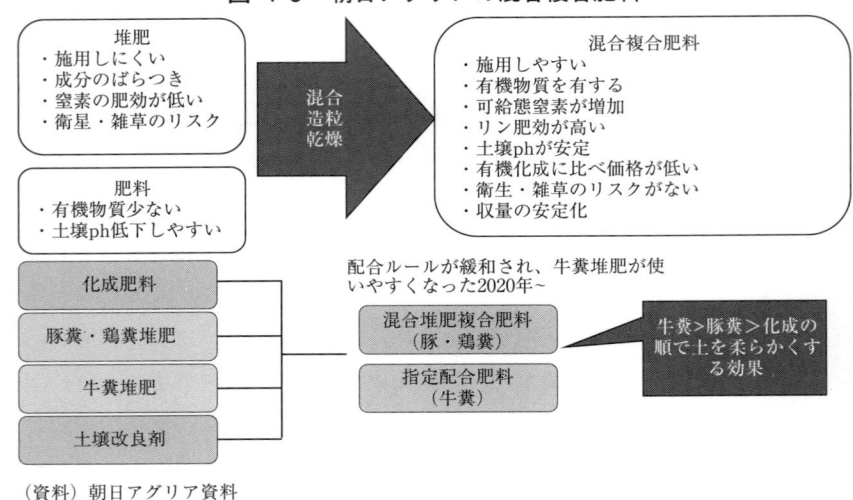

図-4-5　朝日アグリアの混合複合肥料

堆肥
・施用しにくい
・成分のばらつき
・窒素の肥効が低い
・衛星・雑草のリスク

混合
造粒
乾燥

混合複合肥料
・施用しやすい
・有機物質を有する
・可給態窒素が増加
・リン肥効が高い
・土壌phが安定
・有機化成に比べ価格が低い
・衛生・雑草のリスクがない
・収量の安定化

肥料
・有機物質少ない
・土壌ph低下しやすい

化成肥料

豚糞・鶏糞堆肥

牛糞堆肥

土壌改良剤

配合ルールが緩和され、牛糞堆肥が使いやすくなった2020年～

混合堆肥複合肥料
（豚・鶏糞）

指定配合肥料
（牛糞）

牛糞＞豚糞＞化成の順で土を柔らかくする効果

（資料）朝日アグリア資料

　オリジナル製品であるアグレットは有機の含有量が50－100％と高く、鶏糞・豚糞をベースとしている。また、牛糞堆肥は、水分の調整だけでなく、オガコや木質チップなどが敷料として使用されていることからペレット化には独自の技術が必要になる。朝日アグリアはペレットだけでなく、ブリケット、ペレットと３つの形状の造粒技術をもっていることの差別的優位性があり、JAとの提携による「エコレット」は、数年間で２倍の１万トンをこえることになった（注14）。このような家畜の糞ごとの水分調整、発酵技術や造粒技術、さらに取引先とのPBに近い製品開発など、規模の経済性や全国的な流通システムで競争力を拡大してきた化成肥料メーカーにとっては、参入障壁が高かった。

　朝日アグリアの工場は、関東工場（埼玉・千葉）に拠点を置き、滋賀県工場と３工場での地域循環システムであるため地域は限定的であり、化学肥料の入った混合堆肥複合肥料の全国的な展開には、肥料メーカーとJAをコーディネーターとした連携が必要になる。わが国の畜産基地である南九州の産地の牛糞では、生産者段階で一次発酵をへてJAの堆肥センター発酵完熟・

乾燥してペレット化している。含水率とC/Nを下げることで品質が向上し、リン酸の肥効を高めることになり、自家製堆肥をマニュアスプレッダーで散布する作業が合理化することができる。JA菊池では３カ所に有機支援センターを整備し、回転式選別機の設置で異物の混入を防止して開放型攪拌方式でペレット化し、また耕種側でバラ利用する生産者にはストックヤードの整備を促進している。販売地域は県内の４つのJAに拡大し、コストの低下や地力の維持への貢献が高くなる。ただし、牛糞堆肥は鶏糞堆肥と比べて安価であり、輸送コストの負担能力がひくいために流通圏が限られ、さらに肥効を高め収量形成や品質向上と連動するには、混合堆肥複合肥料が効果的であり、さらに省力的になるであろう。

　朝日アグリアでは、多くの畜産産地の堆肥センターからの集荷圏が100kmから200kmに拡大しようとしており、それに効率的な輸送システムの開発、製品価格と原料価格の調整が課題となる。バルク車の専用的な輸送手段の開発は、集荷単位の大きさや、集荷量が少ない場合には複数の堆肥センターからの集荷で必要になってきている。また、取引先の産地に適合した肥料の開発はこれまでの土壌改良効果から肥効の効率化になるため、企業と産地の連携を進展させ、バリューチェーンとして利益配分をはかるべきであろう。

7．液肥利用の拡大と条件

（1）施設園芸における養液土耕栽培の拡大

　施設園芸の主要な栽培品目はトマト・キュウリ・なす・ピーマン等の果菜類であり、ハウスの中での在日期間が長い作型をとり、収量の拡大には追肥技術の高度化が必要になった。養液栽培よりも品質向上や収量の増加を実現しやすい養液土耕栽培の拡大は４－５種類の単肥のミックスと微量要素の保管によって施肥管理のレベルを向上させることが可能となった。また、施設園芸では連作やリン・カリの過剰施肥によって塩類集積が大きな課題となり、緑肥の導入や湛水処理によって対応してきたが、施肥管理に基本的な課題が

あった。養液土耕栽培は点滴で潅水と養分を供給する潅水同時施肥栽培であり、適量・高頻度の潅水に養分を加えることによって乾燥と過湿を調整し、また土壌の条件によってドリップの点滴が調整することができた。この養液土耕栽培によって特にトマトは多段取りの技術の向上し、またフルーツトマトなどの品質向上への成果が大きかった。作物によって収量・品質・肥料コストの削減の効果が異なるが、これまでの試験成果では20-60%、トマトでは40%の節約効果があった（注15）。

　国産の液肥は片倉コープアグリが北海道から九州の国内7工場で多くの地域資源を活用した展開をとり、高濃度化の製品開発や天然由来のアミノ酸等を活用した有機質肥料の開発を展開してきた。しかし、多くの養液土耕栽培では原体はかつてイスラエルからの輸入であり、その後オランダ産や安価な中国産の利用が拡大した。リン鉱石を採掘する中国もリン鉱石を輸出するよりも、付加価値のついたリン酸を製造し、液肥の単肥として輸出するようになった。また、窒素肥料も大規模工場の設立によって輸出競争力をつけ、さらにカリについてはロシア・ベラルーシからの輸入原料を活用することができた。それに対して、オランダは液肥製造工場を多数設置し、ヨーロッパでは確保しにくいリン酸やカリの原料を広域的に確保することから、製品価格は中国よりも高位になることが推測される。中国では国家レベルでオランダ型の大規模施設園芸の導入が進展し、国内需要の拡大が進展し、オランダでの技術研修を推進してきた経緯がある。

　養液土耕栽培での肥料設計は、生産、販売会社、メーカーの3つがあり、生育段階に合わせてリン酸カリウム、硫酸カルシウム、硝酸カリ、硫酸マグネッシウム、リン酸アンモニアなどの4-5の単肥のミックスし、時期によって微量要素を施肥する方法である。生産者段階でのPHやECの調整は対応可能であることから、独自のプログラムを持つ場合も多い。また、水の確保については、地下水利用で井戸を掘るのが一般的であるが、硝酸体チッソなどの含有があって、井戸から水の確保が困難な場合は、オランダのように雨水から確保することになる。また、わが国でも廃液はオランダのようにハ

ウス内で循環利用することが原則とはなっておらず、排水が地下水の汚染になるケースもある。

　片倉コープアグリでは「トミー液肥」は潅水同時施肥や葉面散布に活用され、アミノ酸類、核酸、ビタミン類を含み、土壌中の微生物の増殖の促すため、作物の生育環境にも効果が期待された。また「トミーネクサス」には亜リン酸を含み、花芽の着果や肥大、さらに糖度の向上が期待され、「ソイルサプライエキス」ではアミノ酸・有機酸を含む大麦発酵濃縮液の液肥であり、「トミー液肥」と同時に施肥すると、その効果が向上することになる。このように有機の液肥は、バイオスティミュラントと類似した効果を期待することができる。

（2）液肥利用の拡大と条件

　液肥は施設園芸の果菜類を中心とした養液土耕栽培に適合してきたが、露地野菜・果樹・茶にも施用しやすくなった。ネタフィムジャパンではハウス栽培を含めて、さらに精密施肥潅水を進め、収量・品質の向上、肥料・水・エネルギーの節約に入り、またさらに点滴チューブの改善や栽培管理の見える化によって省力化が進展することになった（注16）。液肥も濃縮化することで散布量を削減して、ドローン等に積載して散布しやすくし、それとは逆に薄めることによってブームスプレヤーで利用することになる。露地野菜では点滴チューブで施肥潅水するが、ため池や用水によっては微小固形物があるので、チューブの点検が必要になる。

　果樹ではミカンを中心にマルドリ栽培でスプリンクラーを活用して点滴潅水チーブを導入することで、糖度の向上を大きな戦略としてきた。このマルドリ方式では水源から導水し、養液混入装置と養液タンクと繋ぎ、コントローラーによって点滴で潅水をコントロールすることになる。またこの方式では年間マルチ栽培によって窒素溶脱がないことから、肥料成分の肥効の改善がみられ、また細根が増えて根圏が改善された。マルドリ栽培によって糖度の向上は、投資額の増加によるコストの上昇を配慮しても収益的であった。

しかし、水源の有無や水質、傾斜、団地化の程度によって普及が制約された。

　茶は生産費における肥料コストの割合が20％を超え、また窒素成分を削減することが飲料である茶の品質の向上になる。液肥を使用することで塩類集積を回避し、またマルチをすることで水分の蒸発を抑える効果があった。点滴チューブで窒素施肥量を大幅に減少させても、収量と品質の向上が検証されている。また、追肥回数の多いネギでは、全農が点滴チューブを導入することで、省力化だけで窒素を中心として肥料効率を改善する検証をしている（注17）。

　以上のように液肥を使用した点滴灌水の技術は、施設園芸の養液土耕栽培から露地野菜・果樹・茶へと拡大し、収量や品質の向上、さらに肥料の削減や省力化への経済効果が高くなった。また、栽培管理の見える化によって予測システムや成果指標の管理が進展することになった。液肥の原料となる単肥はオランダや中国からの輸入に依存してきたが、今後食品残渣の発酵物であるアミノ酸・有機酸などの有機資材の活用、国内資源の回収リン、燃焼灰のリン・カリの利用によって国産の液肥の生産増加が期待される。ただし、燃焼灰からカリの抽出には高温条件が必要であり、また回収が少なくなるといわれ、新たな技術革新が必要になる。

8．下水汚泥の資源循環と肥料利用

　リンは全面的に中国・モロッコ・アメリカに依存しているわが国では、下水汚泥からのリンの回収と肥料としての利用の拡大が必要になってきた。下水汚泥は国土交通省の管轄であり自治体の水道行政は、かつてコンポスト利用が重金属の含有が問題となり、肥料としての利用が10％低位にあったが、重金属の検出が減少し、資源循環、低コストや土壌改良の効果が確認されるようになった。神戸市では回収したリン（こうべ再生リン）に野菜・花卉の有機肥料50％にリン20％を配合し、また酒造好適米で最高級の山田錦の専用肥料（水稲一発）に15％を配合する配合肥料を開発し、その利用も学校給食

にまで拡大している（注18）。岩見沢市では「スーパーゴールドユーキ」（含水率80％程度）と「スーパーゴールドユーキD」（乾燥や粉末、含水率20％程度）の２つの製品開発をして前者は無料配布し、水稲や秋まき小麦に利用している。北海道では低温で堆肥の完熟化に難点があるため、稲わらやもみ殻を混合することによって完熟堆肥が生産され、安定的な収量と食味の向上につながったとされる。この堆肥の施用は化学肥料の減少につながり特別栽培の認証取得、さらにJGAPやASIAGAPの取得まで発展した。この展開は、完熟堆肥を利用する肥生産者の増加と地域ブランドの創出によってふるさと納税品の返礼品としての販売チャネルの形成に結びついた（注19）。

　また、鹿児島県工業高等専門学校の試験では、肥料としての製品の程度を向上させるためには、下水汚泥ではカリが不足するので、カリの豊富な焼酎カス等の資材で成分調整し、造粒化することで対象作物を増やし、かつ付加価値追求の可能性ができる。地域のバイオマス資源を加えて肥料化することも、油粕等の有機質に代替可能であり、コスト節約的である。

　これまでのケースでは、下水汚泥の堆肥の利用として肥料化が展開されたが、含有率の高い回収リンの活用は、再生リン（MAP）の液肥化によって有機質肥料として成分調整し、有機認証を獲得する戦略をもつことが必要であった。これまでの片倉コープアグリは焼酎やビール等のカス類から液肥やペーストを抽出した製品を開発し、有機資材として位置づけてきた。再生リンの液化肥料は施設園芸の養液栽培等まで利用拡大の可能性がある（注20）。

　下水汚泥の肥料化にはコストの節約や地力維持に効果的だが、以下の課題がある。第１に、「下水汚泥」ではなく、「リン酸肥料」として肥料法に新たに盛り込むことが必要であり、それによって消費者までの認知度を高められるかである。第２に資材を有機にすることによって、生産物の高品質化、さらにブランド化までの価値創造が可能かどうか、第３に、自治体・生産者・JAなどの地域内プラットホームには資源循環を展開しようとする肥料メーカー・食品関連業者などのプレーヤーが必要になること、などである。第１の点は、含水率の高い牛糞を肥料法の改正で資源として活用して、イメージ

の悪い「下水汚泥」から仮に「リン酸肥料」として新たな規格をつくること
で、製品開発が可能であろう。第2の点については、製品開発と対象作物の
拡大で新しい需要の拡大が期待できるが、重金属の安全性の管理から実需者
への「見える化」を前提として、特定資材だけで安定的な高品質の水準を維
持し、付加価値をつけられるという議論になる。特別栽培の認証を取得した
としても、JAS有機の認証がほとんどとれない一部の果実を除けば、安全性
の向上として特別栽培の認証をとっても、市場ベースでは有利な価格形成は
困難である。しかし、「見える化」は安全性を担保し、かつ多くの消費者の
信頼性を形成することになるものの「ブランド価値」の形成までには至らな
いであろう。第3の点については、肥料メーカーや研究機関との連携が必要
であり、プラットホームに開発機能を盛り込むべきであろう。

　今後の下水汚泥の技術開発は汚泥と水を分離することによって、水に重金
属を含まないように分離することから始まり、30%程度とされる水からリン
を抽出することであり、残りの汚泥は灰にしてセメント原料として活用する
ことである。リンは粉状の固形物になり、単肥として肥料メーカーが販売す
ることになる。リン抽出にはフィルターに入れて乾燥させる手法も開発され
ている。いずれも試験段階であるが、本格的な展開には自治体の基本的姿勢
が問われてくる。

　これまでの下水汚泥は重金属とコンポストのイメージが強く、また効果的
な製品開発をするにあたっては製造メーカーやJA・生産者、さらに食品企
業・生協まで加えたプラットホームを自治体主導で設立し、これまでのイ
メージの払拭や知識の共有化から始めことが必要になる。これまで企業とし
ても注目されることがなく、事業化を構想することもなかった領域であり、
研究も試験データの蓄積も必要になり、製品開発までに時間を要することに
なる。下水汚泥は東京都を始め横浜市・福岡市などの大都市の行政の関心が
高まるが、利用する生産者・産地の面的広がりを配慮し、効率的な施肥や機
械化を含めた生産システムを配慮しておくことが課題となる。

9．燃焼灰の肥料利用の可能性と条件

　燃焼灰の肥料としての利用は、バイオマス発電は木材やPKS（ヤシ殻）、あるいはキノコの菌床を利用したバイオマスプラントでFIT等への売電や消化液の販売が売上額を構成するが、燃焼灰は廃棄物に近い扱いで、せいぜい土壌改良資材として販売されるにすぎない。また、鶏糞は生成の絶対量が多いのに対して、木材の燃焼灰は生成される絶対量が少なく、かつ期待されるカリは高温で確保しにくい性格がある。しかし、化成肥料と混合した複合肥料や、水溶性カリや水溶性石灰の抽出によって肥料利用の可能性がある（注21）。燃焼灰の集荷やその肥料効率を配慮すると、大型プラントや熱効率のよいPKSからの集荷が想定できる。また、国内の木材のカスケード利用が進展し、小規模バイオマスプラントの集積が中山間地域で拡大し、地域再生の戦略となってきた。以下で背景と課題を説明する。

　バイオマスプラントは、臨海部では5万kw以上の規模のプラントが立地し、海外からのPKS等への依存度を高めることによって原料確保をしてきた。バイオマス原料となる国内の未利用材の調達は標高と傾斜のある農山村からの供給であるため、伐採・収穫のコストに臨海部の工場に出荷するには、大型トラックで輸送するとしても、輸入のPKSと比較すると高コストになりやすい。しかし、ヤシを原料とする油の需要の停滞とPKSの需要の拡大によってPKSの国際相場が上昇していること、また国内の木材のカスケード利用が進展し、未利用材の取引価格の上昇によって、D材だけでなく、パルプ用のC材や合板用のB材の一部まで地域によってはバイオマス原料に利用されるようになった。そのことからバオマス原料をめぐる調達は輸入だけでなく、地域間での競争が進展した。特に農山村では2,000kw以下の中小のプラントが急増し、FITで外部に販売するがけでなく、地域内での利用をたかめるマイクログリッドの利用も検討させるようになった（注22）。

　燃焼灰の数量50万トンだとして、数量的には臨海部の大規模プラントから

集荷するのが効率的であるが、地域再生への貢献という視点では、2,000kw未満の地域の未利用材の多い農山村のプラントからの燃焼灰の集荷が必要である。これまで多くのバオマスプラントの燃焼灰は土壌改良等での利用に限られ、産業廃棄物に近い扱いであった。

　農山村のバイオマスプラントの最小適性規模は、5,000kw程度とされ、採算性をとるには熱電併給システム（コージェネレーション）によって施設園芸や養殖等の熱利用によって時間をかけても所得形成につなげることを戦略としてきた。したがって、2,000kw以下の規模では、熱利用だけでなく、燃焼灰の活用でコストの増加分を相殺することが必要になる。それとは逆に、中国木材などの大手木材メーカーはプラントの規模の経済性が作用しやすく、またカスケード利用でバイオマスプラントを併設・統合する戦略をとりやすい。したがって、燃焼灰を活用して、あるいは南九州では鶏糞の燃焼灰を活用して肥料事業を統合する可能性もある。すでに中国木材のような大規模メーカーは宮崎県の日向地域で拠点をつくり、バイオマスプラントも燃焼灰を肥料としての利用価値を認識し、地域の肥料会社と提携して肥料生産に入っている。プラントによって水溶性カリや水溶性石灰の成分の変動が大きいことが、事業展開の制約条件となっている。また、バイオマスプラントには有害物質を含む建築廃材が含まれていることが多く、地域によって特殊肥料にするかの基準が異なっている。

　燃焼灰の肥料化の事業は、家畜糞と化成肥料との複合肥料化がこれまでのペレット化から進展してきたが、燃焼灰の利用については土壌改良資材としてよりも、肥料化によって付加価値がつき、また省力化もなされることになる。また、新たなイノベーションとしてリンやカリの回収によって液肥の開発が可能になれば、さらに高付加価値化が進展して施設園芸や露地の果樹・野菜での利用も広がることになる。すでにブロイラーでは南九州や北東北のインテグレーターが中規模なバイオマスプラントを設置し、FITでの売電と燃焼灰の販売による収入の拡大をはかってきた。木材では鶏糞よりもリンやカリの析出量が少ないとされるが、集荷圏の拡大や濃縮技術の改善によって

効率性が改善される可能性がある。

　JA系では片倉コープアグリとの資本提携によって戦略の共有化が進展していることや、複合肥料化のプロモーターである朝日アグリアとのJAの産地との開発が進展していることから、JAのBB肥料として、あるいは液肥の開発が進展することが期待される。すでに朝日アグリアはJAを中心とした複合飼料に燃焼灰を購入した製品開発に入っているが、肥料成として鶏糞や豚糞等と比較して価値が低い状態にある。

　キノコの菌床についても、長野県の中野地域のように大規模な生産法人が集積し、200億円程度の販売額のなると、菌床を土壌改良資材として活用するよりは、バイオマスによる発電への転換によって消化液・熱・燃焼灰の利用の可能性がある。単に肥料として活用するよりも、付加価値を高めることが可能である。

　以上のように、燃焼灰は木材、鶏糞、菌床などの原料とした資源循環によって熱電併給と肥料化によって付加価値の向上が期待されることになる。木材については大手木材メーカーや木質バイオマスエネルギー協会、鶏糞についてはインテグレーターがプレーヤーとしての役割を担いやすい。しかし、菌床については大手企業が分散的な工場立地をとっているため、もっとも集積が進展している中野地域では土壌改良資材としてよりもバイオマス発電によって発電ばかりでなく、消化液・熱・燃焼灰の利用を地域内で高める必要がある。地域の未利用資源の開発にはJA全農がコーディネーターとして地域の加工処理業者への連携を進めることから始めることになる。また、燃焼灰の製品化には肥料成分の安定化やパレット等での効率的な集荷システムが鶏糞・豚糞以上に大きな課題となってくる。

10.　結び

　肥料のイノベーションは労働集約的で高コストのV字理論稲作からの脱却として樹脂（コート）をつかった被覆肥料の開発から始まり、需要の縮小と

価格競争に直面してきた化成肥料メーカーにとって新製品開発による付加価値形成のチャンスであった。このイノベーションは、多くの製品の品揃えを必要とすること、また特にリニアタイプからジグモイドタイプへ、生育ステージにあった施肥設計が必要であり、開発能力のあるジェイカムアグリなどの数社に限定的であった。さらに被覆肥料の普及には特に稲作では省力化のために側条施肥などの機械化、さらには農薬会社との連携も必要になった。しかし、被覆肥料は製品のレベルが向上しても付加価値は1.5倍程度とされ、市場を細分化するだけの効果的な差別的優位性は形成されにくかった。

それに対して、地域資源をベースとした有機質肥料は大手の片倉チッカリンを除けば、地域資源と実需者をつなぐ小規模経営が多かったが、野菜や果樹では、収量だけでなく品質の向上が必要条件であり、土壌改良や土壌微生物の増殖のために有機質肥料の必要性が高かった。有機質肥料の開発はカス類等から液体を抽出したペーストや液肥から葉面散布や施設園芸の養液栽培に利用することで、効果的で計画的な施肥設計がしやすくなった。この養液の抽出の技術は下水汚泥肥料の製品開発にも活用され、安全性と肥効に効果が期待されている。

国産資源として家畜糞の活用で含水率は鶏糞－豚糞－牛糞と高くなって活用しにくいが、肥料法の改正によって牛糞のペレット化や混合堆肥複合肥料の製品化によって利用が拡大するようになった。運賃と含水率が集荷圏も販売圏を狭くしてきたが、集荷圏が100km、販売圏が数100kmまで拡大し、取引先のニーズあった製品開発がなされるようになった。この事業領域での主導的な企業は朝日アグリアであり、この有機肥料と同様にこの事業領域には、大手化成メーカーが参入しにくい領域であり、過当競争になりにくい技術と資源管理の障壁がある。

イノベーションの牽引するジェイカムアグリ、片倉コープアグリ、朝日アグリアともにJAとの取引が多く、開発が普及に繋ぎやすいという特徴がある。JAは土壌診断ばかりでなく、土地条件・地域にあった肥料と栽培歴の作成、効果的な施肥設計と営農指導事業という作業手順ができているので、企業が

連携するメリットは大きい。

　リンやカリはわが国では分野によって過剰施肥の段階にあるが、リンの鉱物資源の枯渇、中国、ロシア・ベラルーシの輸出制限によるリン酸・カリ肥料の価格の高騰への対応として、下水汚泥からの回収リンの活用、鶏糞の発電によるエネルギーの利用と燃焼灰の肥料としての活用、木質バイオマスの燃焼灰の活用など資源循環システムの構築のもとで、イノベーションの展開が期待される。また、収量と品質の向上、化学肥料の削減と省力化、環境保全に対応した肥効の高い施肥設計には点滴灌水技術の施設園芸・露地野菜・果樹・茶への普及拡大が必要になる。食品企業との提携で食品残材のアミノ酸・有機酸を含む発酵液の活用は、バイオスティミュラント資材としての評価もなされ、品質の向上や植物体としての耐性の向上にもなってくることが期待される。

　これまで化成肥料は肥料法の改正もあって、鶏糞・豚糞・牛糞を活用した複合肥料として肥料コストの削減と省力化を実需者・産地のニーズに対応したBB肥料としての開発が進展するようになった。家畜糞尿は、発電とハウス等での熱利用、燃焼灰の肥料利用、消化液の草地等への散布など、エネルギー・肥料・熱利用の３つの循環的利用を配慮する必要がある。果樹の剪定枝も木質バイオマスエネルギーの原料としての活用が進展してきたが、生産者段階での選定枝を炭にして、そこから焼き芋を生産し、さらに燃焼灰で堆肥を生産する取り組みがみられるようになった。

　下水汚泥からのリンの回収から製品開発までは自治体主導でプラットホームを設立し、生産者・消費者のイメージの払拭から始め、プレーヤー間の知識の集積と共有化、戦略の共有化、製品開発から普及までのシステム化への検討を進めることが必要になるであろう。

（補注）カスケード利用とは木材の品質でA製材、B合板、Cパルプ、Dバイオマス燃料の順に高価格から低級の木材を全体的に利用することであり、これまで利用しにくかったD材がバイオマス原料として活用することになった。肥

料でも魚のあら等の廃棄物はBHCを含んだ健康食品としての価値があり、ついで養殖用飼料としての価値が高く、魚粉も畜産飼料としての価値が高い。食品残渣でのビール・焼酎カスなど有機質肥料というよりは、液肥の原料となりやすく、高い付加価値製品の原料となりやすい。また、家畜糞や木質バイオマスの燃焼灰は最も安価な原料となるが、木質バイオマスの燃料は生成される絶対量が数なく、かつ肥効はかなり乏しいとされている。ただし、鶏糞（ブロイラー）や酪農の糞尿のバイオマス発電での利用は、FIT価格の水準が高めに設定されているため、収益的である。キノコの菌床の活用もバイオマス発電と肥料としての価値があるが、鶏糞が収益的である。

（引用文献）
（注1）菅野均志・西尾隆「樹脂系被覆肥料による革新的な施肥技術の開発と今後の展望―1．　樹脂系被覆肥料を活用した施肥技術の歩み」日本土壌肥料学会、2014.9
（注2）小林新「樹脂系被覆肥料に期待される新たな機能と施肥技術への展望」土肥誌85巻第6号2015.7
（注2）二見敬三（兵庫県中央農研）「暖地水稲の側条施肥とLP複合肥料」農業と化学、1987.11；上野正夫（1991）「土壌窒素と緩効性被覆肥料を利用した全量基肥施肥技術」土肥誌第62巻第6号；庄子貞雄「資材革命と農法革新」農業と科学、2000.1
（注3）佐藤健「苗まかせの開発の狙いと普及について」農業と科学、2013.1、ジェイカムアグリ
（注4）金田吉弘「肥効調節型肥料を用いた育苗箱全量施肥による水稲不耕起移植栽培」土肥誌　65　pp.385-391　1994；金田吉弘「肥効調節型肥料による施肥技術の新展開―不耕起移植栽培の育苗箱全量施肥技術」土肥誌第66巻第2号、1995
（注5）片倉コープアグリ（株）「100年史」2020；片倉チッカリン（株）「80年史」2000；片倉チッカリン（株）「60年史」1980；片倉コープアグリ（株）技術普及部技術資料「ソイルサプリエキス」2016
（注6）（株）マルタ「モグラ堆肥」（東海マルタ）
（注7）（注8）斎藤修「インテグレーションの新展開と統合化戦略」（『農商工連携の戦略』農文協、2011
（注9）斎藤修「十勝地域の食料産業クラスターとイノベーションをめぐる戦略と課題」（『食農と林業のバリューチェーン』2021）
（注10）薬師堂謙一「家禽排せつ物のエネルギー高度利用」畜産環境情報　第63号、2016
（注11）西尾道徳・環境保全型農業レポートNo. 117「鶏ふんのエネルギー利用と

リンの回収」2008. 12；小宮山鉄兵「リンを中心とした肥料成分の化学形態に基づく家畜排泄物の有効利用に関する研究」日本土壌肥料学雑誌第86巻第5号、2015)

(注12)　日高寛真「発酵産業におけるリン回収」生物工学第90号、2012

(注13)　古館裕樹「鶏糞を活用したバイオマス発電」十文字チキンカンパニー、2022.

(注14)　浅野智孝「肥料法改正と国内資源活用―肥料制度見直しによる新たな原料活用上の課題―」肥料時報（肥料経済研究所）、2022. 1；小林新「バイオマス肥料化の可能性と展望―朝日アグリア（株）における堆肥利活用の現状と課題」肥料時報（肥料経済研究所）、2022. 1

(注15)　加藤俊博「施設野菜の省力・環境保全的施肥管理」（安田環・越野正義『環境保全と新しい施肥技術』養賢堂、2001；農林水産省「施設野菜生産における施肥の現状と課題」2009)。

(注16)　田川不二夫「点滴潅水入門」ネタフィムジャパン、2024

(注17)　森永邦久・島崎昌彦ほか『マルドリ方式―その技術と利用』、2005；「全農式点滴潅水キット設置マニュアル」2017

(注18)　寺岡宏「神戸市下水道事業における汚泥肥料化の推進」農林水産省・下水汚泥資源の肥料利用シンポジウム資料、2023. 8

(注19)　斎藤貴視「岩見沢における下水汚泥の肥料利用の現状」2022

(注20)　山内正仁「下水汚泥と地域バイオマスから調整した肥料の取り組み事例と今後の展開」、矢部光保「大分県日田市におけるMAP混合液肥の製造と利用に関するモデル実証」農林水産省・下水汚泥資源の肥料利用シンポジウム資料、2023. 8

(注21)　竹内智「木質燃焼灰の肥料利用に向けた研究」肥料時報、2022. No.3

(注22)　斎藤修『食農と林業のバリューチェーン』2021、pp.269-277

第5章　農薬の産業組織と企業の経営戦略

1．はじめに

　農薬産業は産業組織論的には国際的な寡占が進展し、M&Aによって6社のグリーバル経営が成立した。また、遺伝子組み換え技術を駆使して種子部門を統合化した戦略がとられ、「食料・農業支配」のしばしばの批判をうけることになった。優れた有効成分をもった農薬は販売チャネルがあれば優れた国際商品としての価値を有して、1製品であっても大きな売上額を実現することになった。原体の有効成分は特許制度によって保護され、長期にわたって独占的な使用権が与えられるという知的財産権の1つであった。したがって、原体の開発は10年以上のかかり、かつ開発コストは100-300億という多額の投資額になり、製品化される確率は1万分から2万分1とされるので、参入障壁がかなり高くなる。にもかかわらず新製品の開発へのインセンティブが強いのは、国内にとどまらず、諸外国の市場のシェアを確保しやすいからである。特に、アメリカ・インド・ブラジルの市場規模と農業の拡大は魅力的であった。

　国際的な寡占的競争構造の性格から、企業の行動は相互依存的であり、競争と協調が特に国内ではみられる。大手企業は総合化学産業の担い手であり、シナジー効果の高い部門への事業拡大をはかるには、基幹となる収益部門への経営資源の集中を図るために、他部門の縮小や他企業への事業の移譲がなされやすい。構造的な不況業種となった肥料産業では、信越化学や三井東圧化学でも大きな成長には「足かせ」となり、他企業へ事業を譲渡したが、農薬産業でも武田薬品など同じ戦略がとらえた。

　住友化学などの企業によっては、グループとして農薬や肥料の資材から農業生産法人の育成など、生産者の営農支援を展開してきたが、顕著な成果が

実現できていない。それに対してJA系では、肥料と同様に年間の契約数量が確定すると工場段階からの計画生産がしやすくことや、肥料と農薬で栽培歴の作成がしやすく、技術をパッケージして指導しやすことの特異性がある。特に稲作では企業は販売チャネルの管理としてJAとの連携するケースが多いため、末端でのJA系のシェアは60％程度であり、肥料の70-80％に近い優位な地位にある。

　以下では農薬の産業組織の特異性を整理し、農薬のイノベーションや国際的展開について分析することにする。

2．課題の構図

　わが国の農薬産業についての経済的な分析は及川章夫、生井謙一郎、伊藤房雄、伊藤順一によってわずかになされるにすぎない（注1）。

　農薬産業の特異性として原体-製剤-販売のチェーンが特にわが国では早くから形成され、その要因の一つはドイツ・スイス・アメリカなどの寡占化が進展した諸国の企業と同様に、多くの特異な化学成分をもつ原体を保有したことである。この原体は国内で製剤化や販売とつなげるシステムになるが、他企業に製剤や販売を委託することによって製品ラインや市場の拡大になるため、委託生産や販売での提携をとることになる。パターンは、①原体-製剤-販売の統合化、②製剤を他社に委託し、委託先の企業が販売すること、③原体-製剤を統合化し、販売は他社に委託すること、という3つがある。確実に自社で独自性を持たせるには①のタイプであり、効率化と付加価値をつけやすい。しかし、短期的に新製品での市場を拡大するには、②や③が選択され、③は大手企業が指定されやすい。高い開発コストと登録までの開発期間を配慮すると、上市から販売額をできるだけ拡大する必要がある。②は中小の製剤メーカーが担う場合が多く、大きなプラントでの生産ができにくければ、多くの製剤メーカーを選択することになる。

　また、優れたわが国の原体は輸出され、外国で委託生産の方式をとるケー

図-5-1　我が国農薬の流通システム

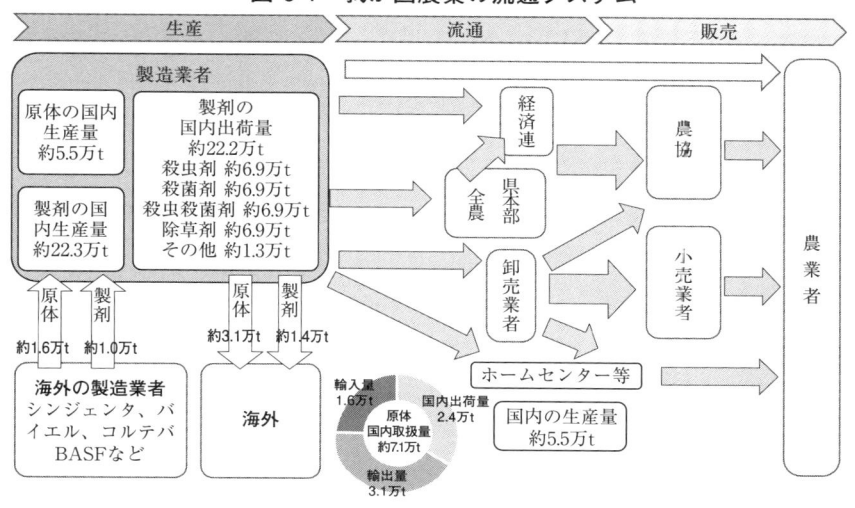

（資料）農林水産省「農薬をめぐる情勢」2023

図-5-2　原体メーカーと製剤メーカーの関係

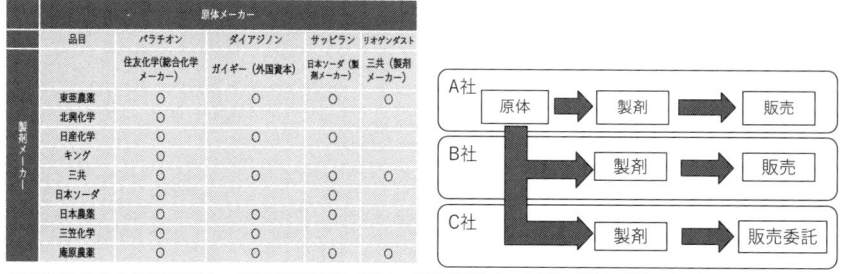

（資料）及川章夫「農薬市場」（農村市場研究会『日本の農村市場』）に原体−製剤−販売の関係を類型化

スが多くなり、国際的な展開をとりやすくなる。また、国際市場でシェアを
短期的に拡大するには現地の卸売業者（デストリビューター）や国際寡占の
トップ企業と販売面で提携し、さらに国際地域で資本出資の関連会社や子会
社を設立することが必要になった。

　特に、ヨーロッパやアメリカでは農薬登録を取得するにはハードルが高い
ことや、わが国では稲作を対象にした殺虫剤・殺菌剤・除草剤であることか

171

ら、小麦・綿・トウモロコシ等の作物への参入が遅れた。しかし、アジア特に韓国・台湾への市場の拡大はさらに中国・ベトナム等へと拡大し、最終的には大きな市場としてインドやブラジルへの拠点づくりが最大の戦略となり、現地法人の設立が必要条件となった。インドでは現地法人の設立が農薬登録の必要条件とされた。販売額の向上のためには、新製品の拡大だけでなく、殺虫剤・殺菌剤・除草剤のラインアップが必要であり、ついで自社製品のウェイトを高めることが戦略となる。企業規模が小さくなると工場のラインの確保が限界になりやすく、委託生産の方式がとられるので、十分な収益性の確保がしにくくなる。

　農薬の新規開発への投資額は安全性の確保のため厳格になり、多くの試験成果が必要になったこともあって、原体をミックスして混合剤を開発することが、差別性を確保し、またコストを節約することになった。また、農薬産業は原体から新製品の開発までに、多くの有機中間体が介在し、この有機中間体の確保をするには、自社だけでは限界があり、したがって他社から調達することが必要になるため、連携した製品開発になりやすい。つまり、農薬産業では、寡占的な差別化競争も内在するが、企業間での協調によって企業間関係が成立しているといえる。企業によっては有機中間体を作成し、販売することも連携を強化し、販売額の拡大になる。

　以上のように農薬産業の産業組織は、中間財が介在しており、競争と協調の関係が内在し、他方では開発競争と製品のライフサイクルによっては価格競争が深刻である。多くの企業は新製品による市場の特定製品の売上額は100億円から200億円に達し、2－3品目で売上額の半分近くに達することもある。しかし、このようなヒット商品が出現しないで、既存の製品の価格競争が深化することになると、売上額が減少して企業の収益性は悪化しやすくなる。この価格競争は著しく開発コストの低いジェネリックとの競争によって発生しやすく、特にわが国よりも、中国・インド・ブラジルなどの購買力の低い農業生産者の多い国際地域では決定的である。わが国では原体の規格がヨーロッパとは異なり、成分の内容がオープンになっていないこと、また

図-5-3　農薬メーカーのM&A

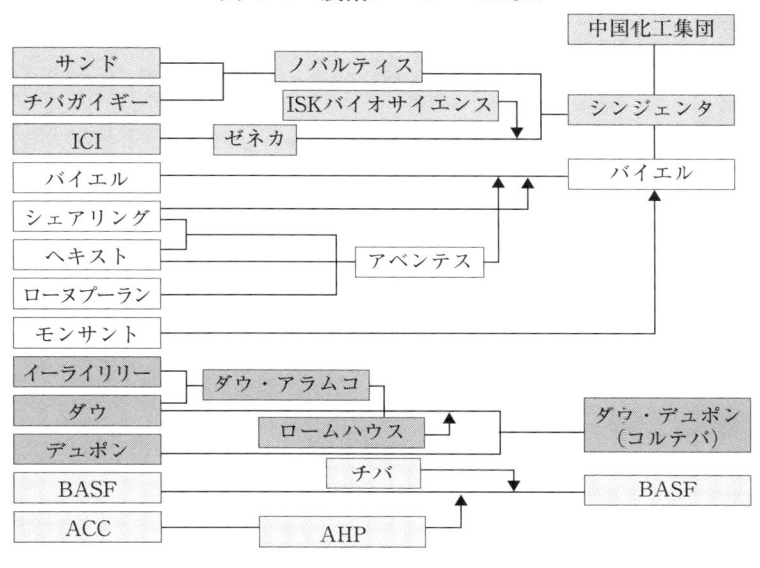

（資料）西本麗「農薬産業の世界的動向」日本農薬学会誌による。

業界の合意がとりにくいことなどから、世界的にはジェネリックの普及割合は65％であるのに、５％にすぎず、かつ大きな価格低下は期待できない状態にある。わが国の国際的市場における農薬の市場地位が低下し、国際市場で競争できる企業は住友化学、日産化学、クミアイ化学などの３－４社に限定された。まだ国内市場を中心に薬剤メーカーとして存続する企業の競争力の減退することになり、販売事業での存続を図るようになった。さらに、わが国の需要の拡大期に参入したシンジェンタやバイエルクロップサイエンスなどの外資系企業では、国内では卸売段階を排除した直売に転換して価格競争に耐えられる流通システムに転換するようになった。

　国際的にはバイエル（モンサントを合併）、シンジェンタ、コルテバ（デュポンのダウを合併）はM&Aによって成長し、特にシンジェンタは中国化工（ケムチャイナ）と合併することによって競争力を拡大し、また開発した農

薬の効果を向上させるために遺伝子組み換えした新品種の開発によって、農薬の需要の減少への対応や収量の向上をはかろうとした。それに対して、種子ビジネスでもコーティング事業に参入したのは住友化学にとどまっている。

3. 農薬の産業組織と企業行動の特異性

農薬産業は国際的にも、またわが国での寡占化が進展し、多くの経営がグローバルな経営戦略をとってきた。特に製品開発には100－300億円といわれる研究開発投資が必要であり、この研究開発投資は有効成分をもつ原体の開発から入るが、投資に見合った確実な製品開発に成功するにはリスクが大きい。わが国の農薬はアジアモンスーン気候の下で、稲作での収量拡大に対応して、病虫害の多発を予防する社会的役割が大きく、殺虫剤・殺菌剤などの開発が早くから進展した。農薬の初期の代表的製品は、害虫対策として「ニカメイガ」にはDDT、BHC、パラチオン剤、また病害対策として「いもち病」では有機水銀剤等が利用され、急性毒性や残留性が問題となるようになった。また、野菜では、土壌線虫の対策として土壌消毒剤によって連作障害を回避しようとしたが、土壌微生物の減退になりやすかった。そのため1970年に入ると作物や土壌の残留性、水質汚染については使用制限がなされ、農薬取締法の改正になった（注2）。

このことから、アメリカ・ドイツなどの世界的な企業と競争できる研究開発が持つことができた。2018－2019年における世界的企業はバイエル、シンジェンタ、コルテバ、BASFなどで、それぞれ上市・開発製品は73、62、62、38であるのに対して、住友化学35、日本農薬14、クミアイ化学14、石原産業12であり、住友化学はBASFの売上額で3分1程度であることから、製品開発の能力は高い水準にあった。他の企業もシンジェンタの20分1の売上額で、13－14の上市・開発製品をだしていることから、企業規模が小さいにも関わらず、製品開発の能力が高いことが推測される（注3）。

また、ヒット商品はJAの栽培歴や営農指導によって産地に普及し、稲作

図-5-4　我が国農薬企業の開発能力

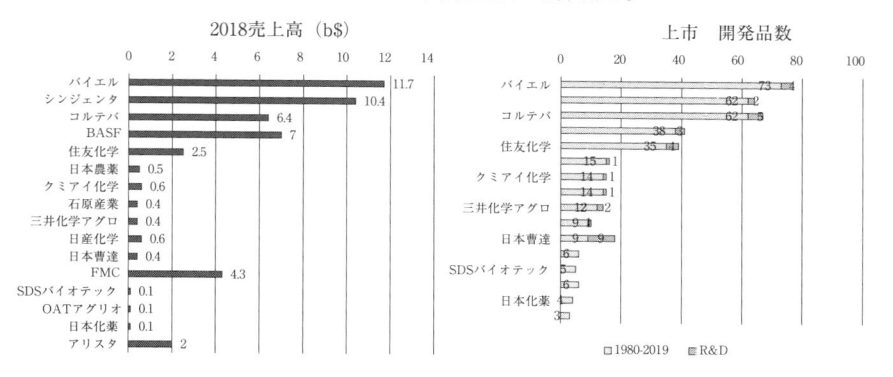

（資料）廣岡卓「農薬産業のイノベーション」JEIT. vol.68, no.5による

面積の20−30％に達するケースもあり、特に除草剤は機械化や農薬の製品形態によって省力化に結びついたので、インパクトが大きかった。JA系はクミアイ化学工業を拠点に営農指導事業と結びついたので、末端での系統のシェアは60％程度を維持してきた。住友化学などのメーカーは早期に国際市場での販売を想定し、130億円をこえる製品が出現し、アメリカ・ブラジル・インドでの販売は畑作や綿花を対象とした製品開発であり、地域に販売の拠点を置き、さらに生産拠点を統合するようになった。わが国の農薬の市場規模は4,000億円程度であるので130億円は３％に達する。このようにわが国の農薬メーカーは、高い製品開発の能力とグローバルゼーションへの対応が早く、主要な企業は２分１以上が輸出であり、70％を超える企業もみられ、また製剤の輸出よりも原体の輸出が中心になって高い国際競争力を実現してきた。

　農薬産業の特質の１つは、原体−製剤の２つの段階があり、原体メーカーは大規模で多くが総合化学メーカーとして成長してきたのに対して、製剤メーカーは小規模生産であった。原体の工場規模は50−60億円の投資額になり、研究開発投資のできないメーカーは製剤メーカーに留まることになった。他方で、原体メーカーは製剤生産を統合化して付加価値をつける行動がわが

国では一般的とされるが、新製品を市場に投入して早期に売上額を拡大するには、多くの製剤メーカーに原体を販売する手法がとられ、それぞれの製剤メーカーは自社で販売することになる。例外的には他社に委託販売をする場合もある。このような展開は海外市場でも同様であり、製剤を生産・販売するよりも原体製造の拠点を整備し、原体－製剤－販売のシステムを統合化する戦略がとられやすかった。しかし、初期段階では外国企業との提携から資本出資して、最終的に子会社化するケースが多く、バリューチェーンの構築が課題であった。特にインドやブラジルなどの新興の農業国では、農薬や肥料の関連産業が成長しておらず、他方で安価な価格設定するには、効率的なサプライチェーンの形成が必要になった。

　第2の特異性は、総合化学企業としての多角化戦略である。多くの農薬生産は肥料生産、染め物生産などの事業をもち、農薬の国内需要の拡大が限界になると、海外市場の開拓とファインケミカルや石油化学、さらに液晶などの半導体まで事業拡大を展開した。中堅の北興化学では農薬とファインケミカルの2部門構成であったが、住友化学では、4事業部門から6事業部門をもち、特に石油化学の売上額を拡大することで全体の売上額を拡大した。農薬やファインケミカルは高付加価値の製品が多く、収益性の向上に貢献したが、石油化学は原料の価格変動のリスクが大きいという特徴があった。また、肥料や染め物などの事業分野は、早い段階で縮小してきた。

　第3の特異性は、企業の成長戦略であり、「選択と集中」によって経営資源の効率的な投入には、安定的に収益性を確保しにくい事業部門を縮小し、他社に経営譲渡することによって柱となる基幹部門に経営資源を投入することになる。かつて武田薬品は医療品部門への経営資源の住友化学に農薬部門を譲渡した。三共・塩野義・中外などの企業も他社に農薬部門を譲渡した。このような経営譲渡は、譲渡された企業の成長を加速することにした。また、企業間の提携によって相互に成長しようとする企業が多いのも特徴的である。これは、技術革新のスピードが速く、連携することによってリスクを軽減し、利益をシェアする傾向があるためである。つまり「競争と協調」が業界内で

作用しやすかった。

　第 4 の特異性として、原体の開発から始まる製品開発は、ビジネスモデルとしては、製造 – 販売 – 研究の一体化が志向されるが、統合化には投資額や研究レベルの向上が必要である。さらに開発から登録、販売までの確実性の高い「パイプライン」を構築する必要がある。農薬は安全性のレベルが向上し、登録までに多くの試験が課せられ、「上市」して販売するまでの、期間は1995年に 8 年程度であった。しかし、2010 – 15年には11年を超えるようになり、開発コストは 2 倍近くまで上昇するようになった。このことから、安価な農薬の開発の必要性が高まり、登録の期限切れの農薬や「ジェネリック」農薬の市場が拡大するようになった。特定の原体にとどまらず、他の原体との「混合剤」によって製品系列を増加させ、ライフサイクルを長期化する努力もなされてきた。「ジェネリック」農薬は開発期間が 2 – 3 年、投資額が数億円ともいわれ、世界的に60％をこえたとされており、わが国でも増大をみている。このような価格競争に対して、新たにバリューチェーンを構築するには、種子市場の統合化が戦略になり、ヨーロッパのシンジェンタをはじめとするグローバルな企業の 6 社は、遺伝子組み換え技術を駆使して開発した農薬の効果を持続的にする戦略を共通して構築した。わが国では住友化学がコーティングによる種子処理や作物の収量の改善や作業の省力化にチェーンの効果を引き出す戦略をとっている。

　農薬の登録までの試験は、安全性や毒性試験から生体内運動毒性試験や水産・有用生物影響試験などの項目が増加することによって、大規模な研究機関で分担することで効率性を追求することができた。小規模な研究施設では、製剤研究や特許申請を同時に展開しようとすると、施設と人材育成が制約条件となりやすかった。また、試験圃場の設置が必要になり、研究所の機能の充実が図られた。

　第 5 の特異性として製品開発の序列がある。多くの農薬メーカーは殺虫剤→殺菌剤→除草剤の順序で開発が進展し、世界的に市場規模の大きな除草剤を主たる製品とする戦略がとられる。しかし、企業規模がやや小さいながら

開発力の旺盛な石原産業では、除草剤から入って殺虫剤と殺菌剤の開発へとつないだ。販売拠点を構築するには自社製品としてそれぞれの品揃えは必要であり、また他社への依存度を少なくすることで流通コストを削減することが必要になる。また、住友化学は早くから国際市場を対象にして差別化したこともあって殺虫剤への依存が高くなる。多くの農薬メーカーは天敵農薬や植物調整剤、さらにバイオステミュラント資材への関心も高いが、大きな事業として成長を遂げていない。

　わが国でもシンジェンタやバイエルクロップサイエンスが2020年で国内それぞれ８％のシェアであるのに対し、日産化学11％、住友化学８％で外資の２社同じシェアであり、クミアイ化学工業６％、北興化学６％、三井化学アグロ５％、日本農薬５％、外資系のBASFジャパン４％、日本曹達４％と、外資系はわが国では農薬市場の縮小ともに魅力的ではなくなっている。日産化学は輸出よりも国内市場でのシェアの拡大を目標としてきたのに対して、住友化学は国際市場への対応が早く、またクミアイ化学工業は国内市場でのJA・生産者とのサプライチェーンの構築が優先されたため、さらに遅れた対応になった。クミアイ化学工業はJA系であることから、非農地用のゴルフ場への除草剤の開発への拡大をはかったものの、多くの総合化学企業のようにファインケミカル事業に高収益が予想されても参入しなかった。北興化学工業のように規模が小さくなると、シナジーがあって多くの事業領域に多角化することは、設備の更新への事業投資が高額になり、このことが事業拡大の制約条件となる。わが国の農薬企業はすでに指摘したように、研究開発能力が世界的も高いが、売上額で開発投資率は世界的な企業では７−10％に達し、住友化学も10％近くになる。しかし、売上規模が小さくなると、例えば最近グローバル化で成長したクミアイ化学工業は研究開発投資でかつての20−25億円を超えて売上額が1,000億円に達して、50億円に拡大し、その比率は５％程度まで向上した。売上額が400億円程度であれば、研究開発投資で研究施設や生産ラインの増設が制約されるようになる。以上から研究開発投資には規模の経済性が作用しやすくなり、製品開発能力、さらには新農薬

の登録数に影響することになる（注 4 ）。

　このような投資の制約条件を緩和するには、企業間の提携で経営資源を相互で調整しながら、成長するために業務提携や包括的な提携を組むことになる。

4 ．農薬のイノベーションと企業の経営戦略（注 5 ）

（1）イノベーションの特異性

　2004 − 14年に世界で開発された105の新規化合物の36％は日本企業によるものであり、海外大手の33％を上回ったとされ、原体の開発が進展し、また製品形態も粉剤・粒剤・乳液剤・水和剤を使い分けて普及させた。

　世界的に殺虫剤や殺菌剤についで除草剤の市場が拡大し、殺虫剤も家庭用の蚊・ゴキブリ・ダニに利用されるので、市場規模は拡大することになった。特に水稲は肥料の施用技術と類似し、育苗箱処理剤の播種同時施薬が「一発剤」として普及した。このメリットは作業効率だけでなく、株元に均一に施用できること、育苗中の細菌の除去、本圃までの効果の実現などの効果があった。また、薬剤抵抗性が特定薬剤の継続的投与によって発生するようになり、ローテーション防除によって回避し、またドリップの問題は薬品の製品形態や施用技術をかえることで対応することになった。さらに天敵農薬・微生物の開発も課題となった。

　農薬はプラントプロテクションとして概念が広くなったのは、「化学肥料と化学農薬の使用量の削減と、気候変動による植物へのストレス耐性付与」や「病害・病気・雑草などの生物的ストレスに対して、植物が本来もっている植物の健全性・収量・品質のポテンシャルを引き出しこと」が課題になったからである。特にバイオスティミュラント資材として腐植物質・海藻抽出物・アミノ酸・微生物などが注目され、農薬使用量の削減が課題となってきた。しかし、このバイオスティミュラント資材は、地域・作物によって経験的には成果をあげているとされているケースは多いが、と嚴密な実験データ

による検証がなされていない。農薬取締法、肥料取締法や地力増進法の対象にはなっておらず、新たな制度設計が必要とされるものの、100億円から200億円の市場規模が想定される。

（2）農薬のイノベーションと企業の経営戦略の特異性

　農薬のイノベーションの展開を会社史やヒヤリング等から整理し、企業の経営戦略とリンクすると以下のようになる。稲作の新品種の増収と多肥化は病虫害の多発を促進したことが、農薬市場の拡大になり、肥料市場よりも農薬市場の拡大が期待された。住友化学ではドイツのバイエル社等の外国企業が参入し、わが国の企業の技術提携によって工場への共同投資によって技術移転が進展した。大きな転換は1960−70年代の水銀系農薬であるパラチオン剤・TEPP剤、さらにBHC・DDTの生産停止をうけてJA系では殺虫剤「アソジン」、殺菌剤「キタジン」を独自に開発し、除草剤の「サターン」の開発がなされ、1年目で水稲面積の9.5％まで拡大して、国内水田の60％まで普及し、74年127億円にまで成長したことである。この3つの非水銀系の農薬がヒット商品となり、クミアイ化学工業の成長の原動力となった。

　次の転換は稲作の減反であり、転作物の大豆・麦・飼料作物への農薬の施用量は増加したものの、稲作への施用量は大きな減少となった。新たな農薬として省力的な一発処理除草剤が住友化学でも開発され、JA系との競争になり、全農のシェアは30％に達した。北興化学工業では「PSP204」や「カスミン」が開発され、「カスミン」は低毒性農薬でいもち病の防除剤としての評価が高く、その後世界の40カ国に輸出された。住友化学は有機リン系で低い毒性の殺虫剤の「スミチオン」を開発し、50カ国で販売された。住友化学は早期にグローバリゼーションに対応し、「スミサイジン」は海外で販売する戦略であった。1960−70年代に主な農薬メーカーは、殺虫剤・殺菌剤・除草剤の主力製品を開発し、世界市場での販売拡大を戦略としてきた。また、作業の省力化や薬剤の効果を持続するため、錠剤・粉剤・乳剤・水和剤と製品群を拡大して普及を促進し、あるいは混合剤として新規の製品を開発した。

　また、工場のラインも包装の自動化やロボットの導入によって省力化が進展した。クミアイ化学工業では、粒剤や油剤などの物量の多い製品は、原料調達のコストを節約するために地方分散型へ、水和剤・乳剤は集中生産型に工場のタイプを区分した展開をとった。

　農薬の開発は性能の向上として病虫害の発生に対応するのではなく、予防剤として高性能で長期持続型の開発が一般的になり、粉剤や粒剤の形態から農作物の栽培初期から施用する育苗箱や種子予防剤が利用されるようになった。除草剤は初期中期一発処理の除草剤は省力効果があって誓及しやすかった。また、除草剤は水田用から畑作用まで拡大し、海外での需要に対応することになったが、水田稲作でも乾田直播が支配的なアメリカやブラジルでは、乾田直播に対応した施用技術が必要であった。このような展開はJA系で本格的に展開されたが、北興化学でも除草剤の「田植同時処理」で水稲の30万haを目標として拡大し、直播栽培にも対応してきた。

　また、住友化学では、水田本田処理用殺菌剤で予防効果と一回で防除できる錠剤「リンバー」を開発し、散布作業の軽労働化、省力化を実現した。さらにイネ紋枯病に育苗箱処理の粒剤の登録を実現した。ついで「デラウス」は育苗箱処理の薬剤で、36億円まで拡大し、育苗箱処理の機械メーカーと連携して機械化体系の生産システムに組み込まれた。この「デラウス」は苗を本田に移植した後も効果が持続しやすい製品であった。住友化学は本田での茎葉処理用の製剤、殺虫剤と混合した製剤なども同時に開発し、製品ラインを拡大して、売上額をさらに拡大した。

　JA系では、防除の負担が軽減されると薬剤のドリフトや散布者への付着を回避するため「豆つぶ剤」の開発が進展し、水田に入ることなく、散布しやすい製剤に転換した。これまで、散布の手法は、これまで動力噴霧器、無人ヘリコプター、手まき、製品袋からの直接散布であったが、この「豆つぶ剤」は軽量化して畦畔からの散布距離を広げ、また軽量化したことでドローンでも使いやすくなった。

　国内では殺虫剤・殺菌剤・除草剤の開発で製品のラインアップが進展し、

さらに普及性と機能性を高めることによって売上額を拡大した。製品の性能の向上だけでなく、省力化や機械化との連動が必要になってきた。製品によっては除草剤・殺菌剤・殺虫剤との混合剤もみられ、総合的な製品開発で製品形態の開発や軽量化が志向されるようになった。

　農薬登録を北興化学のケースから時系列に分析すると、1960年代後半から70年代後半にかけて40−50件であったが、80年代では10−20件に減少し、2000年代には10件程度に減少することになる。多様な製品形態をとってラインアップしてきたが、ヒット商品が少なくなり、ライフサイクルを長期化することになってきた。他方で、登録から廃止までの期間をみると、1955年で26件、15.9年、1965年で12.7年、1975年で12件、14.2年、1985年で23件、12.7年、1995年で22件、12.6年と短縮化の傾向がある。かつては20−30年の製品寿命をもつ製品が多かった。この北興化学は400億円のコンスタントな販売額を実現し、クミアイ化学工場と同じ規模の企業であり、縮小する国内市場を中心とした経営戦略の限界を感じさせた。

　2000年代に入ると、薬剤抵抗性や化学合成農薬による土壌や水質の汚染等で環境保全型農業に対応した総合的な防除体系（IPM）の必要性が高まり、天敵農薬や微生物農薬などの生物農薬の期待が高まった。住友化学では1990年代から取り組み、昆虫利用の天敵農薬として国産初のヒメハナカメムシ類の大量飼育法−製剤−品質管理を統合した「オリスター」を開発した。また、微生物農薬は防除しにくいとされる病虫害の殺虫効果があり、粒剤やフロアブル剤の製品形態で開発し、自社だけでなく、他社の販売チャネルを活用して販売を拡大した。これらの製品は除草剤の製品開発とことなり、施用する対象や用途が限定的であるため、販売額の拡大は期待されるほど大きくなく、IPM資材としてのラインアップに貢献した。まず「プレオ」を開発して基幹剤として、野菜や綿花などで海外展開を展開した。ラインアップのために天敵農薬「ミドリヒメ」と微生物農薬「ゴッツA」を他企業と連携して開発−製造した。しかし、住友化学ではハダニ類を中心にしてEU・中国・ブラジル等で登録をとり、世界市場を対象とした販売を展開することで目的を達成

図-5-5　北興化学工業の農薬の開発

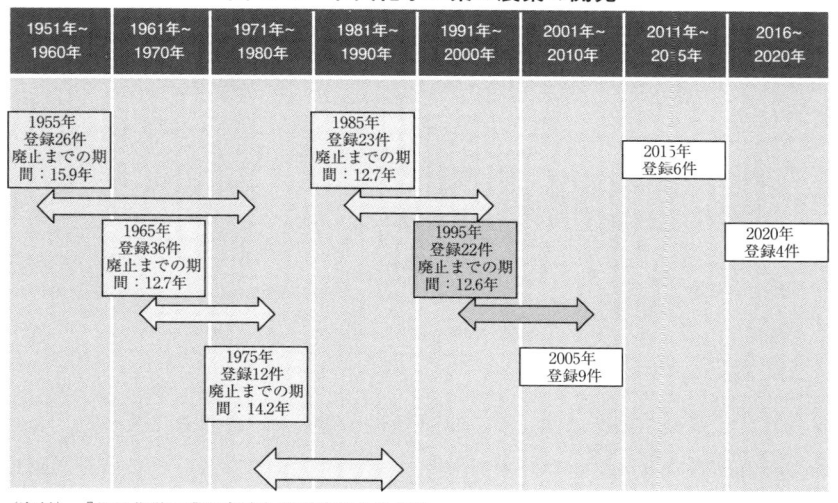

（資料）　『北興化学工業70年史』経営資料より作成

しやすくなった。さらにファインケミカルなど医薬品の開発を展開してきた
こともあって、ゲノム編集の技術を活用して開発のスピードを速めることが
可能であった。

　JA系も1990年代から環境保全型の拡大に対応して、合成化学農薬に対し
て薬剤抵抗性のある害虫に対して昆虫・線虫・菌類まで含めた生物農薬の開
発に入った。特に微生物の「トルコデルマ」を活用した「エコホープ」は異
なる病害についての防除効果があり、また安全性も高かったので、特別栽培
や減農薬栽培に対応した新たな農業資材としての役割が期待された。また、
「エコホープ」は液肥としてIPMとして栽培歴にも盛り込まれて7万6,000ha
まで普及し、さらに野菜・果樹では「エコショット」は安全性が高いだけで
なく、顆粒水和剤であるため取扱いしやすい特徴があり、普及しやすかった。
このシリーズは海外販売ではアメリカの企業とライセンス・商品化契約を取
り交わして、2017年までにアメリカ・ブラジル・ニュージーランドなどに14
カ国で登録を拡大した。また、ポジテブリスト制度の導入にたいしてすでに

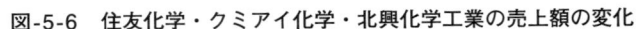

図-5-6　住友化学・クミアイ化学・北興化学工業の売上額の変化

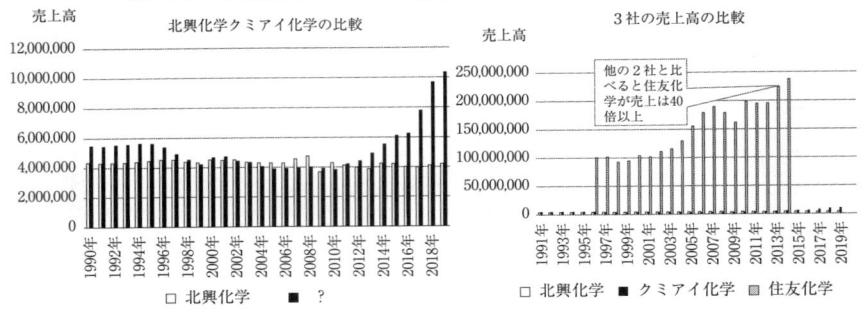

（資料）住友化学・クミアイ化学・北興化学工業の会社史より作成

　開発した「豆つぶ剤」に加えて、低飛散性の微粒剤Fの開発に入った。このような製品開発は「エコシリーズ」や「グリーンシリーズ」として製品のラインアップが可能になり、IPMと繋ぐことによって普及を拡大することになり、さらに海外市場の開発と結び付くようになった。

　その後、クミアイ化学工業とイハラケミカル工業は、原体と製剤の分離によって効率的なして開発事業を展開してきたが、両者は2016年に統合して研究開発−原体−製剤−販売のバリューチェーンを構築することになった。また、殺虫剤・殺菌剤・除草剤に加えて市場規模の拡大は小さかったが、微生物農薬が位置づくことになった。

　中堅の日本曹達の微生物農薬の開発は、納豆菌・枯草品等に着目して糸状菌の発生抑制に着手し、有効成分である菌株が作物の表面を覆って病原菌と競合し、その栄養と生息場所を奪うことで、効果が発現する「アグロケア」が代表的であった。しかし、施用対象が茶等に限定され、その後の一連の製品開発にまでラインアップすることができなかった。これは研究所のスタッフが不足し、大きなプロジェクト研究ができなかったと推測できる。規模が小さく、ファインケミカル事業に重点を移した北興化学では微生物農薬の本格的な取組には至らなかった。生物農薬は環境保全型農業への貢献は大きかったが、特別栽培や減農薬栽培につながっても有機質肥料と異なり、付加

価値形成にはそれほど関与することがなかった。

　同じ中堅企業の石原産業は酸化チタンと農薬の 2 部門の編成の経営展開を遂げ、新規農薬の「パムコム」はイネ科雑草と広葉雑草の両方にあるところから、販売額が拡大した。その後も X-52、「水稲一発処理剤」「トウモロコシ除草剤」「茎葉処理型除草剤」へと新製品の開発を進め、面積当たり低薬量、作業効率化、作物の対象拡大を展開し、これに加えて殺虫剤、さらに殺菌剤へと製品のラインアップを拡大した。このことで、JA の系統販売と商系販売の 2 つのチャネルへの交渉力をつよめることになり、わが国でも改正農薬取締法の改正など安全性の基準が向上し、開発においても外国企業（イギリスの CCI 社、スイスのチバガンギー社）と提携し、年間 500 億円に達した。また、国際地域ごとに子会社による販売組織を確立し、特に韓国では大手メーカーと主力品目の提携や中国での子会社の設立によって 2012 年には 1,004 億円を突破し、原体－薬剤－販売のシステムの優位性を維持してきた中堅企業としての成長してきた。石原産業の課題は、①大型投資で工場を建設するよりも、研究開発のための研究所の合併、販売会社の設立や大手メーカーとの連携を選択したため、国際地域での原体の段階からの統合化が遅れることになったこと、②有機中間体の販売の減少、インドやブラジルでの販売額の限界、ジェネリック農薬の拡大の制約などで、成長が制約されることになった。また、③開発に力点を置き大手企業との連携や委託生産の方式をとってきたが、統合化で効率化を選択することになり、投資が増大することになった。開発をめぐる競争は、しばしば海外では農薬登録をめぐり特許係争にまでなった。

　以上のようにシンジェンタ、バイエル、BASF、モンサント、ジュポン、DOW の 6 社で 85％のシェアといわれるトップグループに住友化学や日産化学が続いてトップグループを形成するのに対して、クミアイ化学、石原産業は 1,000 億円を超える中堅企業として存続することになった。ファインケミカルも加えて 400 億円の北興化学では、原体からのバリューチェーンの形成が制約され、販売での事業拡大を戦略とするようになった。また、日本曹達

185

は国際的な農薬でのサプライチェーンの形成が遅れ、ファインケミカルの事業拡大を戦略とした。

（3）バイオスティミュラント資材への関心

　和田哲夫によれば、近年 バイオスティミュラントが脚光を浴びたのは、EU では化学農薬削減政策のため、使用できる農薬の種類が減少し、他の手段による食料生産増大、増収の必要性が発生したことである。また、他方では植物科学の発展により、植物体内、根圏などにおける物質、微生物などの動態と、それらの作用が解明されることになり、科学的に バイオスティミュラントの効能、品質向上、増収などを説明できるようになってきたことである（注6）。また、革新的な作物保護技術（クロッププロテクション）は化学肥料と化学農薬の削減や気候変動による植物へのストレス耐性を付与する技術であり、健全さ・収量・品質の向上へ寄与することを目的としている。この技術がバイオスティミュラントであり、これまでも①腐敗物質－フミン酸・フルボ酸、②海藻抽出多糖類、③アミノ酸ペプチド、④ミネラル、⑤微生物がある。アリスタライフサイエンスによれば、その構成比は①が20％、②が35％、③アミノ酸30％であり、これまでも③は果樹では品質向上になることが経験的に知られており、②も光合成を促進することがしられ、片倉コープアグリでは焼酎の発酵液を抽出してバイオスティミュラント資材として販売している。鳴坂真理によれば「バイオスティミュラントは病原体を標的とする殺菌性の農薬とは異なり、さまざまな病原体に対する広範な防除作用をもつ」となれ、エノキダケの石づき部分、ショウガの葉、竹林のエキスは植物ウイルス、糸状菌などに防除効果がみられる。細菌病やウイルス病に有効な農薬がないことやマイナークロップでの使用できる登録農薬が限られていることからバイオスティミュラント資材は有効であるとする（注7）。しかし、バイオスティミュラント資材は多種多様すぎること、科学的検証に多くの時間と実験コストを必要とすること、法的整備がなされるかどうかわからないこと、など不確実性が高く、液肥肥料として登録することになりや

図-5-7　農薬研究開発投資の増大

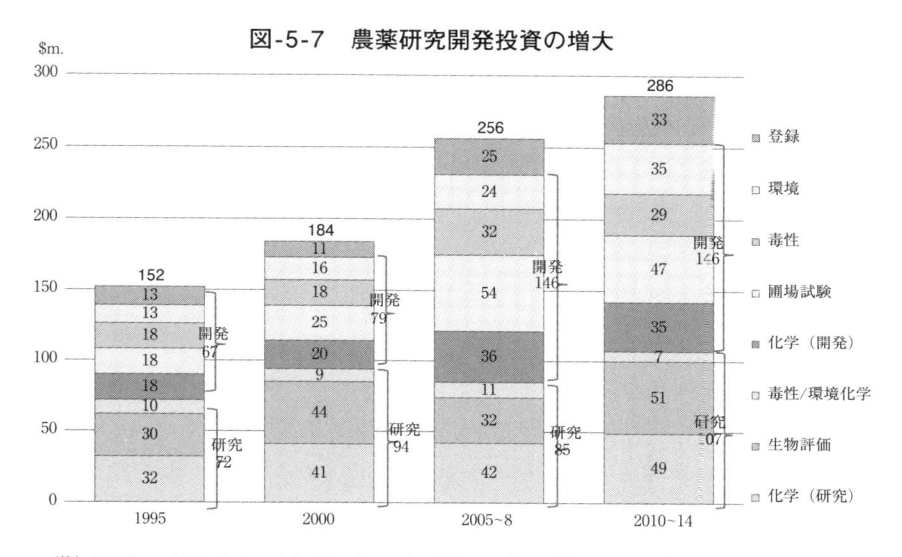

（注）P.NcDougal,"Evolution of the Crop Protection Industry since 1960" 2018、による。

図-5-8　農薬企業の研究開発投資

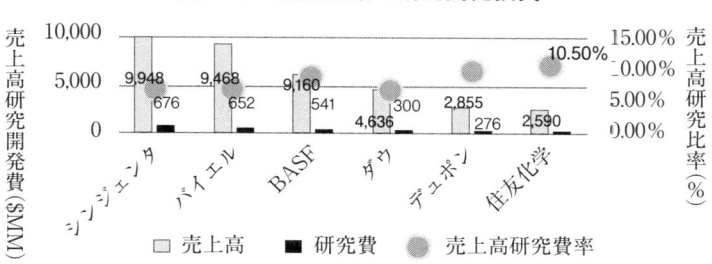

（資料）西本麗「健康・農業関連事業部門の事業戦略—アグリ・生活環境事業の成長戦略」2018による。

　すいであろう。

　住友化学は2000年代にはいって微生物農薬や植物生長調整剤などを広く「バイオラショナル」として概念化した。この世界市場が化学農薬成長率約２％に対して10-15％の成長率で1,500〜2,000億円を想定した開発に入り、次世代雑草防除体系の確立を耐性作物の開発や大手メーカー Bayerの提携に

よって展開している。開発期間・開発コストの削減のためにポートホォーリオの強化を図り、10-15年の開発を必要とした従来育種法から3-5年のDNAマーカー育種法に転換した。また、バイオラショナルの具体的な事業展開は、2000年アボット・ラボラトリーズ社から生物農薬事業の買収（生物農薬・植物生長調整剤）、2014年微生物農薬原体の製造工場の稼働開始、2015年根圏微生物資材の買収、2017年協和発酵バイオから事業買収（植物生長調整剤）、BRA社（ボタニカル殺虫剤）の事業買収というように短期的な成長をとげ、その後の世界市場でのラインアップのための戦略を構築した（注8）。また研究開発投資は1995年から2010年の14年間で2倍近くも上昇したとされ、住友化学もシンジェンタやバイエルなどの世界企業と同水準の開発投資に入り、研究費の売上額に占める割合は10％にまで拡大することになった。

　わが国で生物農薬の利用が、薬剤抵抗性、マイナークロップ、収穫直前で化学農薬がない場合などに限定されているため、1％程度にとどまっている。この市場を拡大するには、雑草防除を含むIPM防除プラグラムや生物農薬と化学農薬の製品群をそろえて、作物・作型別の精密な防除プログラムが必要になる（注9）。

　これまでの農薬の開発は原体から製剤までの開発投資の多投化や登録までの長期化、さらに開発に成功する確率が低く、リスクが多いことは、計画的なパイプラインの確立の制約要因が多くなったことである。そのため、混合剤による製品寿命の拡大やオフラインを活用した開発が必要になり、さらにジェネリックの拡大になると価格競争が深化するようになった。バイオスティミュラント資材も食品残渣や未利用資源の開発で農薬登録をしないとすると、登録コストの削減が、規模の経済性が実現できなくても期待できる。

　将来的には、下水汚泥等の循環リンやカリに微量要素としてバイオスティミュラント資材を加えて、液肥として活用することが有効であろう。特に食品廃棄物からの発酵菌の活用は廃棄物を出す企業との連携が必要であり、相互で新製品を開発するスタンスが必要である。

（4）　グローバリゼーションと統合化の進展

　わが国の農薬メーカーが国際的な高い評価されたのは、開発能力だけでなく、初期段階から海外との販売チャネルの形成に注力したからである。アジアに共通する稲作技術の延長での農薬の開発にとどまらず、登録の厳格なアメリカへの販売拡大を目指し、国内企業の成長が遅れ、かつ潜在的需要の大きいブラジル・インドなどの国際地域に進出することができた。初期は販売の連携から資本出資による提携、さらに子会社化による統合化に入り、原体の輸出や製造・販売拠点の確立を経営戦略とするようになった（注10）。

　住友化学では国際的な事業展開では「グローバルフットプリント」（自社販売網）という概念をとって、現地企業との連携さらに統合化を経営戦略としてきた。やや詳細に統合化のプロセスをインドとブラジルで検証することにする。インドでは農薬市場の成長が年率で10％以上とされ、グローバル企業の参入が相次いだ。住友化学は、2000年に農薬の販売拠点を設置して、2010年に現地の農薬製造・販売会社であるNCIのすべての株式の取得を契機に、2016年ジェネリックの生産を中心としたエクセルクロップケア社の株式を45％買収し、出資比率を75％まで向上させた。2019年にこのエクセルチョップケアを買収して20年に現地事業会社の住友化学インドと合併した。この新会社は原体製造から製剤化まで総合化し、また除草剤や殺虫剤など幅広く展開し、ジェネリックの生産も担ってきた。現地企業を統合化した住友化学インドの2022年売上額は432億円に達している。そのインドにおけるシェアではスイスのシンジェンタに次ぐ２位の地位に短期的に成長した。また、2023年住友化学インドを通じて昆虫フェロモン資材企業の買収、トラップ資材の開発と結び、フェロモンを人工的に合成し、害虫を誘引して捕殺するトラップ資材の販売へと拡大した。

　それに対して、国内市場ではトップのシェアのある日産化学は2013年から現地の大手メーカーのバラット・ラサヤンと委託契約し、合弁会社の設立、茶・野菜殺虫剤・水稲用除草剤の開発・普及にはいった。2020年に海外初と

なるインド北西部に農薬原体の拠点プラントを60億円で建設し、国内小野田工場と２つの拠点とした。

住友化学のブラジルでの展開は北米とオーストラリアの事業から入り、統合化の戦略のプロセスをとった。1988年ベーランドU.S.A社との提携で農薬開発に入って事業基盤をつくり農薬売上額の約30％を確保し、ついでオーストラリアのジェネリックの大手企業（世界２位）であるニューファーム（Nufarm）へ出資して包括的事業提携に入り、南米の４つの子会社を買収した。この買収で農場を併設したブラジルの研究開発拠点として、開発－製造－販売まで一貫した事業展開を図り、売上額を３倍に伸ばし、30カ国に拡大した。さらにニューファームと共同で新製品の「インディフリン」は農薬登録して、20年に日本国内、21年米国、カナダ、パラグアイで販売、あるいはアルゼンチン・EUへ拡大している。

住友化学の企業間の提携は北米における除草剤（大豆・綿・テンサイ）における2010年のモンサント（現Bayer）との提携であり、このことによって特に大豆分野での北米のシェアの拡大につながり、さらに南米のブラジル・アルゼンチンに拡大することになった。その後、2018年除草剤のラウンドアッププログラムの提携を強化して、またオーストラリアでは綿花で提携に入った。

特に大きな成長の要因となったニューファームとの提携は、①両企業で相互に販売先を共有すること、②製品の共同開発、③物流の共同化、④製剤の製造委託や安価な調達の４つである（注11）。①については、ニューファームがブラジル・インドネシア・フランス・イギリス・アメリカ・カナダ・中東欧を担当し、住友化学がフランス・メキシコ・ベトナムを担当することにして、ニューファームよりも住友化学の販路拡大に貢献した。②については製剤技術の共有化による製品開発、住友化学の新製品や化合物のニューファームによる評価、難防除雑草に有効な新規除草剤の共同開発、④については③と関係してサプライ・バリューチェーンの構築になる。ニューファームサイドも、住友化学の原体を活用した製剤事業とも結びつき、両企業の混

合剤の開発への貢献が大きく、またコーティング種子の技術の共有化、登録コストの節約も期待されることから、両企業の競争力の拡大に結びついた。

　日産化学の海外展開は60カ国に拡大してきたが、2021年にインドで原体製造を開始せる前は、多くは子会社や合弁会社による販売やサービスを展開してきた。10年単位で２−３の原体を軸にして市場を拡大し、特に除草剤の「タルカ」は1987年で登録国数49カ国、「シリウス」は1989年25カ国、殺虫剤では「サンマイト」が1990年で29カ国と急速な拡大がみられた。しかし、2000年代に入って殺虫剤では「ライメイ」で、2007年47カ国まで拡大したのにとどまり、殺菌剤では10カ国以下であり、除草剤の「アルテナ」は７カ国にすぎず、２つ殺菌剤が12カ国と17カ国であった。このような展開から日産化学は住友化学と比較して海外市場よりも国内市場に軸足を置くことになった（注12）。

　クミアイ化学工業は綿用除草剤をジュポン（現コルテバ）と共同開発して販売はアメリカで登録し、メキシコ、ブラジルに拡大して、また、麦の倒伏軽減剤はドイツのBASF社とライセンス契約を結んだ。このような展開を契機として海外向けの登録を新進し、混合剤も開発して、韓国．台湾、中国へ拡大し、また1990年代に海外販売用として開発された綿用除草剤は、アメリカ・メキシコ・オーストラリア・ブラジルで販売された。販売拠点はアメリカニューヨークに設置した程度であり、原体−製剤−販売の海外における連携の深化や統合化が遅れることになった。研究開発の充実では、機能を充実した生物化学研究所を拠点として1991年から三井物産・三井東圧化学（現三井化学アグロ）・日本曹達と共同出資で「日本アグロサービス」を設立して、開発までのリードタイムの短縮を目的とした。さらにEUに情報収集と登録機能をもち、またフランスやミシシッピーには試験圃場をもち、研究所で選抜された化合物は試験場に移され、開発と登録のスピードアップを実現しようとした。その後、2016年から「アクシーブ・プロジェクト」が発足し、イハラケミカル工業との統合も連動して、海外事業で売上額300億円を目標にした。インドの現地法人との合弁事業では50％を出資して、直播水稲用除草

剤「ノミノー」の製造販売、ついでEUでは新規除草剤「エフィーダ」は除草剤抵抗性雑草の防除に有効で三井物産グループの現地企業との共同の開発と販売を展開した。また、これまでの主力製品の「アクシーブ」は除草剤抵抗性雑草の防除に有効であるとの評価が高まり、2017-19年の2年間にメキシコ・アルゼンチン・ニージーランド・インドなどの13カ国で登録された。この「アクシーブ」は混合剤としても販売され、さらに適用作物を拡大することができたので、販売目標がほぼ達成することができた。このような海外事業の拡大によって海外連結売上額の比率は経営統合後に、43％に達して、さらに基幹剤の「アクシーブ」や植物生長促進剤の販売額の増加もあって企業として2016年の625億円から2018年には968億円、2019年1,034億円に急成長した。この成長によって研究開発投資は2016年26億円から2018年52億円に増加することになった（注13）。

　JA系では、2017年から新会社のZMクロッププロテクションを設立し、国際競争力の強化のために三菱商事と提携して、クミアイ化学工業の研究開発で原体の製造と登録を担い、三菱商事のネットワークを活かして販売を拡大し、また安価なジェネリック農薬のインドなどからの調達するサプライチェーンの構築を展開し、100億円の販売目標を設定した。

　日本曹達は基幹剤の「トップジン」の製造特許の期限切れを契機として、1997年に早期にブラジルの現地企業と提携し、さらにフランスの三井物産を加えた農薬販売会社と提携した。また、中国に輸出入や売買の事務所の開発、アメリカ・オランダ・ブラジルでの合弁事業を展開した。インドへの本格的な進出は2017年の子会社の設立からであり、市場調査とジェネリックを含めた製品開発を目的とした。日本曹達は大日本インク化学工業からのアグリケミカル部門の買収によって売上額の300億円から500億円の拡大を目指したが、価格競争が成長の制約条件となり、製品開発は進展した。しかし、海外での全国的なサプライチェーンの形成が遅れ、またそのこともあってファインケミカル事業等に経営資源を集中することになった（注14）。

　中規模の北興化学では、自社開発による開発で韓国・台湾・インドネシ

ア・中国・インドなどのアジア諸国への販売を展開し、2016年に子会社を設立してアメリカで農薬登録を取得して販売を強化することにした。その後、売上額はファインケミカルを加えても、400億程度で推移した（注15）。

　以上のように海外市場でのビジネスの拡大は国内市場における需要の停滞から企業の成長の基礎条件となり、グローバル企業として市場の拡大が見込まれ、かつ共通した稲作の栽培技術をもつ韓国・台湾・中国・ベトナムへの販売から、さらに農業生産の拡大が期待されるアメリカ・インド・ブラジルへと拡大した。初期は現地企業との販売のライセンスを中心に拠点を設置してきたとしてきたが、製品開発機能の高めるために資本出資で合弁事業を展開し、さらに原体工場の設置から薬剤加工－販売までの統合されたシステムを形成した。この現地における原体工場の建設は多額な投資が必要になるため、製剤や販売の統合化するには地元企業の合弁や子会社化を展開するようになった。特に急速な成長を遂げるには製品開発の大手企業も加えたプラットフォームも形成され、企業間で販売先や物流システムを共有化することがなされた。

　また、わが国の優れた農薬メーカーは原体生産をベースとした事業展開をしてきたが、特許の期限切れと現地への移転やジェネリック農薬の調達などで、インドやブラジルで原体－製剤の拠点を設置することが必要になった。このようなグローバル化には開発から登録までの多額の投資をすることになり、優れた基幹農薬をもち、多額の投資額の調達に規模の大きな企業に限定されやすく、寡占化が促進されることになった。

　グローバル競争での競争力の拡大は、国内企業のM&Aを促進することになった。特に住友化学への武田薬品の農薬事業の譲渡で合弁会社「住化武田農薬」の設立は、武田園芸・武田アグロ製造なども含む住友60％、武田40％出資し、2002年から5年間は合弁会社で、その後全株式を取得して自社の農薬事業との統合を図る戦略であった。武田薬品の農薬事業の譲渡は2002年連結売上額が1兆円であり、さらに世界の医薬品企業もゲノム創薬の展開など、新薬の開発の研究開発が必要になっており、農薬部門を切り離し、医薬品事

業に専念する必要があったからである。この合併のメリットは、研究資源の効率的利用にある。

　さらに住友化学はグローバル競争のリーダーとして成長するために、三井化学との統合化によってシェアで世界5位の競争的地位を確保しようとした。規模の効率化、コア事業の競争力強化や研究開発の充実であり、2003年の統合のために統合準備室まで設けられたが見送られた。このような展開は、国内競争よりもグローバルな視点で経営資源の選択と集中による相互の効率的利用が、競争力を拡大する戦略であるという共通認識を企業相互に持っていたからである（注16）。

5．知的財産権とジェネリック品の成長

　原体から製剤、さらに農薬登録までの開発投資と期間の長期化は、これまでの開発の戦略を変更し、計画的にパイプラインを樹立することになった。また、原体を60％近くも輸出することで、インド・中国を始めとする国際地域でバリューチェーンを構築することが必要になった。新規の農薬（創薬化合物）は知的財産権の独占的利用によって守られてきたが、特に海外市場でのシェアの拡大には安価な価格設定が戦略になり、特許期間を終えたオフパテント農薬やジェネリック農薬の開発が必要になった。すでに中国では75％がジェネリック品になっているとされ、またインドと中国の2国でジェネリック品の60％をしめるとされ、国内の医薬品でも安価なジェネリック品の普及・拡大している。ジェネリック品の売上額でみると2018年で63.8％とされ、欧米で15−20％であるに対して、わが国では5％とされている（注17）。ジェネリックの開発期間は約3−5年と短く、かつ投資額はこれまでの正規の製品より極めて安価である。このジェネリック品は、原体の有効成分と同等であり、これまでと同様な成果が期待できる。しかし、インドや中国は知的財産権の整備が遅れ、かつて中国からの輸入品で禁止農薬が発見されるなどの問題があり、わが国の多くの農薬メーカーはインドに拠点を置き原体か

らのチェーンを構築するという戦略を住友化学や日産化学がとってきた。ジェネリック品の市場の拡大は、細分化されたジェネリック品の市場はイスラエルのマグテシム、オーストラリアのニューファームなどの大手企業はインド・中国への製造委託を拡大して寡占化し、また原体メーカーとの連携を強める対応をとってきたが、他方でインド・中国は小規模企業が集積してきた。特に中国やインドから輸出市場としてメーカーの少ないブラジルへの輸出が大きな市場となった。

　わが国はアメリカ・ドイツ・スイスの4カ国で戦略的に化学合成原体の開発を担ってきたことから、原体は約470があるとされ、これまでも輸出されてきた。EUでは、有効成分と不純物の組成を定めて管理されオープンになっているので、ジェネリック品をつくりやすかった。それに対して、わが国では有効成分の含有量と製造方法がセットされて管理されていることから厳格性があり、ジェネリック品を開発しにくいという基本的な問題がある（注18）。そのため2020年の調査でもジェネリック品は6成分、74銘柄にすぎず、その後も大きな拡大がみられなかった。また、価格の低下は10－15%程度にすぎないが、新たな製品で100%のジェネリック品の開発が進展してきた（注19）。また、諸外国の基準に適合するには原体の有効成分の標準化が必要になり、それによってジェネリック品の開発が促進されることになる（注20）。

　以上のようにジェネリック品の開発は原体の開発を展開してきた企業とは担い手の性格が異なり、普及の速度は先進国では低くなっている。生産段階におけるコスト削減からすると、ドローンの利用、省力的な施用技術の導入やバイオスティミュラント資材の活用など、総合的な防除技術のなかで評価すべきであろう。

6．バイオスティミュラント資材の拡大の可能性

　バイオスティミュラントの植物自体のストレスに対する耐性の能力があり、

図-5-9　バイオステミュラント資材の特異性

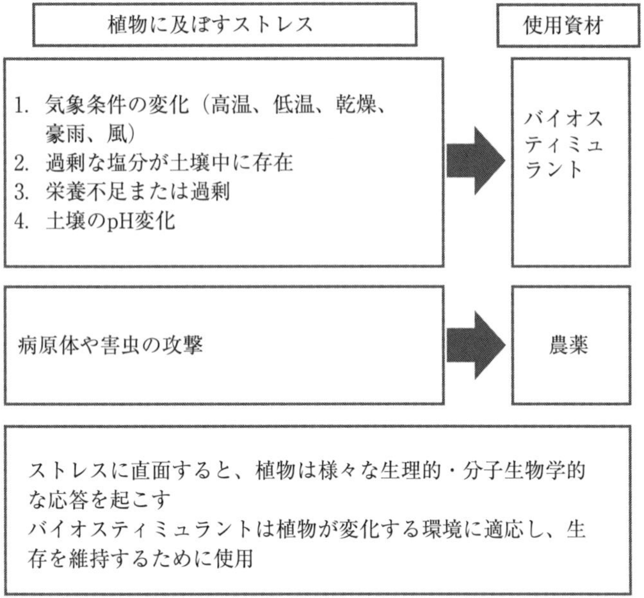

種類	解決したい課題	期待する効果	施用方法	作物
海藻	低温、高温による生育不良	・光合成を高める ・茎枝の伸長 ・着蕾を確実にし、落下を防止 ・霜害対策 ・高温対策 ・土壌施用による根系の発達	葉面散布 点滴灌注	芝、果樹、野菜
アミノ酸	高温による萎れや樹勢弱体化、果実品質低下	・高温対策（浸透圧調製） ・アミノ酸補給による果実品質向上 ・着花後の果実生長	葉面散布	水稲、麦類、野菜、果樹
腐食酸	アルカリ性土壌	土壌改良（アルカリ性土壌の改善、土壌の団粒化、土壌微生物の活性化）	点滴灌注	作物全般
	生育不良全般	発根や生育の旺盛化	葉面散布 点滴灌注	

植物に及ぼすストレス

1. 気象条件の変化（高温、低温、乾燥、豪雨、風）
2. 過剰な塩分が土壌中に存在
3. 栄養不足または過剰
4. 土壌のpH変化

使用資材

バイオスティミュラント

病原体や害虫の攻撃

農薬

ストレスに直面すると、植物は様々な生理的・分子生物学的な応答を起こす
バイオスティミュラントは植物が変化する環境に適応し、生存を維持するために使用

（資料）須藤修氏の資料による。

それをより良い生理状態引き出す出す資材として定義され、特に異常気象下では期待が高まっている。経済的にも農薬・肥料・土壌改良剤と性格が異なるが、海藻エキス、アミノ酸や微生物のトルコデルマ菌などが、ストレスの耐性を補助することがわかり、最近では植物の香りの成分であるアロマテラピーとして「すずみどり」が高温障害の効果が解明された。病原体や害虫への対策としての農薬とは異なり、大きな環境変化に適応して、品質・収量・保存を維持・向上させるバイオスティミュラント資材の開発が進展してきた。地域のよっては商品残渣の発酵物や海藻抽出物などが施用され経験的に効果があることがわかっており、地域内で作物・時期を限定して利用してきた。

　しかし、バイオスティミュラント資材は①製品規格、②効果の検証、③品質の安定で課題が多く、特に②については品目が多いことや、厳密な試験による検証に多くの時間がかかることから、実需者に説得的なデータが提示できないことである。ヨーロッパでは肥料法の改正によってバイオスティミュラント資材は農薬法から肥料法に込みこまれたが、アメリカでは実業団体の自主基準による運用になり、わが国では今後みどりの食料システム戦略の中で検討されることになる。

　バイオスティミュラント資材は多様な製品が多く、また少量生産であることから、製造コストが高くつくこと、さらに分散する生産者に広域的に流通させるために、流通コストは50％以上、製品価格の数千円から1万円になり、有機質肥料を同じか、やや高めになりやすい。農薬登録に多額のコストを必要とすることから、農薬と比較して安価であるが、この資材の普及には化成肥料や有機質肥料とセットした活用、さらに農薬のIPMと連動して普及させることが必要になる。この資材を扱う企業は最大でも数億円の小規模企業であり、70-80％は系統農協の販売チャネルを活用したり、あるいは規模の大きな農業生産法人との連携が必要になる（注21）。

7. 結び

　わが国の農薬産業は稲作の栽培技術をベースとして殺虫剤・殺菌剤・除草剤という一連の開発とラインアップによって国際的にも優れた開発能力を持つ企業が輩出された。しかし、原体生産をベースにして製剤－販売のシステムが形成され、農薬登録までの多額の投資と開発期間を必要とした。また、農薬メーカーは総合化学企業としてファインケミカル、石油、半導体などの新たな成長産業に多角化し、また国内でも寡占化したが、主たる競争はグローバル化し、需要の拡大する国際地域での販売システムの形成から原体－製剤－販売の統合的なシステムの形成が進展した。企業間の関係は「競争と協調」の関係になりやすく、製品開発や販売チャネルの共有化もみられた。

　農薬の製品開発は、安全性に基準の引き上げや薬剤抵抗性の発生によってもコストが上がりやすく、新たな開発が模索されると同時に、混合剤やジェニリックの開発によって安価な農薬が必要になった。特に中国・インド、ついでブラジルの３国はジェネリック農薬の拠点になり、わが国でも安価なジェネリック農薬の要求が強くなっているが、規制が厳格で本格的な普及に至っていない。また、気候変動や薬剤抵抗性によってバイオスティミュラント資材への期待が高く、みどりの食料システム戦略という政策的課題への対応としてリスク評価での農薬削減の必要性が高まっている。このバイオスティミュラント資材は生産単位が小さく、また施用する対象や場面が限定されるため、効率的な事業になりにくく、むしろ肥料としての価値の評価が高くなるであろう。農薬の削減は大きな課題であるが、実需者や消費者までのサプライチェーンが形成されにくいことや、さらに特別栽培になったとしても、取引価格に影響力を及ぼすのは果実の一部に限定されやすい。したがって、肥料も含めて品質・収量だけでなく、省力化やコスト低下とつながらないと特別栽培の拡大にならなくなっている。

　農薬は肥料と同様に生産者への普及段階では、栽培歴とつながった栽培指

導やIPMの役割が強くなり、クミアイ化学工業のシェアとはあまり関係なく、JAの役割は強くなっている。その意味では、住友化学が法人化した生産者への生産資材の供給の支援と組織化をはかっても、国内では大きな成果を期待できないであろう。つまり、資材から実需者である生産者から、さらに食品企業や消費者までの情報の共有化、さらのプラットフォームの形成による学習や「知の共有」によってバリューチェーンを形成することが必要になる。

引用文献
（注１）農薬産業についての産業組織的視点から接近は少なく、かつ産業全体が見渡しにくいが、伊藤房雄・伊藤順一によって研究が進展するようになった。及川章夫「農薬市場」（農村市場研究会編『日本の農村市場』東洋経済新報社、1957）；生井謙一郎『農協の購買事業入門』1979、pp.195-216；伊藤房雄「わが国農薬産業の寡占化と系統の対応」（天間征編『価格の国際比較』農文協、1991）；伊藤順一「農薬産業の産業組織」（荏開津典夫・樋口貞三編『アグリビジネスの産業組織』東京大学出版会、1995）
（注２）浜田虔二・栗原大二「農薬産業の技術革新と農業経営」（斎藤修・髙倉直編『農業資材産業の展開』農林統計協会、2004）
（注３）廣岡卓「農薬産業とイノベーション」JETI VOL. 68 NO. 5 2020
（注４）西本麗「農薬産業の世界的動向」日本農薬学会誌、44（1）2019
（注５）これまでの製品開発と企業の経営戦略については、各企業の会社史に依拠している。
　　　　『クミアイ化学工業70年史』2020；『日本曹達100年史』2020；石原産業100年のあゆみ』2021；住友化学株式会社―開業百周年記念　2014。製品開発と登録期間についての分析は『日本曹達100年史』（2020）の経営資料によっている。
（注６）日本バイオスティミュラント協議会編『バイオスティミュラントガイドブック第２版』2022
（注７）鳴坂真理・鳴坂義弘「バイオスティミュラントはどのように植物保護に貢献できるか？」日本農薬学会誌、47（2）2022
（注８）住友化学株式会社―開業百周年記念　2014
（注９）廣岡卓「農薬編－1　農薬概論」植物防疫　第72巻第１号　2018年）。
（注10）住友化学についての記述は以下の資料と西本麗氏との意見交換によっている。住友化学「日本農業生産コスト低減及び生産安定化に向けた取組」産業競争力会議・規制改革会議農業ワーキング合同会合資料　2016；西本麗「健康・農業関連事業部門の事業戦略―アグリ・生活環境事業の成長戦略」

　　　2018

（注11）福林憲二郎「住友化学　2010年度上期決算説明会　農業化学部門の事業戦
　　　略」

（注12）日産化学農業化学品事業部「農業化学品事業説明会」2022）。

（注13）クミアイ化学工業70年史　2020

（注14）日本曹達100年史　2020

（注15）北興化学工業　70年史　2020

（注16）住友化学株式会社—開業百周年記念　2014

（注17）原直毅「農薬の登録制度の見直し—農薬取締改正案」立法と調査　2018.
　　　6

（注18）JA全農「ジェネリック農薬の開発促進と農薬価格の引き下げ」2016；北
　　　村恭朗「現代社会における農薬の役割および開発に関する現状について—
　　　ジェネリック品の流通実態等を踏まえた現状分析—」農薬調査研究報告
　　　農林水産省安全技術センター農薬検査部6号、2015

（注19）食料安全保障月報　第11号「わが国と世界の農薬をめぐる動向」2022；農
　　　林水産省「農薬をめぐる情勢」2023

（注20）荒巻敦史「欧米および国際機関における農薬の有効成分（原体）の規格設
　　　定方法に関する調査」農業調査研究報告7号、農林水産消費安全技術セン
　　　ター農薬検査部、2016

（注21）須藤修氏との議論による。　須藤修「バイオスティミュラントを取り巻く
　　　環境・未来とは？」2024

第6章　飼料の産業組織と企業行動

1．はじめに

　戦後まもない1952年、生産資材市場で最も大きかったのは肥料部門の1,352億円であるのに比べて、飼料部門はわずかに281億円で肥料部門の11％にすぎなかった。しかし、高度成長に入る1960年には肥料部門1,307億円に対して飼料部門は1,243億円とほぼ同じ市場規模に拡大し、その後1兆円を超えて最大の生産資材産業に成長した。「飼料を征するものは畜産を征する」といわれ、畜産物需要の拡大がそのまま飼料産業の成長に結びついた。畜産物の生産コストに占める購入飼料費の割合は飼料価格がトン当たり工業渡価格で50,000〜60,000円と高めに推移した1985年で、ブロイラー70％、鶏卵61％、生乳（都府県）38％、肥育豚36％、肥育牛36％を占め、養鶏部門では飼料価格の変動が生産者の収益性や競争力を規定することになった。そのため、産地レベルでは飼料価格は「企業秘密」に属する情報となって産地間競争が激しくなるとトン当たり2,000〜3,000円の価格低下が生産効率の向上よりも競争力を拡大する要因となった。また、原料を全面的に外国に依存している我が国の飼料産業では、飼料価格はシカゴ相場、フレートや為替の変動で大きな影響を受けやすく、特にアメリカのトウモロコシの熱波による減産や円高・安は畜産経営の収益性を規定し、「畜産危機」といわれる経済状況になった。さらに飼料産業の市場構造では寡占的市場構造が早くから形成されてきたが、系統農協のシェアが拡大してくると全農のプライスリーダーとしての役割が大きくなった。この系統農協と商系企業との競争が市場構造の変化を特徴づけてきた。

　我が国の飼料工場は完全配合という製品形態でプレミックスやサプルメントを加え、かつ臨海部に立地して広域的な供給圏を形成する形態をとってき

た。このことは地域の畜種構成に対応して多くのアイテム（銘柄）を生産して非効率性をかかえこむが、完全配合という製品形態は付加価値形成にもなったので相殺された。また、オイルショック以降の飼料価格の上昇を契機として生産者によっては自家配合に転換することで飼料コストを節約しようとしたが、技術水準や施設への投資額が制約条件となったので充分な普及をとげなかった。さらに、インテグレーションを展開してきたローカルインテグレーターは、産地レベルで飼料工場を独目に設置するよりも指定配合や委託生産で投資を節約するアウトソーシングを選択した。

　飼料産業が再編成と合理化がせまられたのは、オイルショック以降の低成期に入ってからであり、産地の立地移動にともなった飼料工場の再配置が系統農協、商系企業ともに大きな課題となった。系統農協では1県1工場からブロック再編をとげて基幹工場を臨海部においてコンビナートとの連携を強めるという商系企業と類似した戦略をとった。商系企業では臨海型の「海工場」が多かったことからストックポイント（SP）の設置によって遠距離輸送を効率化し、さらに受委託生産や資本提携による資料工場の新設と閉鎖へと入った。南九州や北東北はコンビナートの建設と飼料工場の併設によって港湾から工場までのコストを節約し、また飼料工場の操業度をあげることで生産者までの飼料価格を低下させることができた。しかし、我が国では狭い国土にもかかわらず輸送コストの負担が大きく、輸送手段の大型化と回転率の拡大が必要となった。

　飼料産業の企業行動は実需者である生産者の行動と密接に関係し、畜産物の価格競争が激しければ飼料産業でも価格競争が激しくなる。畜産物での市場細分化と差別化をめぐる競争が強くなれば、価格競争を全面的に回避できないとしても、飼料の品質やサービスで取引先と固定的な取引関係になりやすい。バブル崩壊後、鶏肉、鶏卵、肉用牛、豚肉における高品質化を志向したブランド戦略の展開は指定配合や自家配合を選択しやすくさせた。他方で、飼料コストの節約は承認工場の規制緩和をもたらし単体の丸紅トウモロコシの利用で自家配合のメリットがさらに拡大することになった。

　ここでは、初めに我が国飼料産業の特質を整理し、ついで飼料産業の変化と企業行動、実需者である生産者の行動を中心として、第1期～第Ⅲ期に画期を区分して分析する。この画期は第Ⅰ期が戦前から1960年、第Ⅱ期が1960～1973年、第Ⅲ期が1973年～1985年、1985年以降がⅣ期である。なお、それぞれの画期では構造変化に関係した重要な課題をできるだけ取り込むことにしたが、画期をまたがって連続的な多くの課題もある。また、1985年以降では「飼料産業の合理化と新たな需給関係の形成」として、ケーススタディをふまえながら今後の新しい課題もいれるようにした。さらに、第Ⅲ期の「低成長下における飼料産業の再編成」は、オイルショックを契機として区分した。

2．我が国飼料産業の産業組織的性格

（1）我が国飼料産業の構造的性格

　我が国の「加工」畜産的性格は、外国からの全面的な購入に依存した飼料産業の特異性からの規定を強く受けている。この特異性は、完全配合という商品的性格と、それに依存しやすい実需者の利用形態、重装備の大規模工場の建設による広域的な販売圏の形成と商人資本の温存、という点である。アメリカの飼料会社は生産者やインテグレーターの自家配合、場合によっては原料の自給によって、多様な競争に直面し、プレミックスやサプルメントの販売やノウハウなどの技術的サービスを主たる業務として実需者と結びつけている。そのため飼料工場の規模は我が国よりも小さく、2シフトなどによって操業度を拡大することが重要であり、それには配達コストの節約からも実需者に近く立地が決定されやすい。このことは我が国の大手飼料会社が全国市場を対象にした販売活動によって、飼料会社→元売り→特約店という流通経路の形成が必要になり、さらに外国からの大量買付けと巨大な資金の必要から商社資本との提携が不可欠となって系列化された。それに対して、アメリカでは配達距離が短く、飼料設計や技術指導でも実需者とも結びつく

必要性が高いので直接販売が多いことに特異性がある。

　我が国の飼料工場の立地選択は「山工場」か「海工場」か、をめぐって論議され、先発企業は主要な港湾の近くに立地する経営戦略をとってきたのに対し、後発の農協系組織は1県1工場体制をとって内陸工場の設置とバラ取引で参入をはかりシェアを拡大した。その結果、農協系組織は40％近いシェアを確保し、プライスリーダーとしての機能を担ったが、70年代から食品コンビナート構想とも連動してサイロを併設した臨海工場の規模拡大が課題となった。この対応はストック・ポイントの設置によって輸送コストを節約したが、産地の立地移動によって旧産地を主たる対象とした飼料工場の操業度は低く抑えられた。このことは産地間競争が激化した場合、飼料工場の販売価格の低い新興産地が有利になることを意味する。

　アメリカと比較して原料費のウェイトが本来高く、しかも重装備で大規模な飼料工場を全国的に配置した大手飼料会社では、価格競争は過当競争を激化させ収益性が悪化したことから飼料工場の整理・統合が進展する。また、農協系組織でも大規模層の系統離れなどによってシェアが減少傾向にあり、1県1工場体制の再編成が必要になりつつある。今後、国際化の中で畜産物のコストダウンを実現するには飼料産業の効率化・合理化が重要であり、特に飼料会社と産地の提携のいかんによってはコストの節約や競争力の拡大を規定することになろう。

　もともとアメリカでは完全配合による利用形態は我が国よりも少なく、実需者の飼料会社への要求は、プレミックスやサプルメントの購入やノウハウなどの技術的サービスであり、そして実需者はコーンや大豆カスを自給や購入によって、これらと混合する方式を採用した。さらに、工場の立地では相対的に小規模で、原料地に立地するよりも消費地への指向をとっていた。初期の段階では飼料会社も完全配合を中心にして、広域的に大規模工場を配置する戦略をとったものの、実需者への配達コストがかさむ上に、技術的サービスの供給が不十分になるため、飼料工場の分散化が進展した。これは広域的な販売圏に対応して大規模工場を設立するよりも、地域的に異なった需要

に適合し、実需者を技術的サービスによっていかに固定化して，安定的な生産量を確保するかが飼料会社の課題であったからである。そして、需要の拡大に対しては短期的に工場規模を拡大するよりも操業度の拡大で対応し、多くの飼料工場では2シフトを前提にして工場能力が決定された。

　アメリカの大手飼料会社でもPurina，CentralSoya，AllidMillsなどは多数の工場を所有しているが月産5,000t未満のものが多い。また、先駆的なPurinaが唯一、完全配合を中心にした生産体制をとり、自家配合への設備投資が制約され、規模拡大によって労働力不足になっている実需者への販売がみられるのを例外とすれば、多く飼料会社はサプルメントやプレミックスの販売が支配的である。大手飼料会社は多少とも相対的に販売圏が広いため特約店をかかえて、これまでの競争的地位を維持しようとするのに対して、中・小企業は直売形態によってマージンを圧縮して競争力を拡大する市場行動がとられる。また、インテグレーターは契約生産や直営生産での規模拡大に対応して飼料工場の規模も同時に拡大した。そして、家禽部門でみてもブロイラーのインテグレーターの上位15社、鶏卵のCal-MaineFood、ターキィのSwift Dairy and Poultry CO. などはほぼ飼料会社の上位8 ～ 30社にランクされるほど成長した。

（2）飼料産業の市場構造と企業行動

　我が国の飼料産業の特異性の第1点は、完全配合という商品的性格とそれに依存しやすい利用形態である。第2点は外国からの原料の全面的購入のために臨海立地をとり、そこで重装備の大規模工場を建設して規模の経済性を追求しようとしたことである。このような産業の特異性の下では飼料会社は広域的な販売圏を維持しやすく、したがって販売過程において特約店などの商人資本を温存させた。また、飼料会社は広域的な販売圏に対応して多品目化するが、アメリカのように技術的サービスによる差別化によって、産地との結びつきを強める方向をそれほど追求してこなかった。

　したがって、価格競争が広域的に展開されやすいが、アメリカと比較して

規模のわりに操業度が低いので、収益性が悪化しやすいという企業行動の性格が形成されてきた。特に我が国では、アメリカの飼料工場における原料費の割合は生産コストの70％弱であるのに対して、90％程度と高く、本来的に輸入依存のためマージンの低いことが、原料価格の変動も加わって収益性を不安定にさせる。このような市場構造的性格と企業行動との関係に加えて、アメリカに比べ農協系組織のシェアが高く、最盛期で40％程度にまで達し、それを背景に価格形成においてプライスリーダーの役割を担っているという特異性がある。こうしたことから、国土の狭い我が国ではローカル市場という限られた地域的空間での競争であっても、相互の連動性が強く作用しやすい。そして、このローカル市場での競争は価格水準や産地との技術的な結びつきを媒介にして産地間競争にも影響し、特に製品差別化によって高価格の追求がしにくい中小家畜では技術構造が平準化するにつれ、飼料価格差が大きな産地間の競争力差を形成することになる。

　我が国の飼料産業は完全配合飼料を中心とした飼料設計が中小家畜では支配的であり、このことは高品質生産や省力化に結びつくものの、飼料コストは当然のことながら高位になる。しかし、自家配合は油カス・大豆カスなどの安定的な確保に難点があり、しかも中小規模層では低コストで生産する可能性が乏しい。さらに、完全配合飼料を中心とするため製造過程の資本整備が高く、自動化が進展していない段階では、労働集約的な生産方式が低い操業度において採用されるため、製造コストに占める労働費の割合は高くならざるをえない。このような飼料工場での規模拡大は、規模の経済性を追求してコストを節約しながら、輸送コストをかけてもより多くの実需者を確保しようとするため、必然的に販売圏が拡大しやすくなる。この販売圏の畜種構成によって多様な品目の品揃えが要求されるため、多品目化が進展しやすくなるが、この多品目化の程度が高くなるほど規模の経済性は相殺される。また、大手飼料会社は需要拡大期に全国市場を対象にした工場の立地配置を実施し、他方で飼料工場の規模拡大を実施したので、実需者側の経営事情、地域の条件に対応した飼料設計や技術指導などの情報とサービスの機能を多少

とも特約店や元売りの商人資本に求めた。そのため、初期に形成された飼料会社→元売り→特約店という流通経路が維持されやすかったし、また商社資本との提携が強い飼料会社ではさらに商社資本へのマージンの配分がなされた。このような系列化は競争の激化によってマージンが圧縮してくると段階短縮による再編成を必要とされるが、日本配合飼料、協同飼料では飼料会社から実需者への直売形態をとるよりも元売り、特約店を維持する展開をとっており、またローカルな飼料会社は直売形態が支配的だが、地域外で販売する場合には元売りの商人資本を介在させている。

　我が国の飼料産業の集中度は、アメリカに比べ農協系組織をトップとすれば、上位10社で70％以上になり、寡占化が進展しているものの、アメリカの農協系組織のシェアが20数％であるのに対し、我が国の農協系組織のシェアは最盛期で40％に近いことから、寡占企業への対抗力としてのプライスリーダーの役割を担っている。農協系組織は60年代前半から1県1工場の設置とバックからバラ取引への移行、さらに大規模生産者には大口需要対策によって64年までに30％のシェアを獲得し、上位の飼料会社のシェアは大幅に減退した。このシェア競争は地域で異なるが、群馬県の場合、69年までに農協系組織はバラ出荷を40％にまで拡大した。この拡大は飼料工場の内陸型から臨海型への立地移動、ストック・ポイントの設置を大手飼料会社が戦略的に実施することによって競争力の拡大をはかったので、70年に入って限界に達した。農協系組織の工場規模は初期では小さく、より消費地に多数立地させて多数の生産者を吸収することを課題としてきたものの、太平洋ベルト地帯でのコンビナート建設やサイロの設置と関係して、飼料工場の立地上の有利性が変化したのである。

　我が国の飼料産業を特徴づける一つとして、産地レベルで飼料工場をあまり所有しないというインテグレーションの形態がある。農協系組織としての飼料工場の所有が県レベルではあっても、産地内における飼料工場の立地配置や独自の飼料設計はそれほど問題とならなかった。このことは完全配合という画一的な商品形態であることや、産地自体が産地規模の拡大を需要拡大

期では最大の課題だとしたことから、産地の技術構造や畜産物の品質改善に対応した飼料設計はそれほど問題とならなかったからである。しかし、構造的過剰の下での産地間競争の激化は、飼料コストの節約と製品差別化を実現するための品質管理の同時的追求が必要になってくると、産地レベルでの飼料工場の設置や産地と飼料工場の技術的な提携が、アメリカと同様に課題となってくるといえよう。

3. 飼料産業の構造変化と立地配置

(1) 飼料産業の形成—戦前から1960年（第1期）

① 戦前における飼料産業の萌芽

　歴史的に購入飼料の必要性が畜産経営にみられるようになるのは、自家生産による副産物だけでは飼料基盤とならなくなる昭和初期からである。戦前における濃厚飼料の構成は2分の1以上が粕糖であり、穀菽類で補完していたが、輸入量が急速に増大して輸入額の消費額に対する割合は1927年8％から38年27％に達した。輸入先は中国の満州や関東州で60％に及び、コウリャン、トウモロコシ、フスマが中心であったが、配合飼料も含まれた。この輸入の拡大によって我が国の耕種部門が著しく不利な立場になる可能性は少なく、かえって国内の畜産部門の拡大につながるとされた。そのためコウリャン、トウモロコシが飼料として輸入されれば、関税をゼロとする政策が1926年からとられてきた。この政策的保護は保税工場法制度の形成によってなされ、コウリャンやトウモロコシに大豆カスや魚カスを混合することによって他の用途に利用できないようにした。この保税工場は1942年までに33ヶ所に増加し、多くの原料をミックスした完全配合が指向され、生産者の自家配合として利用される2～3種の混合飼料は付加価値が低く、生産量は極めて少なかった。

　配合飼料の実需者は養鶏業者であり、中国から輸入される「支那卵」との競争に入っていたが、在来の鶏種が多く、かつ産卵率も低いだけでなく、規

模拡大が制約されていた。主産地となりつつあった愛知県では魚カスやフスマを中心としたアラ養鶏の段階にとどまっていたが、近郊地帯の大規模経営では原料の確保がしにくくなっていた。当初はこれらの経営も多様な原料を集荷して混合飼料を生産していたものの、生産性が良く、多様な原料確保しないでよい配合飼料が利用された。この配合飼料への全面的依存が我が国の飼料産業と生産者の関係を特徴づけることになった。

　第1の特徴は先駆的な飼料メーカーである日本配合飼料が商社の三井物産や元売りを担当する2社の共同出資によって設立され、原料の輸入と国内の流通システムが形成されたことである。戦前に設立された日本配合飼料と同様な専門メーカーは日本農業工業、菱和産業、豊橋飼料であり、商社との提携関係が形成されていた。飼料工場も日本配合飼料は横浜、名古屋、門司、と戦前に建設し、戦後は神戸、小樽、清水、坂出、千葉へと全国な配置でトップメーカーとしてのシェアを確保した。

　第2に1931年に杉浦商会が混合飼料生産から入って配合飼料の生産に成功してから需要の拡大がつづいたが、初期の配合飼料は養鶏でも成鶏よりもヒナ用が中心であり、養豚・乳牛用は開発されても普及しにくかったことである。配合飼料はまだ全面的に依存するには高価であり、アラ養鶏など安価な原料確保のできている産地では戦後から高度経済成長に入る時期まで全面的な転換をとげなかった。

　やがて戦時体制になると飼料の輸入、製造配給を統制する飼料配給（株）が設立され、種鶏へ羽数維持が優先されたものの、さらに戦時体制が強くなると軍馬が優先されることになった。

② 配合飼料の普及と企業の参入

　戦後の濃厚飼料は中国などからの輸入からアメリカ、カナダの輸入に転換し、他方で輸入の小麦と大豆の副産物であるふすま、大豆カスの大半が国内生産に転換した。また、飼料の関連資本は配合飼料では専門の飼料資本であったが、ふすまは製粉資本、大豆カスは製油資本が参入し、ついで魚カス

を副産物とする水産資本も加わった。しかし、競争構造を大きく変化させたのは全購連の参入であり、間々田、名古屋、神戸、門司について川崎に近代的な日産能力１万トンの大規模工場が建設された。農協系の飼料工場は企業形態からみると経済連の直営工場、子会社の工場、全購連・経済連の１部出資を含む協力工場のタイプがあり、それに全購連の協力工場などが加わって合計32工場となって、自己生産の他の委託生産を含めれば、全購連のシェアは61年で23％に達してトップになった。そして、商系企業では戦前に設立されていた日本配合飼料、日本農産、菱和飼料に加えて戦後に日清飼料、協同飼料、東急エビス、中部飼料などが参入した。全購連はシェアでみると59年17％から62年25％まで拡大し、飼料産業における61年の上位５社（全購連23％、日本配合飼料11％、日本農産工業10％、東急エビス５％、日清飼料５％）のシェアは53％となり、この段階で寡占的競争構造が形成されることになった。参入した製粉資本は日清が日清飼料、日本製粉がニップン飼料を新設し、製油資本が味の素、豊年製油、水産資本が大洋漁業、日魯漁業、日本冷蔵などであったが、寡占的企業として大きく成長したのは日清飼料であった。飼料工場は臨海型が中心であり、62年で155工場の中で関東に39％、東海19％、近畿17％に集中して北海道２％、東北２％にすぎなかった、近代的な飼料工場では配合部門が自動化され、62 ～ 63年の新設工場になると国産機械による自動化によって省力的となり、やがて臨海型工場（海工場）からサイロが設置された。

　商系企業の流通システムの形成には、アメリカ、カナダなどからの原料調達における大手商社の役割が大きく、**表-6-1**のように継続的取引関係が形成され、一商社が飼料会社数社と結びついた。さらに取引関係をつよめるため、商社側が飼料企業に出資する場合も多く、商社によっては特定の飼料企業だけでなく、２～３の飼料企業に出資している。それに対して、日本配合飼料、日本農産工業、林兼産業、河田飼料など特定商社との関係が強く、系列化が指摘された。多くの商社は1960年代前半からの畜産業の急速な成長に対応して飼料企業との取引を拡大した。系統農協が本格的に参入する前では、

表-6-1 大手商社と主な商系メーカーとの取引関係

区分	日本農産工業	日清製粉	日本配合飼料	協同飼料	丸紅飼料	アミノ飼料	河田飼料	大洋飼料	豊橋飼料	昭和産業	中部飼料	日和産業	林兼産業	日魯漁業	清水港飼料	ニップ飼料	兼松関東農産	神戸みなと飼料
三菱商事	◎																	
三井物産		○	◎															
伊藤忠商事		○		○							○							
丸紅		○		○	◎	○	○	○	○		○							
住友商事	○	○		○				○	○	○	○			○				
日商岩井											○		◎					
トーメン				◎							○	○		○		○		
兼松江商											○	○				○	◎	
日綿実業				○							○	○				○	◎	◎
東食																		

(資料) 西野俊郎「収益安定化と模索する配合資料メーカー」(飼料第22巻　第9号、1982) などにより作成

(注) ○は原材料取引あり、◎は商社側が飼料メーカーに出資

商系飼料企業の流通チャネルは、①元売り系、②直売系、③地場直売系の3つのタイプがある。

①は元売り商社を総元締として地区（県）の代理店を経由し、さらに特約店という3段階になる。それに対して、②は元売り商社の段階を排除した地区（県）の代理店－特約店の2段階である。①と②とも飼料工場の近くに実需者である生産者の立地によっては地区（県）の代理店が排除される。さらに③のタイプでは飼料工場から直送される「直取り」が代表的であり、大口需要者によるバラ取引にみられる。商系飼料企業で元売り制をとっているのは日本配合飼料、菱和飼料、昭和産業などであり、多くの飼料企業は直売と元売りの併用をとっている。また、③は中小企業の生産する配合飼料以外に米スカ、麦スカも含まれているチャネルであった。①と②における特約店は卸と小売になる前では大きさな流通チャネルであった。①と②に生産者の購入比率が高くなくなる場合も規模が小さくなるととらえられ、逆に規模が大きくさらに分化する傾向があった。また、この特約店は飼料以外に米穀や肥料を取扱い、さらに畜

表-6-2　飼料メーカーの特質とタイプ

社名	本社場所	工場数	開始	前の営業	事業別	系列	販売
日配	横浜	7	戦前		専	三井	元売
日農	横浜	5	戦前		専	日清、三菱	直売
日清	東京	4	戦後	製粉	兼	*	元売
協同	横浜	3	戦後	倉庫	専	伊藤忠	元売、直売
菱和	名古屋	3	戦前	飼料商	専	三菱	元売
東急	東京	2	戦後		専	東急、全購連	元売、直売、全購連
大洋	東京	3	戦後	水産	兼		直売
中部	名古屋	2	戦後	飼料	専	東食	直売
豊橋	豊橋	2	戦前		専	安光	直売
杉沼	平田	2	戦前	飼料商	専		直売

（資料）全購連飼料部『くみあい飼料要覧』1961 年から作成
（注）*は1961年に日農と菱和は合併

産物の集荷業務、長期の掛売りなどで生産者とのつながりが深く、取引が固定化しやすい。特に大口需要者については、取引コストの節約もあって大口対策としての値引きが平等原理の強い系統農協よりも実施しやすいのが普通である。

　他方、系統農協では全購連工場と委託先の商系飼料企業の工場から全購連－県経済連－単協というら3段階で生産者に供給される流通チャネルが中心であった。全酪連、日鶏連などの特殊農協の系統もあって県連－単協とつながっていた。系統農協にとって肥料部門と比較すれば、1県1工場を原則とした内陸型（山工場）の工場建設と産地形成を連動させる戦略が基本法農政下でとられるようになった。特に営農団地を基礎とした産地形成では、規模拡大が要求され、単味から配合飼料の購入が省力的で生産性の向上になりやすかった。このことは系統農協のシェアをあげる商系飼料企業との競争を優位に展開することになった。生産者の購入飼料の割合は、53から56年で13%→37%と増加し、ついで昭和59から62年で40%→70%に増加した。この間にふすま、米カス、麦カスが急速に減少した。

　輸入飼料の増加によって税関職員を工場に駐在させる、これまでの保税工

場では職員不足となったため作業の簡略化と国内産業の育成という視点から関税定率法の一部改正によって、保税工場から承認工場に統合された。この承認工場は、国内産業の育成や国民生活の安定などを目的として輸入される特定原料品の輸入関税が減免される制度であって、税関長の承認をえた工場である。これまで保税工場、承認工場の数に比べて、小規模な「その他」の工場が多く、内陸部に立地する承認工場は極めて少なかった。

　このような制度的な変化が飼料工場の増加と大規模化を促進することになった。さらに飼料産業は設備や機械の近代化が租税特別措置法の運用を受け、外国からの輸入が促進されることになった。これによって自動式配合飼料製造設備、混合機、連続式飼料製造機、分離板型連続式遠心分離機、などが導入された。このような承認工場を中心として自動化は日産5,000トン以上の飼料工場の生産量におけるシェアは62年で40％にも達し、1万トン以上の飼料工場もみられるようになった。

　最も飼料工場の多い関東では横浜、川崎では日本配合飼料、日清飼料、丸紅食料、東急エビスが日産1万トン、全購連が1.2万トン、日本農産工業が2万トンの日産能力に拡大した。西日本では神戸を中心に日本配合飼料、全購連、日清飼料が日産1万トンに拡大した。この2つの地域につづいて名古屋、門司での飼料工場の規模拡大が進展してくるものの、それ以外の地域では日産能力で4,000〜5,000トンが多く、1,000トン以下の飼料工場も残存していた。このように、大規模飼料工場は横浜・川崎、神戸の臨海部に集中して立地して、その周辺の産地や大規模生産者にとっての輸送コストの節約に結びついた。この段階では自動化の程度は限られていたが大規模工場の操業度の拡大は製造コストを低下させ、遠距離輸送の拡大と結びついたので、販売圏が広域化することになった。このことは操業度の低い小規模な飼料工場の競争力を減退させた。

（2）飼料産業の成長と競争構造の変化—60 ～ 1973年（第Ⅱ期）

① 飼料産業における競争構造の変化

㈠ 系統農協の参入と競争構造の変化

1955年からの飼料の需要拡大に対応して、先発企業である日本配合飼料（以下、日配）と日本農産工業（以下、農産工）では、飼料工場の全国的配置がシェアを維持・拡大するための戦略であった。すなわち、戦前から主導的立場にあった日配は横浜、神戸、名古屋、門司などの主要港での飼料工場の設置を早期に完了し、70年の終わりまでに小樽、清水、坂井、千葉、塩釜などのローカル港にも工場を設置して需要拡大に対応した。また、農産工では65年頃までに、戦前の横浜、名古屋、坂出に続いて、門司、小樽、船橋、さらに神戸、塩釜に工場を設立した。これに対して、相対的に企業規模が小さい共同飼料は、日配や農産工よりも大手商社との関係が弱く、70年頃でも主要港に４工場、北海道に１工場であり、畜産物の販売や生産者の組織化を進展させた。当然のことながら、小規模な企業では工場数が少なく、特定地域でのシェアが高かったものの、他地域への工場進出が少なく、大きな成長は見られなかった。やがて需要拡大は日清製粉にとどまらず、水産、製油、鉄道、などの部門からの参入を促進し、企業数が増加した。

配合飼料の需要拡大は、混合飼料の急激な減少によって加速され、この配合飼料が年間の栄養価の安定、家畜の能力向上に対応した豊富なタンパク質、エネルギーの供給で生産効率を改善し、また省力化による規模拡大を誘発させた。このような需要拡大にもかかわらず、55 ～ 60年までは内陸部への工場設置がほとんど見られず、内陸部の需要者は主要港、あるいはローカル港からの鉄道やトラックによる輸送に依存した。例えば、飼料工場の少ない東北地方では、横浜方面からの遠距離輸送に依存する地域も多く、また南九州地方でも門司、博多からの遠距離輸送に依存する地域も多かった。またこの輸送にはコスト面から機動性のあるトラックよりも貨車が選択されたが、輸送回数が減少して生産者レベルで製品の品質が低下しやすくなり、また供給

第6章 飼料の産業組織と企業行動

量も安定的に確保しにくかった。

このように、需要拡大にも関わらず、商系企業では拠点とする工場から広域的に出荷された。特に神奈川県の飼料工場は、トラックと貨車で東北地方、トラックで北陸地方、貨車で東海地方に出荷し、広域的供給圏を形成した。また、愛知県の飼料工場は静岡、岐阜の養鶏部門にとどまらず、北陸地方まで出荷して県外のシェアが2分の1以上であった。

この商系企業を中心とした臨海の拠点的工場の配置は、65年からの10年に入ってからの食品コンビナート構想と関連していっそう強くなった。日配と農産工は飼料工場の全国的配置にも関わらず、他産業や旧全購連の参入によってシェアが減少した。すなわち、日配は57から65年でシェアは15→8%程度に、また農産工は12→7%程度にまで低下した。商系企業の飼料工場は神奈川県、愛知、兵庫県に集中する傾向が顕著であり、これら拠点的工場の周辺では必然的に競争が激化した。遠距離輸送は企業間競争からさらに必要となった。やがて、商系企業は輸送コストを節約するため、SPを設置し、輸送手段を大型化することによって物的流通を効率化した。

他方、商系企業でも先発企業では、飼料会社→商社→地区代理店→特約店（→小売店）→生産者、あるいは商社が販売に関係しない場合、飼料会社→地区代理店→特約店（→小売店）→生産者、という流通経路が形成された。ただし、飼料工場の周辺では飼料会社から生産者までの流通段階は単純である。特約店→生産者の流通経路も太くなる。日配の場合、三井物産が販売機能も担当し、ついで日配の販売網を形成する役割を担ってきた特定の商人資本が、県やブロックごとに代理店の機能を担った。これに対して、相対的に企業規模の小さな中部飼料は名古屋と横浜の2ヶ所に飼料工場を所有し、特約店→小売店→生産者という流通経路をとり、やがて生産者の取引単位が大きくなると地域によっては小売店が排除された。また、4工場を関東地方に配置する昭和産業では、供給圏が限定されるために元売りを廃止しているが、飼料会社から大洋漁業の場合、供給圏を越えた直接販売する場合、各飼料工場にまたがる供給圏を担当し、飼料工場が数県にまたがる供給圏を担当し、を配置した大洋漁業の場合、各飼料工場にまたがる供給圏を担当し、北海道を除き6工場

215

元売り→特約店→小売店という流通経路を形成したが、やがてSPが設置されると特約店の排除される傾向が見られた。このように、多段階な流通経路の形成は、商社資本の介在と全国的な販売網の確立によるところが大きいのに対して、相対的に企業規模の小さな飼料会社は商社の介在のない直売制をとりやすく、またしばしば地区代理店を経由せずに特約店から小売店に販売した。一般的に小売店は、生産者の規模拡大とバラ輸送の進展で排除され安くなり、さらにSPが設置されると特約店の流通機能は減退することになる。

日配と農産工に代表される寡占的先発企業のシェアが減退した要因は、系統農協の全国的な飼料工場の配置によるところが大きく、それによって系統農協のシェアは、参入初期の10％から60年代前半20％に増加し、70年には40％に達した。もともと旧全購連は、直営工場と協力工場で飼料生産を実施してきたが、組織形態を転換し、各県単位でくみあい飼料を設立した。このくみあい飼料工場の設立だけでシェアが拡大したのではなく、規模の大きな生産者の組織化として大口需要対策を、また流通コストの節約のためにバラ輸送を実施することが系統農協の戦略であった。このくみあい飼料工場は60年代に多く設立され、残された直営工場は機能を分担してペレットを生産し、飼料工場のない県へ販売した。

1965年からの食品コンビナートの建設にともなった臨海型の「海」工場では、原料調達コストの一層の節約と規模の経済性の追求によって内陸部の「山」工場よりも立地上の有利性が強くなった。やがて、産地の立地移動は飼料工場と実需者との経済距離を増大させた。このことは臨海工場を中心とした商系企業の輸送コスト負担を増大させ、コスト節約を主たる目的としてストックポイント（以下、SP）の設置や輸送手段の大型化を志向させた。さらに、飼料産業における競争は生産財という性格からも、過剰能力の形成とともに経済主体が積極的なマーケティングを展開するよりも、価格競争が激化しやすい。やがて、南九州や北東北での産地形成に対応して飼料工場が立地移動すると、飼料工場の操業度が拡大して飼料会社によっては低価格販売がみられ、またこれらの地域では取引単位も大きく、大型の輸送手段によ

る直送の割合が増加すると生産者渡し価格が低下する。それとは逆に、この
ことは取引単位が小さく、かつ主要港の飼料工場よりも遠距離にある産地で
は生産者渡し価格が高くなり、産地の競争力が減退することを意味する。つ
まり、飼料工場の立地配置、さらに飼料会社の競争行動は産地間競争にも飼
料価格を媒介として大きなインパクトをもたらす。

　系統農協による1県1工場方式は、バラ輸送と大口需要対策を手段として
内陸部での産地形成を促進した。やがて、系統農協はシェアが40％程度にま
で達し、価格形成に全農のプライスリーダーシップが機能するようになった。

㈹ 内陸型工場とバラ輸送の拡大

　系統農協は63年から旧全購連と旧全販連が共同で、「系統農協畜産・飼料
事業拡大5ヶ年計画」をかかげ、バラ輸送の普及、大口需要対策、予約制度
の強化、重点農協の育成、などを実施した。このうち、バラ輸送は系統農協
の飼料工場と生産者との距離が商系企業よりも短く、内陸工場も多かったの
で、流通効率化の経済効果が大きかった。このバラ輸送は、62年から神奈川
県下の工場から20〜40kmの市内の大規模層を対象に実施され、これまでの
ように単協段階では袋詰めで必要とした保管の必要がなくなり、また受け渡
しが生産者の庭先でなされたので単協の手数料も減少した。このバラ輸送で
は紙袋代が必要なくなり、単協手数料の削減分、さらに特別奨励金を加算す
ると、これまでの袋詰めとではトン当たり1,560〜1,710円も節約された。し
かし、バラ輸送にはバルク車が必要であり、かつ生産者レベルでバラタンク
を設置せねばならなくなった。このバラタンクは取引単位が小さければ、小
型化し過剰投資になり、また需要者への輸送距離が長くなるほど輸送手段の
回転率が低下するので非効率であった。そのため、バラタンクの大型化が要
求され、3〜5トンが増加したが、より普及させるために系統農協からの助
成が図られた。さらに、バルク車の輸送の効率化のために、中型車で輸送距
離が50km以内で最低1日2〜3往復が実施の条件とされた。

　神奈川県の単協によってはバラ輸送の割合が2〜3年で70〜80％に達し、
都市近郊であり、かつ商系企業との競争が激しい地域であるにもかかわらず、

217

系統農協の統制率は50％以上になった。このバラ輸送がさらに予約制度の強化と連動して需要の固定化と計画的購買、保管の不必要と結びついたので、系統農協は手数料を低下させても有利であった。にもかかわらず、バラ輸送のメリットが大きくない地域では、輸送手段とバラタンクの大型化に対応しうる大規模生産者により限定されることになった。内陸工場を持ち、農協運動が活発であった群馬県では、80％程度が養鶏用飼料であったことと、商系企業は臨海の拠点工場からの輸送コスト負担が大きいことなどから、バラ輸送の割合が先んじて増加し、大口需要対策と連動して統制率が向上することになった。これに対して、愛知県では養鶏用飼料で、先発の商系企業との競争が激しく、系統農協の大規模生産者の組織化が遅れることになるが、このことがバラ輸送の割合を低め、さらにはシェアの上昇を阻害することになった。

(ハ) 系統農協と商系企業の競争行動

　1955年から10年間では飼料工場は規模の経済性が大きく作用せず、むしろ大規模工場では製造コストが上昇することになった。内陸部の飼料工場は相対的に規模が小さく、かつ搬入コストが高くなったが、需要者までの輸送距離が短い上にバラ輸送で配達コストを節約した。系統農協のバラ輸送は関東近県から65年から10年間までに24県にまで普及し、商系企業に先んじて配達過程の効率化が進展した。やがて系統農協では、これまでの価格対策を中心とした対応から組織の体制整備が次の課題となり、原料購買対策をさらに強化しようとすると、飼料基地の建設と専用船の確保、SPの合理的配置が必要条件となった。前者は組合貿易によるFOB買付の一般化、サイロ設置、さらには全農グレインの設置にまで発展するが、後者は供給圏の拡大に対応した配達コストの節約となった。

　このような系統農協の行動に対して、臨海工場に依存してきた商系企業では、工場から遠距離にある地域からシェア低下を招き、また各飼料会社が類似の戦略をとったため、工場周辺では競争が激化した。そのため、商系企業では65－70年で５万トン穀物専用船の接岸可能な港湾のサイロ建設がコンビ

ナート構想と連動して必要になり、飼料工場はコンベヤーでサイロと結びつくことによって搬入コストを節約した。それまで臨海工場では港湾に入る本船の規模が小さく、あるいははしけ利用が不可欠であったことなどから、荷役労働者の確保が重要であった。やがて、荷役労働者の不足に対応し、省力化するには、サイロの建設や吸い上げ機械の導入などによって本船の着岸から工場までの効率化が可能となった。また、初期から飼料会社との関係が強かった大手商社は、専用船の建設、フレートの安定を配慮した長期利用の取り決め、など系統農協に先んじて搬入過程の効率化を実施した。トウモロコシ、マイロなどの主原料の輸入のシェアは、三菱商事、三井物産、伊藤忠、丸紅などの大手4社で50%程度に達し、飼料会社は大手商社との業務提携がさらに必要となった。こうしたことからも大型船（5万トン）と主要港が結びつき、さらにサイロと大規模な飼料工場が併設されることが、飼料工場の調達コストを大きく節約することになった。

② 系統農協におけるシェア拡大の戦略

　新たに形成されたブロイラー産業や養豚・酪農における配合飼料利用への転換によって需要の拡大はさらに大きくなり、飼料は農業の生産資材の購入市場で1960年代前半から肥料よりも市場規模が拡大する。家庭内消費でみて60→70年で鶏肉の消費量は1.98→9.04kg、豚肉は4.44→9.83kgと著しく拡大し、他方で牛肉はかえって減少した。この60→70年に農協系組織はさらにシェアを拡大して、65年には寡占企業上位6社のシェアよりも多くなり、70年頃には40%近くに達して、その後、10年近く多少の変化があってもシェアが維持された。農協系組織では営農団地を基礎とした産地形成を立地論的には不利であった内陸型工場の形成によって、県単位でのくみあい飼料工場を設立してシェア拡大することが戦略となった。寡占企業も臨海型の飼料工場を輸送コストが高く、あるいは需要の拡大が見込まれる地域に建設して全国的展開をとげようとした。

　産業の成長期では企業間競争はシェア競争になりやすく、飼料工場の数と

図-6-1　農協系組織と寡占的企業の市場占有率の推移

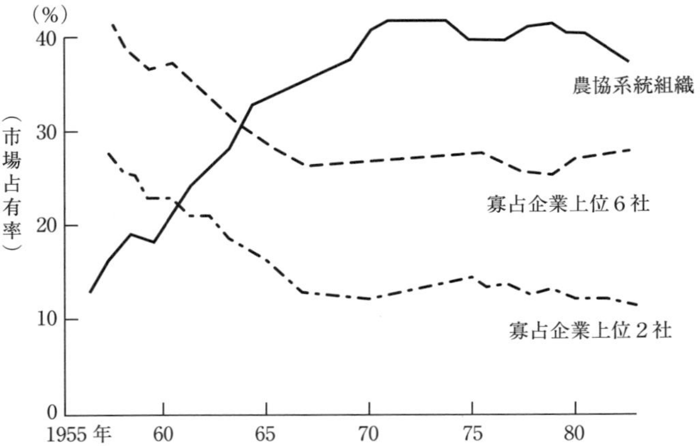

（資料）全購連「農協飼料配給論」、「飼料と飼料工業」「飼料」などから作成

操業度で供給量が規定された。系統農協組織では有畜農業経営から脱した生産者の規模拡大が進展するため、商系飼料企業との対抗上、大口需要対策や袋からバラでの輸送体制、精度の高い予約に基づく計画生産などが検討された。規模拡大による専業的経営の育成には耕種部門との紐帯をたちきり、労働集約的な自家配合から完全配合に転換することが必要になり、資源利用型の残パン、養豚、カス酪農、アラ養鶏などの生産方式は品質管理面からも維持しにくくなった。55年からの10年間の専業的畜産経営の規模は養鶏で2,000羽以上、養豚で80頭以上、酪農で10頭以上であり、有畜経営と比較すると規模格差が大きかった。

　表-6-3で飼料工場の設置時期をみると61→65年に20％、66→70年に26％であるから、ほぼ飼料工場の2分の1はこの10年間に集中して建設された。系統農協組織のくみあい飼料工場は内陸型が多く、原料コストが高いのに対して生産者までの配達コストや販売コストを節約することができた。1963年の調査結果によれば、臨海型工場と内陸型工場の生産コス比較では総原価はほぼ同じ水準になり、むしろ生産者までのバラ化とそれに対応したストック用のタンクの設置によるコスト節約が課題となった。また、65年年から次の

表-6-3　工場設置年別配合飼料工場数（1989年度末現在）

工場設置年	工場数	比率
1945 年以前	6	3.3
45~55	15	8.3
56~60	11	6.1
61~65	34	18.8
66~70	47	26
71~75	31	17.1
76~80	13	7.2
81~85	10	5.5
86 年以降	14	7.7
計	181	100

（資料）農林省畜産局資料、全国農業協同組合連合会『くみあい資料要覧』（1990年版）

10年に入ると臨海部におけるサイロ建設と製粉、飼料、製油、コーンスターチなどの工場を拠点的に立地させる食品コンビナート構想が連動するようになった。この食品コンビナートは、小麦、メイズ、大豆などの輸入原料を大規模な港湾に施設を建設することでコストを節約し、また関連工場の集積は建設費だけでなく、一次製品の輸送費・包装費・倉庫荷役賃などのコスト節約効果が大きかった。

　農協系統組織でも67年に川崎基地にサイロ（東洋埠頭）を建設したのにつづいて、68年に千葉港に千葉共同サイロ、水島基地の西日本グレーンセンター、70年苫小牧埠頭、神戸基地の全農サイロの建設がなされ、その後の東海基地と鹿島基地の全農サイロの配置で全国的にサイロと大型の飼料工場の併設が進展した。大規模なサイロでは5万トンタンカーの接岸が可能であり、収容力も10万トン以上で荷揚能力も向上した。これらの系統農協組織のサイロの中では川崎基地、神戸基地、石巻港、苫小牧港では収容力がやや低かった。このように系統農協組織でも内陸型工場の建設と整備につづいて、臨海型でもサイロとの連結を強めることで全体として効率化することになった。

　内陸型工場での販売コストの節約は工場から生産者にバラで直接輸送し、ストックして利用するためバラ取りのできるタンクを設置し、トラックの回転率を向上させることであった。輸送手段となるバルク車は2トン、4トン、

表-6-4　臨海型工場と内陸型工場のコスト比較（単位：トン当たり円）

	区分	臨海工場	内陸工場	総平均
製造原価	原料費	28,192	29,604	28,711
	労務費	614	782	676
	製造経費	903	976	933
	仕掛品	-45	-25	-37
	計	29,664	31,337	30,283
売上原価		29,962	30,760	30,209
一般管理販売費		1,782	694	1,755
営業外損失		423	229	359
総原価（A）		32,167	32,633	32,321
売上原価（B）		32,572	33,009	32,716
（B）－（A）		405	376	396

（資料）飼料時報「関東10県における配合飼料流通状況」1966年3月28日

　6トンがあり、生産者への輸送距離が短いほど回転率が3〜4回へと増加した。長野県経済連の事例によると、バラ取引の条件は、①3年以上の長期予約制度、②1回の取引がトン単位であること、③輸送車の安全輸送の条件（3〜6トン車、60km以内）、④経済連の定めた荷受施設、の3つであった。単協サイドにおけるバラ取りのメリットは、①計画購買、計画供給、②在庫不必要による農協倉庫の保管管理コストの節約、③実需者の固定、④取引額が増大することによる代金決済システムの確立、⑤荷受施設資金の貸付、などで大きかった。しかし、荷受施設であるタンクが小規模であり、1〜2トンが中心であったため、助成金をつけて大型化することが必要となった。群馬県経済連ではタンクの規模による投資額から助成額を算定し、3分の1程度の支援がなされた。すなわち、タンクの投資額は1トン3万円、2トン4.8万円、3トン13万円、5トン17.1万円であり、それに対する助成額はそれぞれ1万円、2万円、4万円、5万円、7万円であった。千葉県経済連では1〜5トンで0.5〜5.0万円の助成金をつけ、その水準は長野県よりも低かった。地域によって経済連の対応策は異なっていたが、袋づめの労賃の節約と銘柄数の減少の効果は大きかった。その経済的メリットはトン当たり1,500〜1,300円という地域は大きく、700円は少ない方であって、1,000〜1,100円程

度が平均的なメリットであった。特に積極的にバラ取りを推進した長野県経済連では2,000円のメリットを試算した。

　バラ取りで取引関係を固定化し、さらに効率化するにはタンクの大型化と大口需要対策が必要となってきた。県連によっては1回の受渡単位を3トン以上として、タンクの助成も4トン、5トンを中心にしようとした。また、大口農家や集団畜産についての大口対策は経済連や単協によっても基準を異にするが、全購連に従う場合も多かった。

　大口需要対策は神奈川県でよく普及し、61年で畜産事業を展開する単協の1割程度まで普及したとされる。先進的に養鶏の産地化を展開した鳥根県大東町農協では、250羽以上の重点農家を選定して農協手数料、飼料の取扱い手数の引きさげ、金融や指導面での特別扱いの対策をとった。全購連では62年から総合的な大口需要対策をとり、①技術指導、②施設設置とその助成、③金融措置と共販の推進、④価格対策と組み合わせ、農協を中心とする集団畜産（養鶏、養豚、酪農）を組織化した。この集団畜産の資格条件となる規模は養鶏1万羽以上（成鶏）、養豚1,000頭以上（肥育豚）、酪農400以上（搾乳牛）であり、配合飼料の取引単位はトラックで5トン、また発注は1集団月20トンを最低とした。大口需要者では1ヶ月飼料消費量で3トン以上、飼育頭羽数では養鶏1,000羽、養豚50頭、酪農20頭以上であった。奨励措置としては集団畜産がトン当たり300円、大口需要者がトン当たり500円であった。このような大口対策は単協の合理化メリットを集団畜産や大口需要者に還元する性格のものであったが、商系の飼料企業との競争を有利に展開するための対策でもあった。

③　コンビナート建設と物流システムの効率化・合理化

　原料の調達ではサイロと工場が結びつき、サイロに本船が接岸可能となるとニューマティクシステムでバラ取りとなるので荷役労働を省力化できた。一般にサイロ建設の経済効果は、①荷役能力の向上、②はしけの需給緩和、③営業倉庫不足の緩和、などであった。本船から工場までの物流は、(イ) 本

図-6-2　系統農協と商系企業の飼料工場のコスト比較

（1,000円）　　　　　　　　　　　　　　　　　（単位：トン当たり/1,000円）

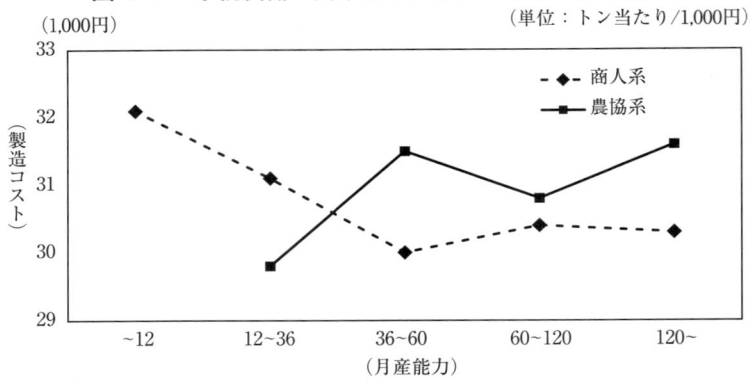

（資料）斎藤　修「飼料産業の市場構造的性格と立地問題」農産物市場研究、　第29号、1989年などから作成

船（横つけ）サイロ→工場、㈥本船→はしけ→サイロ→工場、㈦本船→はしけ→営業倉庫→工場（海）、㈤本船→はしけ→営業倉庫→工場（山）の4つの類型があって、当然のことながら㈤が最もコストが高くなって、㈠の5倍以上であった。また、㈠は㈥の40％弱のコスト節約が可能であったが、サイロがあるかどうかによってコスト格差が大きくなった。臨海型の海工場であっても陸揚げして麻袋につめ原料倉庫に搬入されることが、コストを高くする主たる要因となる。㈠のニューマティクシステムでは機械と機械がパイプによって連結されて荷役労働が排除した。東京港では沖取り（はしけ）が半分近くもあって、大半は倉庫に保管されていたので非効率的であった。

　以上から飼料工場の立地条件はサイロと飼料工場が結びついた臨海型であって、本船の接岸できる港湾が有利となった。このような飼料工場は月産能力で1万トン以上になると多くなり、全体的には本船が直接に接岸できない工場の方が多かった。商系飼料企業はローカル港にも工場を建設して生産量を増加させてきたが、産地の立地移動によって遠距離輸送が増加して、ストックポイント（SP）を設置して対応した。SPの数は1967年から増加し、68 ～ 71年の3年間に集中してSPが関東や九州で多く設置された。工場から

SPまでの距離は50 〜 100km圏が中心で、SPから生産者までは30km以下が中心あった。臨海型工場の多い商系飼料企業にとって**図-6-2**のように系統農協の飼料工場と比較して、規模が大きくなるとコストが節約された。商系飼料企業の工場は階層的分化が進展し、系統農協よりも日産3,000トン未満の工場も多かった。また、工場の月産能力とバラ出荷との関係では、1965年ごろには月産1.2万トン工場でバラ出荷工場は69％、0.6 〜 1.2万トンで55％、0.36 〜 0.6万トンで36％、0.12 〜 0.36万トンで8％、0.12万トン以下ではわずかに3％であった。このことから商系企業の飼料工場でもコストが低く、かつバラ化率の高い工場がSPを設置しながら販売圏を拡大できたと推察できる。

　SPの規模は中型200トン、小型100トン以下であったが、大型化して「分工場」とよばれると500トンに達し、袋からトランスグバック（TB）、さらにバラ輸送に転換することで物流の合理化が進展した。この大型SPは、特約店を経由しないで元売りから直接販売されたので商流も合理化された。飼料会社によっては大口取引をTBで増加させたが、バラ輸送に転換することで大口需要者に対応せざるをえなくなり、輸送手段も大型化した。関東の資料工場はより遠距離な地域との取引が発生して販売圏が100 〜 200kmまで拡大した。大洋漁業の千葉工場では千葉・茨城・群馬県をこえて福島・宮城県まで拡大したし、また横浜工場は神奈川・山梨・静岡・栃木・群馬県をこえて長野・新潟県まで拡大した。このように関東の拠点的飼料工場は東北地域や北陸地域の1部をカバーするようになり販売圏は200km以上へ拡大された。このSPの設置は飼料工場→SPまでの輸送手段の大型化が進展したものの、生産者の取引単位が小さければ輸送手段の大型化が制約され、中山間地などでの道路事情を配慮すれば2トンにとどまることになった。全購連史によれば系統農協では、①片道2時間（60km）以内はバラ輸送による直送、②それより遠い地域はSPの設置で二段階輸送、SPからの輸送距離は走行片道1時間以内、③SPの設置は月間500トン以上のバラ需要に対応、④生産者のバラ荷受はトン単位で月3回転を基準とすること、⑤銘柄はさらに集約するこ

と、⑥単協・生産者との予約の確定化が効率的な物流システム構築の条件となったこと、が挙げられる。また、全購連は専属的に利用するサイロ基地の建設を川崎港や清水港で実現すると、より長期計画でFOB価格での満船買付けの検討に入り、飼料価格の安定化のためにも専用船による輸入を実施した。この専用船はアメリカに輸出する自動車メーカーの帰り荷の活用も加えると輸入原料の40％にまで達した。

この専用船の次の段階で全農はアメリカに全農グレインエレベーターを建設して保管能力役10万5,000トン、年間65回転を計画し、約1億580万ドルが投資された。この経済的メリットは、①本船の計画的配船による積地でのコストの節約、②エレベーターの回転率の向上による諸掛の引き下げ、③非常時におけるリスクの多い買付けの抑制、④国内のストック量の適正化と調整、が列挙できる。これによって系統農協組織は商系企業との原料調達上の不利性を軽減することができた。

④ 産地と飼料メーカーの統合化戦略

新興産地となった南九州や北東北の地域では、東京・大阪市場までの畜産物の輸送コストと飼料工場から産地までの輸送コストが高く、競争力拡大では自社の飼料工場を保有する制約条件となった。アメリカでのインテグレーションではインテグレーターによる飼料工場の保有は必要条件であったが、我が国ではアウトソーシングのメリットが追求された。

しかし、新興産地である鹿児島県の旧出水養鶏農協ではブロイラーの種鶏場、処理加工場についで1970年に経済連の反対を押し切って飼料工場を建設した。産地側の自前の飼料工場を保有するメリットは、①産地の大型化によって少品種の専門工場（養鶏専門）は系統農協の飼料工場よりもアイテムが少なく効率的であること、②商流物流（特に独自の輸送システム）で合理化ができることなど、であった。この新設工場のメリットは試算では山工場であるため原料費がアップしたものの、販売費は別法人の鶏協運輸による効率的な輸送システムで3分の1以下に減少したので、全体として6％のコス

ト節約になった。小規模な内陸工場では、原料コストの高さを相殺するには内部組織化や系列化によって、輸送会社よるトラックの回転率を早めて生産者につなぐ物流システムが必要になった。また、この飼料工場の株式の保有割合は三井物産25％、日本配合飼料25％、出水養鶏農協50％であり、商系企業との融合化によってノウハウを共有する戦略であった。やがて物流システムをさらに効率化するため、75年にサイロが増設され、原料輸送には専用チャーター船が利用された。78年の時点で成鶏用バラ飼料、ブロイラー後期飼料を経済連と旧出水養鶏農協と比較すれば、それぞれ21％、13％の価格差（経済連は単協渡し価格）があってコスト節約効果は大きかった。この旧出水養鶏農協の行動は、インテグレーターが産地規模の拡大とともに飼料工場を建設するメリットが、少品目の集中生産、地域に密着した飼料設計、計画的生産などにもみられ、広島県の大規模インテグレーターである採卵鶏のアキタ産業でも飼料工場の所有がなされてくる。

　1965年から10年間では系統農協の各工場も含めた中小企業のシェアは増加し、68年50.9％→72年57.5％に増加した。操業度はこれまで大企業が高かったが、中小企業も生産量が増加したことによって操業度の格差が小さくなった。また、1人当たり生産量でみると中小企業が大企業よりも多く、中小企業では機械装置への重点的投資がなされたとされている。オイルシックに入るまで需要は顕著な拡大をとげ、中小企業であっても多くのビジネスチャンスが残っており、中堅企業である中部飼料や日和産業の産地とつながった経営展開が成長をとげることになった。他方、大手の日本農業工業は71年に東急エビス産業、菱和飼料の3社合併によってシェアは5％強から11％強になったが、その後7％程度にまで低下した。この合併は三菱商事の主導で実施され、系統農協組織との対抗も意図された。しかし、工場が同一地区で重複して立地しているため、生産効率の改善できず、かえってその後に収益性を悪化させる原因となった。71年までにトップメーカーであった日本配合飼料は1957年の15％から6％に減少した。それに対して、協同飼料や日清製粉はシェアをそれぞれ5～6％、4％程度に維持しながら、多様な畜産事業を

拡大した。協同飼料は商社との系列的関係が弱いことから畜産農家との結びつきが強く、畜産物の買い取り、加工メーカーと提携した契約生産の拡大に入り、加工メーカーとの多様な提携関係を模索した。また、製粉系企業が副産物の販売という立場から専門メーカーと比較すると積極な経営戦略は少なかったが、日清製粉は飼料からインテグレーションによる畜産事業を拡大した。1955年から飼料販売のサービスとして種豚、ヒナの斡旋を経てブロイラーのインテグレーターとの提携に入り、69年には三菱商事、日本農業工業、菱和飼料、日本ハムとともに南九州にジャパンファームを設立した。ついで山陰地区のインテグレーションでは関連会社を設立し、肉豚の生産販売に入った。さらに原種豚・種豚の生産・供給、ブロイラー・鶏の生産販売を強化するためにモデル農場による実需者への技術普及の体制をつくり、台湾企業の統一との技術援助契約も締結した。

このように産地段階で旧出水養鶏のような農協組織から処理加工、種鶏場、輸送、販売の部門が統合されてくると、飼料部門も統合され輸送の効率的なシステム化と連動して、飼料工場の保有、あるいは委託配合という方向が選択されることになる。また、全農のシェア拡大とプライスリーダーシップによって商系企業の収益性は低く抑えられがちであるため、取引先を固定化して収益性を安定的に拡大しようとすれば、畜産事業に入り、技術面で生産者のフィールドサービスが必要となったのである。オイルショック以降、低成長期に入ると飼料メーカーも畜産事業に入って、そのウェイトを高めることになる。

（3）低成長下における飼料産業の再編成—1973 ～ 1985年（第Ⅲ期）

① 低成長下における構造調整と企業行動

㈼ オイルショックと構造調整

飼料産業は本来収益性が低く、装置型産業としての性格から工場への投下資本額が多かった。また、原料価格はシカゴ相場や貿易構造によって変動するが、系統農協組織はシェアが高くなってからプライスリーダーとしての役

表-6-5　配合飼料安定基金の概要

区分	(社)全国配合飼料 供給安定基金 (全農基金)		(社)全国畜産配合飼料 価格安定基金 (畜産系基金)		(社)全日本配合飼料 価格安定基金 (商系基金)	
設立年月日	1968年2月29日		1968年4月1日		1973年3月12日	
出資会員および出資金	千円 畜産振興事業団 全農 県経済連(48) 農林中金 計(51会員)	150,000 285,000 144,000 40,000 619,000	千円 畜産振興事業団 全酪連・全開連 日鶏連・全畜連　(4) 県連合会及び単協(372) その他 農林中金 計(419会員)	140,000 146,420 6,720 1,260 40,000 334,400	千円 畜産振興事業団 配合飼料製造業社(67社) 畜産経営者(83人) 飼料工業会(1組合) 基金協会(47) (社)荷受組合数415組合 計(199会員)	150,000 304,800 8,300 500 4,700 468,300
加入農家戸数	127,688		約80,000		約60,000	
年間(79年度)契約数量(シェア)	7,352,333,240トン (43.79%)		831,176,185トン (4.95%)		8,608,209,185トン (51.26%)	
積立金の負担状況 (79年度)	①通常補填積立金 　加入生産者…400円 　県連…200円 　全農…600円 　(積増分400円を含む) ②特別補填積立金 　全農…300円 ③異常補填積立金 　全農…1,970,346千円		①通常補填積立金 　加入生産者…400円 　加入　会員…200円 　契約　会員…600円 　(積増分400円を含む) ②特別補填積立金 　契約会員…300円 ③異常補填積立金 　契約　会員…222,746千円		①通常補填積立金 　加入生産者…400円 　配合飼料メーカー…800円 　(積増分400円を含む) ②特別補填積立金 　配合飼料メーカー…300円 ③異常補填積立金 　配合飼料メーカー 　　　　…2,306,908千円	

(資料) 梶井功、宮崎宏「飼料需給安定政策の問題点」、梶井功『農産物過剰』明文書房、198_年

割を担うようになった。それでも原料価格の上昇が大きくても短期的に販売価格に転化することは困難であることから、生産者の収益性が悪化して「畜産危機」になって多くの生産者の脱落をまねきやすい。急速な成長をとげてきた飼料産業もオイルショックを契機として成長が鈍化し、需要の拡大も小さくなった。また、鶏卵や酪農では過剰生産になって需給調整が産地間競争の激化とともに課題となった。関東近郊でも都市化地帯では地価の上昇や糞尿公害によって他県への移転がみられるようになり、また新興産地が南九州や北東北に形成されるようになると産地移動が進展することになる。この産地移動によって新興産地の競争力を拡大するには飼料価格を低下させる必要があり、本船(パナマックス)の接岸できる港湾サイロと効率的な飼料工場の建設が課題となってくる。

　産地間競争は近郊産地と遠隔産地の間で展開されただけでなく、遠隔産地間でも展開され、遠隔産地では畜産物の大消費地までの輸送コストを配慮す

ると、全体的生産コストを低下させることが基本的な条件となった。他方で、旧産地の成長がとまり、供給量が減少すると、飼料工場の操業度が低くなるので飼料会社ではコストが上昇しやすくなった。これに対応して、系統農協組織ではこれまでの1県1工場方式から複数県にまたがったブロック再編が進展した。この再編では、内陸工場の不利性が明確になって臨海型の拠点工場を中心とした方式がとられ、これまでの飼料工場はSPとして活用されるようになった。というのも、系統農協組織のシェアは80年代前半から低下傾向がみられるようになり、大規模生産者やインテグレーターが商系企業から有利な取引条件で調達するようになったからである。

　我が国畜産業の大きな転機はオイルショックであり、配合飼料の価格は原料の高騰、円の実質的切り下げ、海上・陸上運賃の高騰などを原因として、73年1月以降、3月、4月、9月、74年1月と5回の価格改定があって1.8倍の価格の上昇があった。この急激なコストの上昇によって家畜の飼養頭羽数の増大はみられなくなり、採卵鶏、豚、肉用牛などの飼養頭羽数が減少に転じた。世界的にみて副原料のうち魚粉がペルーの魚獲不振で価格が上昇し、このことは代替需要となる大豆カスの価格も上昇させた。さらにアメリカ国内における穀物の収穫期における天候の急変が大豆、トウモロコシにも影響し、東南アジア諸国の買付の集中が加わってFOB価格の急上昇を招いた。この5回に及ぶ価格改定は価格の急上昇を緩和しようとした対応をとり、また、3月の値上げ分は飼料安定基金や円の変動相場制移行にともなう輸入差益で、生産への影響を少なくしようとしたのが全農の緊急対策であった。この全農の飼料安定基金への畜産農家加入率は全農扱いで70％であり、1月は3,200円の値上げのうち1,030円、3月は4,800円うち3,000円の補てんがなされた。

　他方、商系企業でも全農の対応から安定基金の設立を決定し、商系企業と畜産業者とが1億5千万円出資して造成した。この安定基金では配合飼料トン当たり400円積みたてで補てんする方式をとり、系統農協組織との不利となった競争的地位を回復しようとした。農林水産省でも、①政府操作資料過

剰米の飼料用としての売却、②配合飼料価格安定基金の強化、③畜産経営特別資金緊急融資措置などの緊急対策を実施した。①では政府操作飼料25万トンの他に、過剰米50万トンを売却すること、②では全農系、商系への基金出資、利子補給である。オイルショック以降、急激な増加をみた家畜の飼養頭羽数の増加は低下し、75－80年の間に乳価据置、卵価低落、豚価低落を経験し、低成長期に入った。飼料価格の上昇と販売価格の低迷・下落は畜産危機を深刻化し、多くの生産者の離脱を促進した。配合飼料価格の上昇によって生産コストを低下させようとすれば、混合飼料（二種混）や焦カス・専管ふすまで自家配合をする経営が増加した。この混合飼料では、①肉用牛を中心とした加熱圧ペン２種、②成鶏や養豚を中心とする魚粉２種などがあり、生産は小規模な全麦連系の企業が担い手である。自家配飼料と配合飼料の価格差は原料の価格変動によって異なってくるが、1983年でみて魚粉二種混は成鶏用の74％、加熱圧ペン二種混は肉牛用の92％であるから魚粉二種混は有利であった。この自家配合は飼料設計を生産者自身が担当するため、高品質を確保しようとすれば副原料やプレミックスの知識と飼料設計に高い技術水準が必要となる。この高い技術水準では地場原料も活用し、さらに家畜の生理や環境条件に対応した飼料設計も可能となって生産コスト節約のメリットも大きくなる。しかし他方で、配合や飼養管理の技術が低いので、低コストであっても品質の低下を引き起こしてメリットがなくなる場合もある。我が国では配合飼料はプレミックなどが入った「完全配合」としての性格があるため、生産者レベルでのこの技術水準は自家配合の多いアメリカと比較すれば高位にあるといえる。したがって、自家配合は採卵鶏、豚の中小家畜でわずかに普及するにとどまり、やがて飼料価格が低下してくると自家配合のメリットは少なくなった。むしろ、畜産物の高付加価値化や製品の差別化が過剰生産下で重要となると、飼料工場と実需者の間で指定配合が増加することになった。また、配合施設への投資と労働コストの大きさを配慮すると、実需者が原料を飼料工場で委託配合する方式は配合施設、あるいは小規模な飼料工場を所有するよりも、アウトソーシングをすることが経済的に有利で

あった。

　㈹ **飼料メーカーの行動と再編の課題**

　これまで大規模な飼料工場は、地域の多様な畜種構成に対応してアイテム数を増加することで対応してきた。80年における１工場当たりの銘柄数は47アイテム、１日の製造銘柄数は13アイテムになって製品ラインの多様化で製造コストが上昇した。この製品ラインの多様化ばかりでなく、飼料工場全体へのインパクトとしては製品タンクの増設、TBなどによるストックの増大、輸送単位の小口化、SPの増設が指摘できる。これに対応して、これまでのアイテムを検討して集約し、コンピューターによる工場の自動化が問題となってきた。1965年から10年間、75年からの設置工場ではコンピューターによる集中制御が支配的となっていたが、それ以前の設置工場では配合方法に手動式が残存していた。古くからの工場は施設や機器を新たに付加してきたが、工場間の物流や能力のアンバランスで非効率性をかかえて省力化がしにくくなった。能力規模別工場数の割合の変化をみると、55年から10年間に月産能力1,000 〜 3,000トンの工場にシフトが進展し、75年から10年間では5,000 〜 10,000トンの工場の割合が40％程度にまで高まった。しかし、50年代でも5,000 〜 10,000トンの割合が増加し、１万トン以上の工場割合は30％程度にとどまった。飼料工場における規模の経済性は月産5,000トン未満と5,000 〜 10,000トンで格差が大きくなるが、5,000 〜 10,000トンの飼料工場と10,000 〜 20,000トンの工場能力でのコスト差は小さくなる。飼料工場のコンピューターによる集中管理が進展して省力化し、操業度を上昇させることによるコスト節約の効果が大きくなった。特に新興産地の成長が著しい東北や九州では、需要の拡大によって飼料工場の操業度が高くなる工場が集中することになる。

　地域別の操業度をみると79年では畜産業の衰退のみられる近畿で106％、東海110％、中四国114％であるのに対して、東北では147％、九州で160％であった。81年の配合飼料産業構造問題研究会では10,000トン工場を中心として操業度150％で効率化を基本とすれば、多くの地域で工場の合併や再編が

必要となってきた。81年の配合飼料産業調査報告書によって、系統農協組織と商系企業との収益性の差をみると、経常利益率で前者が1.9％、後者が1.0％となって、後者の専業は0.5％にすぎなかった。大手商系企業で収益性の低下が最も著しかったのは日本配合飼料であり、オイルショック以降の75年から経常利益はマイナスに転じた、日本配合飼料は80年から工場の統合と省力化、畜産事業の拡大で合理化した。また日本農産工業は80年に経常利益がマイナスになり、畜産事業の縮小、生産性の低い工場の統合によって人員削減が進展した。この合理化は特約店の整備統合が必要となって販売会社の設立と支店の解消という対応をとった。

　物流システムはSPの設置とバラ化の割合の増大によって、これまでの特約店の技術・経営指導や融資対策などの対応は限界に達した。合理化は企業合併も促進し、1978年伊藤忠商事の仲介でマシノ飼料工業、河田飼料の対等合併で伊藤忠飼料が設立され業界2位になった。他方、中堅企業の日和産業、中部飼料は着実に成長した。特に日和産業は大規模な実需者との取引を拡大し、トップの意志決定が強く経営戦略に反映していた。

　全農のプライスリーダーシップは、全農グレインの設立で物流や生産合理化ではほぼ商系と同じ条件となったことによって強化された。商系企業にとって全農の優位性は年2回の価格改正によってリーダーシップをとられ、自由な価格設定がしにくいことである。つまり、原料価格が上昇しても、ただちに製品値上げにならず、また原料価格が低下する場合でも早めに製品値下げをする行動を全農がとってきたため、トウモロコシのシカゴ相場の変動や為替相場の変動に対応した独自の価格設定よりも、全農の価格設定に追随せざるをえなかった。全農のシェアは40％程度にあるのに対して、日本配合飼料、日本農産工業の上位2社のシェアは低下していた。商系企業は、全農が独禁法の対象にならず、かつ法人税が民間の半分程度という有利な地位にいるという批判も指摘された。

　オイルショックを契機に飼料産業の収益性は低下してきたが、為替相場の変動が収益性に影響し、1ドル10円変動すると配合飼料コストはトン当たり

約1,000円の影響を受けるとされてきた。西野敏郎によれば、為替変動でも円高基調で推移してきた78年までは問題とはならなかったが、その後円安基調に転じると為替差損が発生しやすくなり、①為替予約の推進、②為替差損の建値への反映が必要となった。80－81年の大手３社の経常利益のマイナスはこの為替差損の発生だとされた。このように商系企業の合理化と経営安定の対応が迫られ、過当競争が展開されるようになった。この合理化は全国的な実需者の行動をみた飼料工場の再配置であり、統廃合や品目の分担であった。全農も79年に「広域供給圏構想」を提示して釧路、北東北、南九州（志布志）の再編に入った。系統農協では65年から広域的なブロック再編をとげ、基幹工場を軸として操業度を拡大し、SPを設置した供給圏を形成することになった。この再編は操業度が低下し、需要拡大の小さくなった近畿ブロックから開始され、新興産地である南九州、北東北、さらに関東の鹿島へと拡大した。商系企業も拠点的な臨海型の飼料工場を原則としてきたので同じような立地戦略がとられた。

② 産地の立地移動と飼料メーカーの戦略

　商系企業の飼料工場では81年で製品の最長搬出距離は多くが200km以上であり1,000km以上も15％あったのに対して、系統農協では100 ～ 150kmが中心であった。平均距離でみた場合でも、商系企業は100 ～ 200kmが中心となるのに対して、系統農協は100km未満が中心となった。これをさらに地域別の供給率でみると、75年で神奈川618.2％、兵庫267.5％、愛知213.1％と高位にあるのに対して、宮崎29.7％、青森39.2％、茨城42.1％、北陸全体38.2％とアンバランスが大きくなった。産地の立地移動は産地間競争によって進展し、この産地間競争は差別化行動をめぐって展開されるよりもシェア競争とコスト競争であった。配合飼料コストが原価に占める割合の高いため、契約農家を増加させて産地規模を拡大した。北東北における八戸飼料コンビナートの建設によってサイロと５工場の建設を予定し、畜産物の新たな供給基地の形成が計画された。この北東北へは関東から遠隔輸送される配合飼料も多く、

表-6-6　配合飼料の地域別供給量（単位：%）

区分	1975年	80	87
北海道	95.9	95.7	96.8
東北	70	75.4	89.9
青森	39.2	47.3	145.8
関東	112.5	110.4	104
神奈川	618.2	566.7	518.8
茨城	42.1	57.8	65.3
北陸	38.3	39.6	39.2
東海	133.6	137.5	133.9
愛知	213.1	211.9	192.4
近畿	160.8	173.3	147.7
兵庫	267.5	290	235.4
中国・四国	72.2	73.4	78.1
九州	99.4	101.1	101.9
鹿児島	126.5	141.7	164.2
宮崎	29.7	27.6	18.7

（資料）　『資料月報』1975年～87年などから作成

サイロと飼料工場の建設は、この遠隔輸送の問題を解決して東北産地の競争力を拡大することになった。このサイロは東北グレンターミナルとよばれ、中部飼料、日和産業、伊藤忠飼料、ニップン飼料などが入り、さらに全農、青森県経済連、岩手県経済連3者による「北東北くみあい飼料」（青森県くみあい飼料を増資して再編）も設立された。この内で日和産業の八戸工場は月産能力5,000トンであったが、日本農産工業、日清製粉との委託契約を結び農水省の許可の基準とされる月産8,000トンを十分にオーバーした。東北地域では石巻に協同飼料、日清製粉が進出していたので、商系企業間で激しいシェア競争が展開し、中小家畜では地域レベルでの飼料価格が産地の競争力を規定しやすかった。

　ブロイラーでみると東京市場・大阪市場で南九州と北東北の産地が参入し、産地間の技術構造差があまりみられず、製品差別化の経済効果が小さければコスト競争になりやすい。コスト面からみれば、東京市場は輸送コストで北東北が有利であり、逆に大阪市場では南九州が有利となるが、生産コストを

引き下げることができれば、それだけ販売圏が拡大されることになる。産地レベルで処理加工場、2次加工場、ふ卵場を統合して規模の経済性を追求し、安価に配合飼料を調達できれば産地の競争力は拡大される。大規模産地ほど統合化されインテグレーションの進展が早かったことと、飼料価格の低かったことが、産地の競争力を拡大した。また、飼料価格の上昇と販売価格の低迷による「畜産危機」は深刻となってから、ローカルインテグレーターによっては利益金のなかから安定基金を造成して生産者救済資金となり、トン当たり5,000〜10,000円の割引販売で需要者の獲得競争になった。これまでの輸送では京葉地域の飼料工場から東北地域の実需者までトン当たり8,000〜10,000円の輸送コストであったから、八戸の飼料工場からの直送であれば、数1,000円程度の割引は普通であった。東北で大規模養鶏経営体への低価格販売は競争力の拡大になって東京市場でのシェアの拡大に結びついた。これに遅れて鹿児島・志布志コンビナートが鹿児島くみあい飼料、南九州くみあい飼料、宮崎くみあい飼料の3社が合併し、志布志湾に大型サイロと大型工場が設立され、新工場は月産50,000トンという大型工場であった。この南九州でのコンビナートの建設では全農系のシェアが高く、また伊藤忠飼料などが大規模産地との取引関係を固定化していた。しかし、全農系では志布志の近くに同じ基幹工場の谷山があるため、両者が競争関係に入り、志布志の基幹工場の操業度が拡大することになった。

　1982年度配合飼料産業調査報告によれば、「競争の度合」について「コスト引下げ競争」、「販売値引き競争」、「販売促進競争」でみると「極めて激しい」とする割合はそれぞれ75％、81％、56％であり、「適正利潤の確保が困難となるような競争状態」という認識をもっている企業が多かった。飼料産業は装置産業としての性格が強いため、投資額が多大でコストを節約しようとすれば操業度を拡大しようとするには、生産量を増加させて低価格販売で対応しようとする行動がとられやすい。飼料工場を建設するための必要資本額は、工場規模の拡大と自動化だけでなく、インフレや地価の高騰によって多大になり、臨海型の大型工場では20〜30億円から50億円程度にまで増加

することになった。

　しかし、飼料工場から近距離に産地や大規模農業生産法人が立地していれ
ば、コスト節約のメリットを享受しやすいものの、むしろ販売圏の拡大で遠
隔地への輸送や地域の畜種構成に十分できるアイテムの設定という点からす
ると、前者は輸送コストの上昇、後者は過度な多品目化による生産コストの
上昇というマイナスの側面もある。飼料工場からの距離が長くても取引相手
が大口需要者であれば、取引コストの節約と流通効率化によって割引がなさ
れる。また、生産者の取引先を変更して新規契約に入る場合には、低い取引
価格が設定されやすくなる。

　一般的に飼料メーカーは原価構成や配合割合をオープンにすることはない
ため、生産者は品質のチェックがしにくかった。中小家畜では飼養期間が短
いため飼料の品質が変化した場合、その発見が販売段階でもできることもあ
る。しかし、大家畜であれば飼養期間が長くなって飼料と肉質の変化の関係
がわかりにくくなるのが普通である。飼料メーカーは本来、原料や副原料の
価格によって配合比率を変化させるが、安売りが飼料の品質を低下させ、ひ
いては生産者の畜産物の品質を悪化させる可能性もある。そのため、大口需
要者や産地では、飼料メーカーを競争させながら購入飼料の品質チェックを
することで品質の悪化を回避する。ブロイラーの最大のインテグレーターで
ある児湯食鳥は購入する飼料メーカーが初め伊藤忠、ついで日本配合飼料、
協同飼料、日和産業、昭和産業などであったが、日和産業と昭和産業以外の
メーカーは取引を切られた。需要者の規模からすれば、大手メーカーよりも
中堅メーカーが提携しやすく、実需者のニーズに合った飼料設計がなされて
くる。

　ローカルインテグレーターは飼料メーカーの選択と提携に入って、中小
メーカーであると、かえって取引依存度をあげて統制する場合も可能性もあ
る。中小の飼料メーカーはむしろ全国段階で競争するよりも、畜種やアイテ
ムを限定的にして大規模な実需者と提携することにメリットを見出そうとす
る。このように産地段階で自社にとってパートナーとして継続的取引のでき

る取引先との関係性を形成することの必要性は、畜産物の差別化の経済効果がでるようになってさらに高まった。

　また、実需者の指定配合は着実に増加し、82年の配合飼料産業調査によれば、インテグレーションに係る配合飼料の出荷量割合は55％であり、採卵鶏・ブロイラーが同じで22％、豚が6％と低くなる。インテグレーションへの飼料メーカーの関係で、飼料以外に「素畜の供給」、「畜産物の買い上げ」、「畜産物の処理加工」、「販売」のすべてに関与する飼料メーカーは18社にのぼり、「飼料の供給＋畜産物の買い上げ」が17社、「飼料の供給＋畜産物の買い上げ＋素畜の幹旋」が15社、「飼料の供給＋素畜の幹旋」が13社と続いている。飼料メーカーが提携する相手は農協組織であり、次いで処理加工業者との提携である。また、飼料メーカーが畜産物の販売を担う子会社に資本参加し、畜産物の加工処理の子会社との資本提携に入っている割合は、それぞれ20％程度であるとされている。このように飼料メーカーがインテグレーションに参加し、自らがその担い手となる傾向が低成長期に強くなったといえよう。

　以上のように低成長期では、過当競争によって価格競争を誘発しやすく、特に取引単位の大きな大口需要者については割引がなされた。商系企業では系統農協よりも個別の畜産経営体の条件や企業間競争を配慮して価格設定しやすいのに比べて、系統農協では大胆な大口需要対策をとりにくい性格があった。また、系統農協の価格設定ではサービスや運賃が原価に含まれ、輸送手段や取引単位による差がないのが普通であり、平等原則が作用しやすかった。系統農協のシェアは65年から10年間に40％程度に達したが、35％にまで低下し競争力が減退してきた。しかし、価格形成では全農が実費主義を原則として年2回の改定を基本としてきたことが、飼料メーカーや商社のビジネスチャンスを抑制することになった。このことは産業の収益性を低下させ、生産－流通システムの効率化が検討された。特に飼料工場の立地配置は産地の立地移動によって再編され、SPの設置、製品の形態（バラ、TB）、輸送手段と結合された物流システムの改善が検討されることになった。また、

全農では専用船と全農グレインと結びつけることで、供給安定化の条件が改善された。この流通システムでは商系企業も特約店制度、系統農協では系統3段階も検討されることになる。

　系統農協と商系企業ともに臨海型の拠点工場を中心とした展開をとることによって、内陸型の小規模工場はより実需者に密着し、インテグレーターと提携することで差別化行動をとった。産地レベルで統合化の進展したインテグレーションでも飼料工場を所有する行動はとりにくく、飼料メーカーとの指定配合や委託配合などの提携関係がとられるようになる。産地のインテグレーターが小規模工場を認承工場として保有する場合には製造コストはかえって上昇するが、アイテムをしぼって家畜の飼養条件に適合した飼料設計ができるメリットは依然として存続した。

③ 商系企業の行動と飼料工場の再編成

㈠ 商系企業における飼料工場の統廃合

　先発企業である日本配合飼料、日本農産工業のシェアの減退と農協系組織のシェア拡大によって、飼料産業は製品差別化の程度が低いことから同質的寡占の競争構造が形成された。主たる製品形態である完全配合飼料は養鶏部門が中心で、豚、酪農、肉牛へと需要の拡大をみたものの、構造的過剰生産が肉牛以外で一般的になると需要の伸びは年率1〜2％に減少した。これに加えて全農のプライスリーダーシップの下で、原料価格の上昇を販売価格にただちに転化しにくいこと、非効率的飼料工場を旧産地に多数所有していること、飼料部門以外への多角化が成功しにくいこと、などが複合的にからみ、収益性、とくに経常利益率（経常利益÷売上額×100）は大手3社で75年からの10年間に急激に低下した。すなわち、大手3社の日本配合飼料、日本農産工業、共同飼料の経常利益率は65年からの10年間に多少の変動はあれ、平均的には2〜3％程度であったが、75年からの10年間代に入ると3社の格差が大きくなり、特に日本配合飼料は75〜77、80、82、84の会計年度でついに経常利益率がマイナスに転じた。日本農産工業も84〜85年の会計年度で

経常利益率がマイナスに転じたが、その後原料価格の低下によって多少の改善をみた。それに対して、中堅企業でローカル性の強い中部飼料や日和産業は不況下にあっても、大手3柱よりも経常利益率が高く、収益性が原料価格の低下によって改善される85年以降の収益性の向上は著しい。このような収益性の低下に対応して全国的に配置された工場の合理化と再編成が必要になった。

　日本配合飼料は73年までに横浜、知多、千葉、塩釜、関西（神戸）、鹿児島、門司、高松、小樽、釧路、清水、名古屋に12工場を配置し、全国市場を対象とした経営行動をとってきたが、88年までには6工場を廃止し、残る6工場のうちで規模が大きく、拠点的に重要な立地にある千葉、鹿児島、塩釜の3工場に生産を集中させ、より広域的な販売圏を配慮せざるをえなくなった。また、日本農産工業は全国的に8工場が横浜、名古屋、坂出、門司、小樽、船橋、神戸、塩釜に配置され、さらに71年に東急エビスと菱和飼料の合併吸収も含めて9工場が付加し、同一地域に複数工場を立地させる形態で展開した。この企業は合併・吸収によってシェアが拡大できたものの、工場の操業度が低位となりがちであったため、複数工場の合理化から出発し、88年に大規模工場を中心にして本牧（横浜）、神戸、福岡、船橋（千葉）、塩釜、門司、坂出、知多、小樽の9カ所に整理した。これに対し、両企業ほどには収益性が悪化していない協同飼料は横浜、名古屋、神戸、門司、室蘭の5工場を拠点とし、81年に石巻工場を新設したのみで全国市場を対象としながらも分散的な工場立地をとらなかったことから、操業度は相対的に高かった。これらの飼料工場の規模は、日本農産工業の横浜工場が月産能力2万トンをこえて神戸工場もそれに近かったが、日本配合飼料はこれまでの拠点であった横浜、神戸工場の規模を月産能力数1,000t程度に縮小し、また協同飼料ではそれほど大きな工場の規模調整をしていない。

　大手3社の中で最も深刻な経営問題をかかえ、積極的な多角化や流通経路の改善をはかってこなかった日本配合飼料では、養鶏飼料への依存度も高く、また需要の拡大にも遅れがちで、従来から収益性が低く、組織的再編成を迫

られた。すなわち、他社との共同出資で子会社を設立し、他方で飼料工場の合理化と省力化が進展した。千葉工場を事例とすると、72年から88年の産出能力は同じでも労働力数を89人から51人に減少した。このことは日本農産工業でも同様で、75年から10年間に飼料工場当りの平均労働人数は規模縮小と自動化の一層の進展によって半分程度の減少をみている。

　しかしながら、大手3社の工場の操業度の変化をみると、日本農産工業は他の2社が80年代前半に操業度を著しく向上させたのに対して、しばしば操業度が100％を割り、84年以降でも120％以下であった。この水準は飼料産業の平均的操業度である130～135％をも下回っていた。このため飼料部門よりも付加価値の高い畜産物の販売や生産部門を多角化し、工場閉鎖に伴って形成される余剰労働力の利用がはかられ、新規部門の売上額は総売上の3分の1を占めることになった。協同飼料は多角化の展開が早く、飼料部門の比重が半分程度にすぎず、飼料販売とセットで畜産農家の経営診断、技術指導を実施することによって畜産農家との技術的サービスによる提携が成功してきた。

　他方、中堅企業の日和産業は工場規模が月産1万トン以下で、操業度が250％と高く、さらに主たる実需者も宮崎県の児湯食鳥などで月1,000t以上の九州・中国地方のインテグレーターへの販売が多く、しかも特約店を経過しない直販が支配的なので価格競争に耐えられる競争力をもっていた。中部飼料も工場規模はそれほど大きくなく、250％以上の操業度で需要の拡大が予測された八戸に新工場を建立することで、販売額が増大している。これら中堅企業は多角化より飼料部門を中心にして成長が顕著であるのは、集積の程度の高い産地との提携や操業度の拡大によって、過剰生産→過当競争による低価格→低収益性という悪循環からある程度の脱出に成功したといえよう。

　以上のように日本配合飼料や日本農産工業の大規模飼料工場の配置と全国市場での競争という形態は崩れ、新設の工場はむしろコンピューターによる集中統御方式によって必ずしも大規模である必要がなく、操業度や産地との提携が重要となった。また、飼料の遠距離輸送や交差輸送を解消するために、

企業間調整として受委託生産も増大し、全生産量の10％程度に達した。こう
して、規模の経済性の追求と広域的な販売圏の拡大は、価格競争の激化と収
益性の低下によって修正をうけたが、流通の効率化は特約店の整理統合があ
まり進展をみないことから制約された。日本配合飼料の場合、商社（三井物
産）→元売り→特約店→農家というこれまでの流通経路で、半分以上は元売
りを排除して商社から特約店の流通経路を中心にしたが、特約店が商社を排
除して農家に直売する形態は10％に満たなかった。特約店の流通マージンは
トン当り3,000円程度であり、このマージンは価格競争によってしばしば1,000
円にまで圧縮したので、月産1,000t以下の特約店は再生産が困難になった。

　商系企業ではこれまで主要港を拠点とした飼料工場の立地は、産地の移動
の進展によって輸送距離が長くなり不合理となったので、日本配合飼料（日
配）、日本農産工業（農産工）などの寡占的企業で全国的配置が検討された。
すでに75年からの10年間に入ると全国的に飼料工場数が減少に転じ、SPの
設置も減少した。日配では工場規模の小さな名古屋、清水について高松、小
樽を閉鎖し、横浜工場での規模縮小と人員の合理化で対応した。また、農産
工も71年に東急エビス・菱和と合併して飼料工場が7工場から18工場になり、
シェアも5.6％から10.6％にまで増加したものの、深刻な調整問題が発生した。
すなわち、3企業の飼料工場は神奈川県、愛知県、兵庫県と北九州に重複し
たため、需要拡大が限界になるとともに、操業度の拡大には工場の整理・統
合が不可欠であった。まず重複する工場の中でも、規模が小さく操業度の低
い工場は非効率となり、最終的に拠点工場が各主要港を中心に1つ残される
ことになったが、この間農産工は100％程度の低い操業度を余儀なくされた。
これに対して協同飼料は、5工場を早くから室蘭、横浜、名古屋、神戸、門
司に配置し、新たに増加しなかったが、82年に東北地方の需要拡大に対応し
て石巻工場が新設されたにすぎず、シェアも持続して4～5％を維持してい
た。この飼料会社は工場を中心にして実需者とサービスセンターによって結
び付き、経営指導、畜産物の買取り、食肉の処理、などの機能を統合する行
動をとって、実需者の固定化やシェアの安定的維持に貢献した。このような

242

寡占的企業の行動に対して、中規模の日和産業、中部飼料は確実に生産量を
増加させたが、これらの会社は元売り制よりも直売制をとり、しかもローカ
ルインテグレーターとの取引を増加させ、流通段階を単純化する行動をとっ
た。そのため、この2社は経営利益率が日配、農産工、協同飼料よりもかな
り高かった。

(ロ)　商系企業の流通システムの再編

　寡占的企業では全国市場を対象として広域的な販売網を保持してきたため、
流通が多段階であり、また遠距離輸送の割合が多いことなどが、飼料工場の
効率化の利益を吸収する要因となった。日配の場合、流通経路は三井物産→
木徳、館野らの地区代理店→特約店→小売店という形態であったが、小売店
を排除し、さらに日配販売を結成して、日配販売→特約店に流通経路を単純
化した。しかし、多くの飼料会社では特約店、その上の元売りをさらに排除
して、飼料会社から直接実需者に販売される形態が増大した。また、特約店
は飼料会社間の価格競争の激化、大量バラ取引、SPの設置、産地の大型化、
などのために粗マージン圧縮され、技術・経営指導の機能がさらに減退した。
しかし、特約店は依然として販売促進、代金回収などの面で独自の機能を
担っており、インテグレーションの進展とともに集荷業務を担当した。また、
飼料会社によっては販売代金のリスクのために、特約店との関係を維持した
が、特約店の粗マージンは低下した。商社を介在させず直売制をとってきた
日和産業では、大規模ローカルインテグレーターの児湯食鳥などとの取引量
が多いことなどから、75年から10年間で特約店を経由しない直売は35%に達
した。このような流通段階の短縮は、物的流通過程の効率化と連動して流通
マージンを圧縮した。

(ハ)　商系企業の組織形態の転換

　飼料会社は畜産の立地移動に対応して、横浜、神戸方面の飼料工場は多く
が撤退し、あるいは規模を縮小してペット、養魚飼料への生産に転換した。
特に横浜方面の飼料工場では東北地方などへの県外需要が減退したので操業
度が低下したし、また神戸方面の飼料工場でも地域の需要が減退しつつあっ

たので、工場数は最盛期の2分の1以下になった。これに対して、鹿児島県では71年2工場、81年10工場に、また青森県では81年3工場、86年6工場に増加した。さらに鹿島を中心とした編成では千葉県、神奈川県から立地移動する工場が増加し、2工場から10工場以上になる予定であり、鹿島が関東地方の拠点的工場となりつつある。飼料工場の新設のための必要資本額は増加し、中部飼料の事例では81年25億円、87年35億円とされている。

このような必要資本額の増大と需要拡大の純化で、スクラップ・アンド・ビルトで対応することが必然的となり、そのために受委託生産から合併という中間組織の形成が課題となった。この受委託生産は81年より本格的に開始され、交錯輸送や長距離輸送が減少したばかりでなく、受託側では操業度の拡大によってコスト低下に結び付いた。そのため、受託企業数は増加し、全体のシェアは3.7%から87年に10%以上に増加した。他方、この飼料会社間の業務提携は品目数の増加や小ロットでの受託で、切り換えのロスタイムの発生、製品タンクの増設などによって、操業度が拡大してもコストを上昇させる要因となった。したがって、この業務提携によって品目数を減少させ、また規模の経済性を享受するには参加する飼料会社の組織形態を転換することが課題となり、これには合弁による新会社の形成が必要となった。

収益性の低下が寡占的企業の中でも顕著であった日配は、直営工場数を大幅に減少させ、同じ三井系のニップンと知多、北九州、鹿島で3飼料会社を設立し、また協同飼料、大洋漁業、林兼などの系列グループ以外と東北、北海道、志布志の3飼料会社を設立した。特に、新たな編成をとげつつある鹿島では日清製粉、農産工らで日産能力1.7万トンのジャパンフィード、また兼松関東農産や大洋漁業らで平成飼料が日産能力8,000トンで建設予定であった。志布志でのコンビナート形成の段階から飼料工場バラ製品を専門として、コンピューター制御による作業労働の無人化、2〜3交替制をとっており、省力化と操業度の拡大がこれまで以上に追求された。鹿島が関東地方の拠点として整備されるため、この地域に横浜方面の工場の2分の1が立地移動し、また千葉周辺では3分の2程度の工場が立地移動を決定しており、

その内半分は合弁の形態がとられる予定であった。このように，新たな拠点地域は、八戸、志布志、鹿島さらに水島とつづき飼料基地が形成され、企業間の業務提携が合弁会社の形成からノウハウの共有や供給圏の分担を促進すると、飼料会社間の競争から系統農協と商系企業の競争がさらに激化した。

　すでに自社工場での再編が困難になった飼料会社では合弁会社などに委託し、日配が8工場、農産工が4工場、協同飼料が3工場に増加し、主要な飼料会社の委託の割合は、89年で日配58.1％、伊藤忠21.1％、協同飼料16.6％農産工で12.9％であり、日和産業では委託が15.6％となった。80年代前半から系統農協のシェアの低下に対して、中部飼料や日和産業につづいて減少をつづけてきた農産工のシェアが増加した。

④ 系統農協の飼料工場の再編成
(イ) 飼料工場再編の課題

　系統農協は1県1工場方式を原則にとってきたが、供給圏が広域化する県では2～3工場が立地し、また畜産の産地形成が進展が遅れ、近接県の飼料工場から輸送距離が長くない場合などは、県によっては工場が建設されなかった。前者の地域として長野、福島、愛媛、群馬、栃木の諸県であり、後者は島根、石川、奈良、京都の府県である。一般的にくみあい飼料は工場渡し価格で経済連に販売し、経済連は運賃の県プール計算によって同一価格で生産者に販売した。この各工場の工場渡し価格は、搬入形態や工場規模によって異なるが、協同組合の原則から生産者渡し価格に格差をつけない県が支配的であった。全国的に配置された系統農協の飼料工場の操業度は、北東北、南九州などの新興産地で高く、新設工場の建設が必要であったが、他方で需要拡大が見込まれない地域で、規模が小さく、かつ操業度の低い工場では整理・統合が課題となった。そして産地の立地移動と需要拡大に対応し、系統農協として全国的な需給調整をはかる場合、これまでの1県1工場方式からより広域的なブロック編成が必要となった。産地形成が進展しつつある地域への系統農協の工場の建設は、それほど大きな調整問題が発生しないが、

工場の整理・統合によるブロック編成は、全農と県経済連との調整がなけれ
ば基幹工場の操業度拡大によるコスト節約とSPの適正配置・管理が実現し
にくくなる。というのも、地域の基幹工場が設置されているにもかかわらず、
近接の飼料工場が閉鎖をともなわない場合など、基幹工場の操業度の拡大で
コスト節約ができず、地域全体が不利益となるからである。しかし他方で、
特定の県の飼料工場の閉鎖は、その県にとって基幹工場からの輸送コスト負
担が増大するという問題も発生する。また、経済連によっては運賃の県プー
ル計算を停止し、輸送距離や輸送手段によって生産者渡し価格に格差をつけ
る方式が導入された。このような系統農協の再編成は、主要港の拠点的飼料
工場を中心とした形態をとり、商系企業の戦略とも類似することになる。

　系統農協では経済連が関係する業者に委託し、彼らが実需者までの輸送を
担当し、単協や生産者が直接的に工場渡し価格で購入することは少ない。ま
た、県内のSPは工場の直接管理にあるよりも、経済連や輸送業者の管理下
にあることも多く、実需者の立地配置から必ずしも適切な選択がなされてい
る訳ではない。一般的にSPの役割は輸送コストの節約ばかりでなく、飼料
工場のストック機能の分担、受発注などの情報機能を担うことであるが、ス
トックと情報の機能は本来、飼料工場が担当すべきであろう。系統農協でも
特に酪農、肉用牛経営の多い地域で小規模生産者の割合が多くなると、取引
単位が小さいために小型の輸送手段で対応するため、取扱量が少ないために
SPが必要になり、このことが追加投資を増加させる。また、SPは物的流通
の効率化をある程度阻害するが、バラ輸送と輸送手段の大型化は全体的に流
通効率を改善する。しかし、商的流通では、依然として全農－経済連－単協
－の３段階のマージンで配分される。このうち、単協は３〜４％、経済連
２％、全農0.6％程度のマージンであるが、バラ輸送の一般化と単協におけ
る技術・経営の指導の低下は、単協の主たる経営機能が代金決済機能などに
限定されることになる。しかし、単協での手数料の削減はあまり実施されず、
系統農協では物的流通の効率化が商的流通の合理化にはただちに結び付きに
くい。

　また、系統農協では地域内に多数の小規模生産者をかかえ、かつ多様な畜種構成をとるために、規模の大きな飼料工場ほど品目数がしばしば120〜140にも及び、このことが規模の経済性を相殺した。一般に系統農協では、飼料工場の操業度が商系企業よりも工場規模の大きさのわりには低くなりやすく、また需要拡大が限界になった地域では100％に満たない工場が多くなった。このため系統農協では1県1工場方式のくみあい飼料を統合してブロック編成をとげることが、基幹工場の操業度を拡大し、ブロック全体としてもコストを低下させることになり、流通効率の改善にも結び付くことになった。このブロック編成は、65年からの10年に全農と6県の経済連の出資によって近畿くみあい飼料が形成されたのを発端として、神戸に基幹工場を定め6県にSPを設置して広域的な供給圏が形成された。ついで、近畿くみあい飼料と同様、全農サイロに大型の飼料工場を併設する形で、東海くみあい飼料、東日本くみあい飼料が設立されたが、本格的な展開をとげたのは80年代後半に入ってからである。

　㈹ **ブロック再編の進展**

　まず、九州地方では福岡、大分、佐賀、長崎の4県で北九州くみあい飼料が、また鹿児島と宮崎の両県で南日本グリーンセンター、つづいて全農サイロに併設された南九州くみあい飼料が設立された。東海では6県の経済連にまで拡大して東海くみあい飼料が編成され、ほぼ同時に関東では鹿島を中心にした東日本くみあい飼料が編成された。また、東北では北東北くみあい飼料が青森と岩手の2県で設立され、信越くみあい飼料が新潟県と長野県の2県で設立された。これらのくみあい飼料への出資は各経済連だけではなく、30〜50％は全農であった。これらのくみあい飼料のうち、南九州、北九州、東海、東日本で3工場、信越が2工場、近畿、北東北が1工場より構成されており、複数工場のあるくみあい飼料では県の境界に限定されず、各工場で供給圏が分担された。各くみあい飼料の工場でも志布志、新潟、八戸、鹿島は操業度が150％以上になり、コストを節約したが、特に志布志では200％以上にまで拡大した。しかし、需要の拡大がみられなくなった近畿、東海では

操業度は110〜120％程度であった。また需要の減少が予想される中国地方では、水島の西日本グレーンセンターに併設して岡山、広島、島根、鳥取の4県による飼料工場が設立される予定であり、すでに1部の工場では取扱量が減少し操業度は低下している。このブロックごとのくみあい飼料は周辺の飼料工場が閉鎖されるとそれを編入し、供給圏が拡大したがそれにともなってSPが設置された。和歌山県の工場は閉鎖して近畿くみあいへ、また岐阜、山梨県の工場は閉鎖して東海くみあい飼料へ吸収されたが、このような対象となった工場は日産能力10,000トン以下で、操業度の低い工場であった。

　このようなブロックの編成で産地の成長が著しく、かつ大規模生産者の多い地域では、工場の周辺部から実需者に大型バルク車で直接配達される割合が増加し、SPが廃止されるか、その取扱量が減少した。また、SPの管理主体は経済連や輸送業者から工場に移行し、合理的な立地配置をとるようになる。南日本くみあい飼料では志布志工場の開設によって大隅地域の3ヶ所のSPを廃止して、直送が増加し、また東日本くみあい飼料ではSPの1ヶ所の廃止だけでなく、利用量も5分の1に減少した、さらに北九州くみあい飼料でも基幹工場のある福岡工場では、県内4ヵ所のSPを廃止して直送中心に編成が進展した。これに対して、信越くみあい飼料では供給地域が山間部を含み広域的であることからも、小規模なSPが新潟工場だけでも4ヵ所に設置され、物流システムが効率化しにくかった。

　ブロック編成による基幹工場の供給圏の拡大は、くみあい内の他の工場が整理・統合されれば操業度が向上し、このことは地域全体のコストを節約するであろう。そして、供給圏の広域化は基幹工場からの輸送コストを増加させ、工場からの距離によって生じる格差を解決するため、これまでと同様、経済連は運賃プールによって生産者渡し価格を一律にする場合が多い、しかし、経済連によっては輸送距離別に県内で支所、あるいは農協単位によって生産者渡し価格に差をつけている。この事例として、兵庫、和歌山、石川、茨城の諸県があり、運賃を飼料という商品から区分することが合理的であるという立場をとっている。また、埼玉県経済連では最近、運賃プールを廃止

図-6-3　系統農協のブロック再編と主要な飼料工場の立地

（資料）筆者作成

して輸送手段の大きさによって運賃を変更した。すなわち、バルク車を２ト
ンから４トン、４トンから８トンに大型化して輸送した場合、１農場２品目
を前提条件としてそれぞれトン当り400円、600円の割引が実施されている。
これは、２トン、４トン、８トンの輸送手段によって輸送距離と同様に運賃
格差が大きいためである。

　各くみあい飼料工場では一律の加工料が定められており、バラ、紙袋、ペ
レットの構成比率が大きく異ならない限り、工場から経済連への渡し価格は、
工場の原料の購入価格によって規定される。そのため、工場渡し価格は５万
トンの本船が入る主要港に併設された飼料工場で低くなるのに比べ、北海道、
石巻、門司など３万トンサイズや内航船による二次輸送に依存している飼料
工場では、多少工場渡し価格が高くなる。これは当然のことながら生産者渡
し価格に反映することになる。しかし、この工場渡し価格の差は、内陸工場

で臨海工場よりもトン当り1,000円から2,000円高くなるのに対して、すでに臨海工場で、それも主要港－営業サイロ－工場より搬入形態が中心になってきたので、それほど大きな問題とならなくなった。むしろ、依然としては配達コストの効率化が課題である。

　系統農協では系統のシェアを維持するために大規模性生産者への大口需要対策を持続的にとってきた。この大口需要対策では、まず飼料の日間利用量によって5～7ランク（畜種で異なる）を設定し、より大口需要者をその対象とする方針をとり、その実質的な割引額はトン当り3,000円から4,000円を最高額とした。この対策の主たる対象となる部門は養鶏部門であり、酪農や肉用牛ではかなりの大規模経営でないと、その対象となりにくかった。この全農指導による大口需要対策を県経済連が実施する場合、対象とする生産者を小規模生産者まで拡大しようとする行動を地域の条件に対応してとるため、大口需要対策の経済効果が発揮しにくいという問題も発生する。このことも大規模生産者が実質的に取引面における規模の経済性が十分に享受できずに、系統農協から離脱する要因の1つである。

　系統農協では大規模インテグレーターなどへの販売割合が少ないことから、彼らの所有する輸送手段や委託業者による「自家取り」はかなり少ない。しかし、系統農協がイセ食品グループのように複数県にまたがる農場を所有するインテグレーターに出荷する場合、全農とインテグレーターにとの交渉によって価格が決定しやすく、単協などのマージンも排除される。これは、商系企業との競争で価格を設定するために、生産者渡し価格よりもかなり低い水準になり、そのため単協などのマージンを排除する必要性が生じるのである。一般的に経済連の関係輸送業者が輸送を担当すれば、運賃部門が差し引かれ、この場合生産者渡し価格は工場渡し価格に近づくことになる。また、輸送を系統農協が担当する場合、病気の予防の問題が生じ、利用する大型バルク車がこのような超大口需要者によって固定化される傾向がある。

　(ハ) ブロック再編の成果

　一般的に系統農協より供給される生産者は、飼料価格に運賃やサービスが

混入しているという認識が強く、運賃の県プールや系統農協の画一的なマージン設定が、飼料工場に近接する大規模生産者から批判されることになる。大規模生産者に対して系統農協では、実質的には取引面の規模の経済性は前述した超大口の場合を除き、大口需要対策で対応することになる。他方、大規模生産者は運賃やサービスに対する原価意識が強くなり、飼料の品質を含めた価格によって取引先を選択しやすい。これは、大規模生産者が系統農協と商系企業のどちらかに取引先を固定化しないで、選択の幅が拡大したことでもあり、大規模生産者によっては2〜3の取引先を持って、価格条件や生産効率などによって変更する場合が多い。しばしば、低価格であることから商系企業へ取引先を変更した場合、ある期間をすぎると品質が低下し、また系統農協に取引先を変更することもある。このため、商系企業との競争が激しい地域では、系統農協でも競争条件に対応した価格設定が一層課題になり、立地条件やサービスによって大口需要対策で異なった対応が必要となった。

　他方、系統農協の飼料工場しか周辺に依存しない地域や飼料会社の飼料工場から遠距離にある地域では、生産者の購入先が系統農協に限定されることからシェアは高くなる。飼料工場のない県の分布をみると近畿や北陸地方で多くなる、特に北陸の諸県では、全国的に系統農協のシェアが50年代後半から低下したのと対照的に増加し、富山、福井県で10%以上、石川県で数%以上のシェアの上昇がみられた。これらの地域では、65年から10年間に系統農協のシェアが商系企業の遠距離輸送によって低下したが、商系企業の輸送コスト負担が大きくなったため、再び系統農協のシェアが上昇に転じた。また、系統農協の工場が設置され、系統企業の日産能力5,000トン以上の工場が存在しない地域では、系統農協のシェアが相対的に高くなるものの、東北地方では低下し、飼料会社の工場から遠距離にある新潟県では上昇した。これに対して、飼料会社の拠点的工場の周辺では一部の県を除き、シェアの低下が顕著である。たとえば、北東北では八戸のコンビナート建設に伴ってブロック再編が進展したもの、青森・岩手の2県のシェアはさらに低下した。この傾向は鹿児島県、愛知県などのブロック編成が進展した地域でも同様であっ

た。また、系統農協のシェアが高い地域では、飼料価格が高く畜産立地が不利な地域であり、産地間競争の激化がこのような地域の競争力をさらに減退させるために、シェアの拡大があっても需要の減退が大きな問題となる。このような地域では、コストの上昇分を差別化によって吸収する生産者レベルでの販売戦略が一層課題となり、それとの関係で飼料設計が検討されるべきであろう。

4．飼料産業の効率化・合理化（1985年から）

（1）飼料産業における競争激化と効率化・合理化

　飼料産業の成長は85年代に入ると2％に低下し、輸入畜産物の増加によって影響を受けるようになった。この期間では系統農協のブロック再編がまだ進行中あり、物流合理化がさらに促進され、商系企業では輸送コストを節約するための受委託生産や合弁などの企業間の提携関係が形成された。また、これまでの専業的飼料メーカーも畜産物の加工・販売、生産資材の開発や販売、ペットフードや養殖用飼料の開発や販売、などに多角化した。大手飼料メーカーによっては飼料部門のウェイト50％近くまで減少したのに対して、これまで成長してきた中堅メーカーでは専業指向が強く、事業領域の拡大を展開しにくかった。

　配合飼料工場価格は85年から急速に低下し、81年1月トン当たり74,840円（工場渡）あった価格は88年3月に38,759円まで低下し、さらに平成に入って多少の上昇が一時的にみられたが、95年4月には30,000円近くまで低下した。また、配合・混合飼料生産量では1990年をピークとして多少の減少に転じた。

　このように中小家畜では85年頃から飼料価格の低下が著しかったことや量販店との提携がしにくかったことなどから、産地が差別化行動をとっても有利な販売がしにくかった。このことは価格競争を促進し、さらに原価に占める割合の高い飼料コストの節約として購入する飼料価格が引き下げられやす

表-6-7　搬入形態とコスト

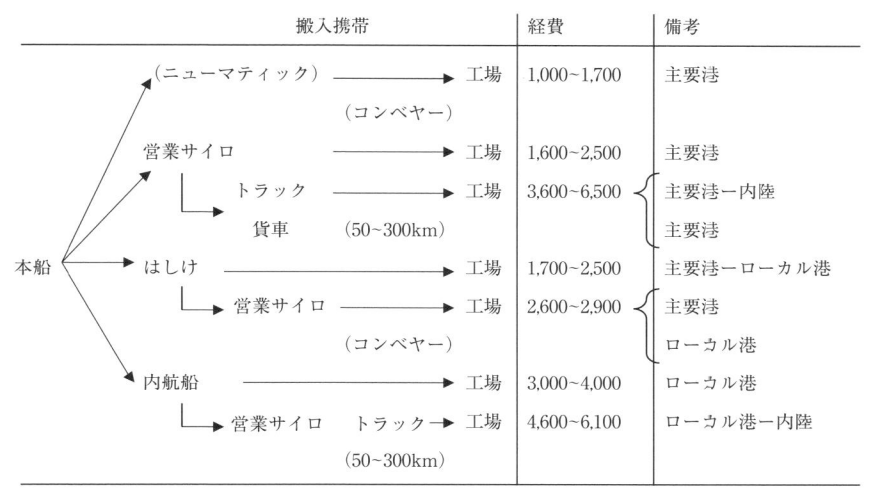

搬入携帯		経費	備考
（ニューマティック）　　　　→ 工場		1,000~1,700	主要港
（コンベヤー）			
営業サイロ　　　　　　　　→ 工場		1,600~2,500	主要港
トラック　　　　　→ 工場		3,600~6,500	主要港ー内陸
貨車　　（50~300km）			主要港
はしけ　　　　　　　　　　→ 工場		1,700~2,500	主要港ーローカル港
営業サイロ　　　　　→ 工場		2,600~2,900	主要港
（コンベヤー）			ローカル港
内航船　　　　　　　　　　→ 工場		3,000~4,000	ローカル港
営業サイロ　　トラック→ 工場		4,600~6,100	ローカル港ー内陸
（50~300km）			

（資料）配合飼料産業問題研究会「配合飼料の物流合理化の方向について」から

かった。つまり、購入する配合飼料の価格を低下させることが飼料効率を改善することよりも重要な課題となりやすかった。

　1985年以降における飼料産業の合理化は物流システムのさらなる効率化と企業間の水平的提携関係の形成である。配合飼料の物流コストは生産・流通コストに占める割合が５％にすぎないが、原材料費を除いた場合には17％と高くなる。また、主原料の搬入経路の割合とコストとの関係では、５万トン級の本船から①主要港の臨海型工場か、②周辺の内陸型工場に輸送する方式が中心であるが、以前として③内航船で主要港からローカル港に輸送する方式、④本船が着船できないで「はしけ」を利用する方式が残存していた。⑤ロール港を利用し、さらに内陸型工場に輸送する方式は50kmで4,600円、300kmで6,100円であるとすれば、⑤は50kmで①の2.4 ～ 2.8倍にもなる。この輸送コスト差は飼料工場の立地条件によって競争力の差となってでてくることになる。さらに工場から生産までの輸送距離、輸送手段、SPの有無が関係してくる。飼料工場から生産者までの製品の流通経路は、商系企業では

特約店－生産者が中心となり、特約店－小売店－生産者の割合は極めて少なくなったのに比べ、工場から農家への直送が増大した。工場－生産者の割合は85年12％から97年19％にまで増加し、この中には生産者自らが工場まで製品の引取りにくる場合が含まれている。

　それに対して、系統農協では3段階が流通経路の原則となって、物流を効率化したメリットが生産者に帰属しにくいシステムになっている。この時期では特約店の役割がさらに低下したが、代金回収や販売促進などが販売機能として残され、規模が小さくなるほど粗マージンが低下することになり経営の存続が困難となってくる。また、SPの所有形態は、①自社所有、②販売店等保有、③運送・倉庫業者保有が主要の3タイプであり、規模からみると①が大きく、②と③は規模が小さくなる。これまでSPはバラ化の増加や配送頻度の増加によって新設されたが、非効率的なSPは統合化され、また工場からの直送はSPを排除した。工場からの直送は輸送手段のバルク車が4→8→10トンと大型化し、他方で回転率を拡大することで輸送コストを節約した。また、SPも大型化すれば投資額が増加し、アイテムの増加に対応したタンクの増設はコストを増加させることである。さらに、実需者への安定供給は計画販売と販売予測の精度があがることになれば、安定供給になる。こうしたことから、中山間地で道路事情が悪い地域や周辺に飼料工場の立地がみられない限られた地域では、SPが依然として存続し、輸送手段も2トン、4トンのトラック、バルク車にとどまらざるをえなかった。長距離輸送や交錯輸送を大きく減少させるには、飼料工場間で受委託生産の方式をとって合理化することになった。この方式は80年から開始され、85年には8％に達し、その後21％で限界になった。この受委託生産のメリットは、受託側では操業度の拡大によるコスト低下と販売額の増加であるのに対して、委託側では運送コストの効率化である。この受委託生産は業務提携であり、製造についての情報の共有化が必要となるため、企業のノウハウや「知」の体系が部門的に他社に流れることになる。この業務提携は資本の出資による融合化へと進展し、鹿島のコンビナートでは合弁会社が設立された。

表-6-8 配合・混合飼料の委託生産の推移（単位：千トン、%）

年度	企業数	生産量	生産割合	(参考) 総生産量
1983年度	23	1,057	4.4	24,280
85	23	1,908	7.8	25,233
89	21	2,975	11.9	26,201
90	29	3,367	13.5	25,862
91	35	4,090	16	26,018
92	33	4,451	17.5	26,024
93	30	4,751	18.6	26,136
94	23	4,581	18.8	25,256
95	22	4,861	20.5	24,866
96	23	5,024	21.4	24,702
97	23	5,088	20.9	24,769

（資料）農林水産省『流通資料便覧』1999年版。元資料は流通飼料課「配合飼料産業調査」

　ブロック再編をとげた系統農協の飼料工場での販売管理は飼料工場で異なっている。２つ経済連が出資した茨城県鹿島の東日本くみあい飼料では、周辺50kmの範囲では農家の工場渡し価格による直送が増加し、大規模生産者ほど原価主義をとっている。また、早期に広域的なブロック再編をとげた近畿くみあい飼料では、８県への輸送システムになり、５ヶ所のSPがおかれ、運営は経済連が担当した。広域であるためトラックの帰り荷が重要となり、またアイテム数は120〜130と極めて多くなった。信越くみあい飼料は合弁時にアイテムをうまく整理して75にしてコストを節約した。しかし、遠距離の生産者では300kmをこえ、SPまでは20トンのフルトレラーやコンテナで効率化できたが、生産者までは中山間地で道路事情が悪いため４トン車での輸送が中心になる。さらに港湾にはパナマックスが入らないため内航船を利用しているので、全体として高めの価格設定になる。このように工場によってアイテム数が異なり、工場の立地条件や輸送距離で対策を異なってくる。系統農協は臨海型工場で商系企業との価格競争に直面する反面、中山間地や日本海側の地域では系統農協のシェアは高いものの生産・流通コストが高く飼料価格は高位にならざるをえなくなる。このような地域での効率化には限界があって、当然のことながら畜産物の生産コストは高くなるので、競争力が低くなりやすいという地域的性格がいっそう強くなる。その意味では系統

農協は競争力の低い限界地を広汎にもっていることになる。他方で生産者の規模拡大が進展して輸送コストについての原価意識が強くなると、県プール方式を廃止、輸送手段によって割引する経済連もみられる。埼玉県経済連では、①全農の統一銘柄、②地域にマッチした銘柄、③大口に対する指定配合に分けてアイテムを決めている。系統農協にとって重要な問題は、シェア減少の大きな要因となっている③の大口対策である。大規模なローカルインテグレーターが成長することによってこれまで以上の超大口対策も必要となり、そのランクは地域によって8つのパターンにまで増加した。また、この超大口については個別の実需者に対応した特別価格の設定になる。さらに、多くの経済連でも工場の近くの生産者による自家取りが増加することによって特別な対策をとり、バックマージンによる調整がなされるようになった。

（2）系統農協における大口需要対策と販売拡大

　全購連は、バラ化による予約購買や大口実需者への対策を1955年から10年間にとり、65年間の10年間には「全利用集団ならびに主業畜産育成」対策をとって全利用集団にはAランクでトン当たり500円、Bランクで300円、また主業畜産では10〜20トンで500円、20〜30トン750円、30トン1,000円で原資が全利用の対策費100円、主業畜産の対策費300円の合計400円にすぎなかった。65年から10年間では大口対策よりもバラ輸送の推進、予約価格と当用価格の格差の設定が課題であった。バラ輸送の値引き額は農家直送か、SP経由かで、またバラ専用車か、コンテナバックか、によってトン当たり1,000〜1,200円であり、900〜1,000円という初期に設定した水準よりも引き上げられた。バラ化による直送方式は片通2時間（60km）以内、生産者の荷受単位はトン単位で月3回転、3トン以上が基準となり、SPの規模も月間500トン以上とされるなど、バラ輸送体系の確立が優先された。この値引き額は工場の効率化メリットと全購連の負担による奨励金を財源とした。また、当用価格での購入は当用価格のトン当たり300円高として、月間出荷数量が予約数量の10％の増減をこえた場合にも適用された。

　このバラ化による直送システムが確立してくると、対策費のレベルがアップした。75年では、月間取引量を10トン未満、10〜20トン、20〜30トン、30〜50トン、50〜100トン、100トン以上の5ランクに分かれ、それぞれがトン当たり500円、750円、1,000円、1,500円、2,000円であり、格差が500〜2,000円と4倍にまで拡大した。さらに、77年から超大口対策が実施され、くみあい配合の4半期の取引量が決定された。すなわち、①採卵鶏・ブロイラー・肉豚300トン以上〜、②繁殖豚・乳牛・肉用牛150トン以上〜と2分して、助成額は150〜300トンでトン当たり2,000円、300トン以上〜3,000円となってさらに上昇した。この対象となる生産者は、畜産物の販売は全量系統利用、バラ取引、協業体を法人組織（農事組合法人、株式会社、有限会社等）に限定すること、などが原則となった。この超大口対策のもう1つの特徴は、新規に取引先を獲得して切り替える場合には特別な措置として、「事前協議を前提として……系統利用後に必要に応じて1年間を限度とした助成」がなされたことである。全農の「主業畜産育成」対策は1985年から10年間に入ると採卵鶏、肉豚、肉用牛ともA、B、C、D、Eの5ランクでトン当たり、1,000〜5,000円の一律の助成額で対応して上限の額を上昇させた。この対策は88年に改定されて採卵鶏ではトン当たり3,000円がされ、その上にAランク（1ヵ月供給数量で70〜100トン未満）トン当たり1,000円、Bランク（100トン以上）トン当たり2,000円がさらに助成された。

　系統農協の大口対策については、取扱量によって、畜種で異なるが5段階程度のレベルに分類され、70％のシェアがその対象になるとされる。全農では大規模生産者を育成し、シェアを維持しながら畜産物の競争力を拡大したいという意向が強くなるのに対して、経済連では地域の中・小規模の生産者にも配分したいという意向がある。そのため、大規模生産へのバックされる金額が少なくならざるをえなくなる。くみあい配合飼料の価格構成は1988年で原材料費（輸入原料費＋国内原料費）73％、製造経費7％、手数料（全農0.6％、経済連2.5％、単協3％）＋販売対策費（トン当たり1,400円）、特別対策費（トン当たり1,670円）SPの管理コスト（トン当たり150円）、基金積

立（トン当たり300円）などの20％となる。これに生産者までの製品配送費（トン当たり4,000円、内訳バラ運賃2,700円＋SPの管理コスト1,700円）を加えて生産者渡し価格となる。全農にとっての大口対策の財源は販売対策費1,400円、特別対策費1,670円、その他200円の合計3,270円である。この内の2分程度の1,747円が大口生産者にバックされるシステムがとられ、全農における大口対策費は150〜170億円であるとされる。A経済連では採卵鶏を事例とするとランクを1ヵ月供給数量で5ランク（A：10〜25トン未満、B：25〜40トン、C：40〜70トン、D：70〜100トン、E：100トン以上）でそれぞれ大口対策費はトン当たり1,000円、2,000円、3,000円、4,000円、5,000円である。A経済連での戸数割合はそれぞれ60％、18％、8％、5％、9％であるのに対して、数量割合はそれぞれ28％、21％、13％、9％、29％と分極化していた。大口対策の対象を70％とすればAランクは除外されることになる。これ以外に営農団地が登録され系統利用（販売物も含めて）が100％であれば、トン当たり100円、200円程度の対策費としてプラスされる。また、バラ化が支配的となり、生産者も5〜7トンタンクでのストックが進展すると予約による計画販売が原則となってきたため、当用買いではむしろペナルティをとるようになり、予約購買については特別な対応がとられていない。ローカルインテグレーターが成長し、複数県にまたがって農場が建設されると指定配合の形態がとられやすく、それぞれの経済連よりも全農の役割が大きくなる。

　このように系統農協では、実需者のニーズに対応してアイテム数を増加させても品質内容は一定にしているのに対して、商系企業によっては取引先を変更させるために初めは低価格で販売して、やがて配合飼料の品質を低下させる戦略もとられやすかった。また、採卵鶏では大口の生産者ほどヤミ増羽してきた経過があり、商系企業からは飼料だけでなく、融資をうけることで継続的取引になりやすくなる。あるいは、有利販売のできる取引先が発見できなければ、商系企業が販売機能を担うことで実需者を固定化しようとする。このように系統農協と商系企業との競争関係は飼料をめぐる取引関係から融

資、畜産物の販売の関係にまで広がってくる。系統農協でも商系企業に対応した戦略がとられるようになり、75年から系統農協のシェアの低下が表面化してくると積極的な競争戦略をとった。それでも、大規模経営ほど系統離れが進展し、系統農協のシェアは87年に35％を割り、さらに96年には30％を割ってしまった。系統農協はブロイラーでは、参入が遅れてシステムを形成しにくかったこともあって、採卵鶏と比較すれば低位で10％台にとどまっていた。やがて系統農協では、県別にブロイラー会社を設立して県連は飼料供給を主に担当し、会社と生産者と契約して処理場の閉鎖とアウソーシングを中小産地から選択することになった。ブロイラーの系統の各段階別のシェアは1984年から89年の5年間で経済連では25％強のシェアを維持したが、全農は23％から12％に減少した。1994年以降は経済連の取引も16％にまで低下することになった。

（3）畜産物の輸入拡大と規制緩和

① 輸入拡大と畜産業の動向

　ブロイラーでは需要量は伸長していたが、タイ・中国・アメリカからの輸入が増大して輸入割合は1985年7.5％から1995年30％へと増加して安定化した。国内生産量は130トンから120万トン近くまで減少した。採卵鶏では需給調整とヤミ増羽を繰り返し、「物価の優等生」として位置づけられ価格競争が持続することになって採算分岐点を下廻った価格形成で推移した。その需要量は210万トン台から250万トン台まで伸長して頭打ちになった。

　採卵鶏ではウィンドレス鶏舎の普及やインラインシステムによる自動化といった技術革新によって規模拡大が進展し、100万羽の飼養羽数をこえる多数の農場をもったイセ食品やアキタ産業などが成長した。ブロイラーではインテグレーターによる寡占的競争構造がしだいに形成されつつあり、それに遅れて採卵鶏でもその可能性がでてきた。採卵鶏では多段ケージとウィンドレス鶏舎で1羽当たりの投資額を減らし、かつ飼料効率を改善することができるのでコスト節約の効果がブロイラーよりも大きかった。しかし、畜産統

計によれば5万羽以上の生産者が減少した。この間、台湾・デンマーク・アメリカなどからの輸入割合も増加し、東京での豚肉の卸売価格はkg当たり600円から452円まで低下した。この市場価格の低下によって1990年からの5年間で養豚生産者は2分の1近くにまで減少し、毎年10％をこえる率で減少した。

　牛肉では乳肉複合経営でコスト節約と大規模化が志向されたが、B2のランクが多いため輸入牛肉との競争になった。輸入牛肉の品質が向上するにつれて乳用肥育雄牛の技肉相場の下落が大きくなった。牛肉の輸入割合は自由化とガット・ウルグアイラウンドの合意による関税引下げによって大きく増加し、80年28％から92年51％、98年64％にまで達した。和牛の割合は減少し、F1が乳用肥育雄牛と和牛にかわって市場規模を拡大して輸入牛肉に対抗できるようになり、大規模経営が成長した。肉用牛では配合飼料の利用によって飼養技術を平準化することが、和牛よりもF1では可能であり、また系統農協への出荷割合は1987年で20％強にすぎなかった。

　ブロイラーでは、インテグレーターによる投資額の節約と価格変動のリスク分散のために契約生産を基本としてきたが、飼料価格の変動は生産者のリスク負担であった。契約方式は最低保証価格から年一本の契約価格に移行し、飼料価格やヒナ価格の変動のリスクをインテグレーターが吸収して、契約生産者の所得を保証する方式が新興の南九州地域からとられるようになった。契約生産者は価格変動が大きくなると、リスクをより多く吸収してくれるインテグレーターと提携することが有利となった。ブロイラーでは中国からの輸入量の増大とともに東京での卸売価格は85年kg当たり266円から95年239円まで低下し、生産者販売価格はkg当り237円から177円となり卸売価格の低下よりも大きかった。

② 規制緩和と丸粒（単体）トウモロコシの導入
　1990年代に入ってトウモロコシのシカゴ相場の変動があったものの、円高が、1ドル160円から一時的には100円未満にまで低下したので、配合飼料工

場渡し価格はトン当り44,000円（1989年）から30,000円（1995年）まで低下した。しかし、市場価格の低下も大きく、生産コストをさらに低下させようとすれば、すでに合理化が進展しているため輸入制度の規制緩和が議論された。飼料用トウモロコシを保税承認工場（メーカー）では無税で輸入できるが、横流れ防止のために丸粒のトウモロコシではなく、粉砕・圧ペン加工という作業が加わり、さらに2種混では、①魚粉2種（混合飼料）、②加熱圧ペン2種（混合飼料）のタイプがある。①は成鶏用や養豚用として利用され、粉砕されたトウモロコシに2％の魚粉が混合される。また、②では肉用牛で主に利用され、加熱して圧ペンされたトウモロコシに他の1品目を加えて混合される。この2種混では加工コストがプラスされるだけでなく、生産者によっては必要としない魚粉まで加えられるので自主的な飼料設計が制約される。保税承認工場制度はカンショ、バレイショの生産者を保護するためにコーンスターチへの横流れ防止の役割を担っていたが、自由化になった台湾と比較すれば2割程度が高いとされ、畜産農家の生産コストを引き上げる大きな要因となった。

　採卵鶏における丸粒トウモロコシの導入によるコストダウンの試算によれば、丸粒と二種混とのトン当り購入価格が3,000円以上になり、その他の原料も加えると自家配合の生産価格27,000円に対して約2,000円（7.4％）のコストダウンになる。また、豚ではトン5,000円程度とされ、肉用牛では2,000円程度のコスト節約が予測された。やがて丸粒トウモロコシの無税化は実現され、規制緩和の対象は飼料用小麦・大麦にまで拡大された。そして横流れ防止のために穀物検定協会が検査することになった。以上の規制緩和への生産者サイドからの要望より前にアメリカ飼料穀物協会の委託研究として「日本畜産業・飼料産業の制度改革」（国民経済協会、1992）が飼料産業における制度の規制緩和は、経済効果が高いと試算された。

　しかし、丸粒トウモロコシの利用は予測したほど拡大しにくかったのは、①国産で安価なトウモロコシ粉砕機がなく、外国からの輸入になること、②飼料設計するには栄養学的知識が必要とされ、また、製造段階での労働コス

トが加わること、などから完全配合飼料への依存から脱却しにくかったといえよう。むしろ、生産者サイドでは飼料コストの節約だけでなく、畜産物の差別化と飼料設計が関係してくる。また、インテグレーターによっては自家配工場を承認工場としての許可を受けて品目を集約し、さらに家畜のライフサイクルや生理状態によって飼料設計ができることにメリットがある。しかし、製造コストは大規模工場と比較すれば、規模の経済性を享受できないので高くなりがちであった。

自家配合は台湾で自由化に増加して30％に達したとされるが、この普及には農家を対象とする場合の営業税の免除されることが関係している。肥育用豚での日台の比較によれば、輸入価格（CIF価格）は当然のことながら同じであり、コスト差は工場搬入価格でトン当り500円、工場出荷価格で8,000円、農家購入価格で7,000円の格差になった。この格差の要因は工場から農家までの運賃2,000円、工場における労働コストなども構造的な性格も関係していた。

畜産業をめぐる制度の規制緩和は飼料にとどまらず、①ワクチン価格がアメリカと比較して数10倍の格差があって、薬事法がコストをあげる要因の1つとなっていること、②畜舎も建築基準法が適用されて建設費用がかさむこと、③輸入検疫の手続きや閉鎖的な流通システムで輸入ヒナ価格が高いこと、なども指摘された。

③ 畜産経営における飼料コストの低減

自家配合でコスト節約をはかってきた生産者が指定配合に転換したのは、魚粉が肉質の向上になりにくく、多くの副原料を多様なルートから集荷せざるをえなかったことである。大規模生産者やインテグレーターでは飼料工場を建設して承認工場として許可されれば、単体の丸粒トウモロコシを無税で確保された。しかし、多くの生産者は二種混合を確保してから自家配合施設で飼料設計することになる。採卵鶏の生産者はインラインシステムの導入にとどまらず、給餌や鶏糞処理の自動化によって生産コストを低減し、さらに

飼料価格を低下させるために入札方式、飼料工場からの直取りの方式を採用することが多かった。

　自家配工場で丸粒トウモロコシを導入すると、その加工賃を1,000円としても二種混合よりも1,000 〜 2,000円のコスト節約になるとされた。大規模養豚経営を展開する宮崎県のH法人では、77年に自家配工場を建設して二種混合の方式で月2,300トンで対応してきたが、丸粒トウモロコシを導入して二種混合よりも8％低下している。肉用牛のF1でA4 〜 A5の販売割合の高く、飼料コストもkg当り22 〜 24円と極めて節約的である埼玉県のK法人では、特別な「Kミックス」といわれる飼料設計をしている。すなわち、埼玉県北部の立地条件を活かし、kg当り10円台の資源としてビール麦の外皮（kg当り10円）、大豆の皮（チョーチン15円）、エン麦の皮（10円台）、そば殻（10円台）、などを探して利用、専管フスマのkg当り16円よりも安価であった。この経営も丸粒トコモロコシの利用で「基礎配」として購入して、配合飼料の割合を30％から10％に減少させていることも、飼料コストの節約に結びついたといえる。

　このように中小家畜では農業生産法人などが飼料コストを節約しようとすれば、飼料メーカーへの入札方式による選択で交渉力を強め、輸送手段を大型化させた工場直取りや輸送部門の分社化による統合化の戦略をとり、回転率をあげて物流の効率化をはかることが一般的となった。さらにコスト節約をはかろうとすれば、自家配合を二種混合から丸粒コウモロコシに転換することになった。それでも中小家畜では大きなコスト節約になりにくく、小規模な配合施設では労働コストも加えれば製造コストを低下しにくかった。それと比較して肉用牛では、指定配合→自家配合に転換することで15％の飼料価格の低下があるとされた。給与システムも自動化した施設では省力化され、さらにkg当り10円台の安価な低利用資源を利用すれば、さらに生産コストが低下することになった。それ以上に生産コストを低下させるならば、食品残渣などの未利用資源をさらに有効に活用することが課題となった。

（4）畜産経営の新展開と飼料産業

① 畜産経営の差別化戦略

　肉用牛や乳用牛では配合飼料を「基礎配」とした飼料設計がマニュマル化され、省力化効果をともなっていた。酪農では自動給餌器やミルキングパーラーの普及が省力化効果となって規模拡大が誘発され、TMR（混合飼料）の普及で1頭当りの乳量が増加した。また肉用牛では飼養技術がマニュアル化できない黒毛和牛にかわってF1の生産が拡大して、肉質の向上した輸入牛肉に対抗できるようになった。このF1では個体差は少なく規模拡大がしやすくなり、大規模経営が形成されるようになった。肉用牛では油カスや大豆カスなどの低利用資源が有効に活用され、かえって適正な管理がなされれば肉質の改善に結びついた。技術的にも肉質の向上には生育ステージに応じたビタミンAのコントロールが、技術水準の高い生産者では普及してきた。このような大規模経営で飼料コストが節約されただけでなく、和牛の肉質に近づきA3 〜 A4のレベルに達し、乳牛の雄との格差が大きくなった。鶏肉でもブロイラーよりも地鶏への転換、採卵鶏で特殊卵への転換によってブランド化の志向が強くなり、市場規模も拡大した。それに対して豚では黒豚やSPFで差別化しようとする行動がとられてきたが、経済効果は小さかった。酪農では系統共販の論理が強く、生産者の差別化行動はとりにくく、アウトサイダーになりやすかった。しかし、専門農協によっては飼養や粗飼料の利用形態で流通経路に対応した価格設定がなされるようになった。

　畜産物の需要拡大が限界となり、輸入畜産物との棲み分けを業界としてはかるには、コスト競争から差別化の戦略をインテグレーターや大規模生産者がとるようになった。採卵鶏でもこれまで日本農産工業の開発したヨード卵がある程度であったが、飼料、飼養形態、安全性を差別化要因としたブランド化が指向された。初めは小規模生産者の地卵、有精卵などが中心であったが、最大手のイセ食品も「森の卵」で参入し、1ケース200 〜 300円をめぐる競争に入った。ブロイラーでも新品種、飼料期間の長期化、安全性のため

の抗生物質投与の減少など非効率的ではあるが、川下の量販店，消費者ニーズを意識した商品質化が指向されるようになった。さらに肉用牛、豚では生産者が川中、さらに川下を統合化することで消費者に近づき、消費者ニーズに適合した品質形成が必要となってきた。大規模経営ではそれまで生産と販売での規模の経済性を追求してきたが、差別化行動は垂直的な統合化を促進することになり、バリューチェーンを形成しようとした。

　このような差別化や統合化の経営戦略がとられてくると、調達する飼料もより販売とリンクした位置づけになり、価格の低さだけで評価されることにはならなくなる。それぞれの経営主体のシステムやインテグレーションによって多少高くても有効に畜産物の差別化とリンクできれば、むしろ付加価値が重視されることになる。それとは逆に量販店への低価格での販売で供給量を拡大しようとするなら、飼料価格の低下や調達システムの効率化・合理化が重要視されることになる。生産者と川下の量販店・生協との提携が新しい価値創造になるような戦略的提携であれば、付加価値を求めて利益の配分をしようとするであろう。生産者が生協と提携して安全性を差別化要因とすれば抗生物質の除外、PHFコーンの使用、など自家配合で対応しても全体としての生産コストが上昇するので、コスト上昇分以上の価格有利性が必要となる。

② 畜産経営と飼料調達の新展開

　以下では「配合飼料等需給実態調査」（日本飼料協会、1997年）に基づいて畜産経営の飼料調達の展開について分析した。

　産卵鶏では飼養規模で1万羽前田養鶏場（埼玉県）、12万羽耕新農場（秋田県）、300万羽アキタ産業（広島県）を比較すると、飼料工場を所有するアキタ産業が立地条件の悪い飼料工場から調達する耕新農場よりもやや高くなる。また、前田養鶏場ではPHFコーンの利用と独自の飼料設計による委託生産であり飼料価格はkg当り34円と高くなるが、直販による小売価格は10個280円であるのに対して、耕新農場は180円と低くなる。耕新農場で指定配

合によるブランド化をはかれば、kg当り5円の飼料価格のアップになる。生産コストではアキタ産業はインラインシステムに転換して最小規模50万羽を基本としているのでkg130円と低いのに対して、耕新農場ではkg173円と高位にあり、前田養鶏場はさらに高いことが予想される。

　豚肉では年間21,000頭出荷する下仁田養豚グループ（群馬県）、年間30,000頭を出荷する十文字農協グループ（秋田県）、同じ年間3万頭を出荷して川中・川下への統合化の進展したサイボク（埼玉県）を比較すると、飼料の購入価格も最も低いのが下仁田養豚グループであり、kg当り26〜27円、つりでサイボクのkg当り32円、最も高いのが十文字農協グループでkg当り33〜36.5円である。下仁田養豚グループが飼料価格の低い理由は、物流システムの合理化、飼料会社との提携関係の形成による。それに対し、十文字農協グループでは「美味豚」というブランドの確立によって量販店との提携で付加価値をつける戦略をとっているので品質が重要視され、指定配合でキャッサバ、ネッカリッチが含まれ、かつ肥育期間も長期になったので、生産コストはkg当り410円と下仁田養豚グループの390円より20円高かった。販売価格でみると加工比率が70％と高く、かつ直販所、レストランを統合しているサイボクでは内部取引であり、生産部門が再生産しやすいようにkg当り550円となっている。このkg当り550円は下仁田養豚グループと同じであり、十文字農協グループでkg530円とやや低くなるが、プレシアムで25〜30円がプラスされる場合もある。サイボクはかつて自家配合に転換して、飼料会社－特約店の流通チャネルを維持している。川下統合の進展したサイボクでは品質向上のためにトウモロコシと大豆カスだけでなく、大麦10％、パン粉17％を配合し、臭みの発生する魚粉を除去して独自の飼料設計をしている。下仁田養豚グループでは飼料価格、生産コストともに低く、4店舗の直営店のあることで販売価格が有利になる。

　肉用牛を家族経営のH農場（肉用牛210頭、120頭預託：秋田県）、なかやま牧場（直営生産4,000頭、系列農家1,000頭：広島県）、日本畜産（肉用牛1,000頭、豚7,000頭）を比較すると配合飼料価格ではH経営がkg当り34円に

家畜商を利用して確保する単味（トウモロコシkg当り30円、ふすま22円）で自家配合するのに対して、大規模ななかやま牧場ではkg当り30円、日本畜産kg当り31円であった。なかやま牧場は200〜300頭段階では自家配合であったが、その後に、丸紅飼料、日本配合飼料へ転換し、フレークのメリットで小規模飼料メーカーである中国物産への取引依存度を90％以上に拡大した。中国物産との価格交渉では指定配合ではあるが、相場変動に対応して3ヶ月間、価格の低いフスマの配合比率25％までという条件をつけて原価を管理し、また必要とする副原料も共同で開発していた。交渉によってはkg当り30円を25円にまで低下させることは可能であるが、シェアの30％は需給調整のために直営の食品スーパー5店舗で販売しているので、流通合理化と付加価値化を実現しやすいのが特徴である。

　したがって、提携関係にある飼料メーカーとのパートナーシップが優先され、価格競争を促進してはいないものの、交渉力では飼料メーカーよりも生産側が強くなる。日本畜産は豚の専業であり自家配合を基本としてきたが、指定配合とパンの残渣の利用へと転換した。肉用牛では完全配合（100％ペレット）を基礎配として30％、自家配合70％、中期までビールカス利用で飼料設計している。自家配合のコストはkg当り31円、配合飼料（ペレット）kg当り37円、ビールカスkg当り12−13円で調整することになる。日本畜産も直販比率が豚で40％、肉用牛で90％であって店舗での販売で付加価値をつけてきた経過があるが、なかやま牧場と比較すれば、店舗は直売方式で食品スーパーとしてチェーン化しているわけではない。このように肉用牛では販売価格が不明であるが、なかやま牧場では統合化が進展しているので取引価格を決定する場合には市場相場を配慮した価格だけでなく、生産部門を再生産できるための内部取引としての価格形成が経営者の意志決定としてなされている。

　豚の加工事業（ハム・ソーセージ）を展開する里見農協（田園ハム：秋田県）と「モクモク」（三重県）では生産者とのプレミアムによる提携条件が設定され、飼料も指定配合の方式をとっている。里見農協では豚価の下落を

契機として、ギフト用の高級ハムの生産で付加価値をつける戦略をとり、飼料価格はkg当り28～31円、指定配合では5円アップ、生産者へのプレミアム1頭3,500円（kg50円）であり、生産コストはやや高めの生産者でkg当り44円であった。価格の低下で生産者のプレミアムは消失し、充分な再生産を維持するには上物比率70％以上が必要となった。「モクモク」では加工－販売の統合化でレストラン、直売所での販売を拡大して、年間3,000～4,000頭を加工し、生産者へのプレミアムは銘柄豚としてkg当り30円アップと、「モクモク」のプレミアムとして、さらに35円がプラスされる。「モクモク」は指定配合で品質向上のためにネッカリッチを加え、さらにパン粉を20％使用している。いずれも系統農協の指定配合を利用して、加工による付加価値をプレミアムの支払いで生産者との関係を強めてきた。

　安全性を追求して生協・量販店と提携してきた秋川牧園（山口県）は、PHFコーンを早くから導入して全期間無投薬飼養で開放鶏舎を原則とする技術体系を確立した。事業領域は若鶏（生産者20戸）、採卵鶏（生産者6戸）、酪農（生産者11戸）との提携で冷凍食品へ拡大してきた。ここでは若鶏用の飼料はkg当り40～45円（普通の飼料は35円）と高めの価格設定であり、カーギル－商社の流通チャネルでアメリカの生産者まで追跡できる方式を選択した。このPHFを安定的に確保するため飼料工場にタンクを設置し、ラインを確保するためにトン当たり4,000円がプラスになっている。やはり早くからPHFコーンを導入した千葉北部酪農（千葉県）ではトウモロコシの全量（45％）を全量PHFコーンに転換した。秋川牧園も千葉北部酪農もコスト上昇分は販売価格で吸収することができた。

　以上のように、畜産物の差別化と経済主体の統合化の戦略によって購入する飼料も特別な内容をとれば、指定配合、場合によっては委託配合の形態がとられ、プレミックス、サプルメントを加えた自家配合に飼料設計の点で不安の残ると判断した生産者は、飼料メーカーとの提携が選択されやすかった。また、経済主体が川中と川下を統合化するほど生産者にプレミアムを支払い、生産者側に有利な価格設定がなされるようになった。飼料メーカーにとって

も差別化や統合化によって取引先と提携して取引を継続し、利益の配分を受けることが有利となった。こうしたことからバブルの崩壊後、配合飼料、畜産物の需要が停滞してくる、銘柄鶏、ブランド卵、肉用牛のF1やF1クロスでの差別化が進展し、これまでのコスト競争からの転換がみられ、川下の量販店の戦略とも合致するようになった。このような転換は消費者を含めたフードシステムの構造変化に起因し、川下から川上への変化がさらに生産資材にも拡大した。

5．新たな需給関係の形成

（1）飼料メーカーと生産者との新たな関係

　生産者は市販で配合飼料を購入する以外の選択として、①指定配合、②委託配合、③自家配合、④飼料工場の所有による配合のタイプがある。①から④に移行するにつれて生産者側の自由度が高まる。③や④ではメーカー側は技術的サービスが中心的課題となる。①のタイプは全畜種とも多く、栄養価だけでなく、原料、配合比率についての要求が高くなる。原料では種類と品質が選定されるが、配合比率については価格変化に対応して、固定するか、変更するか、の選択がある。配合比率を固定化させるのは、品質をより安定化させる効果は大きいが、当然のことながら飼料価格への対応が遅れることになる。他方、配合比率を変化させる場合には、一部の原料の増減を一定の範囲内で認めるのが普通であるが、短期間で変化させることは品質にマイナスになる。特に肉用牛では肥育期間が長く、前期、中期、後期で配合比率を異にしてステージの移行期がポイントとなるため、途中で飼料内容の変化は望ましいことではない。多くの大規模経営や生産者グループでは入札方式をとりながらも、価格条件だけで購入割合を短期間に大幅に変化させることはしないのが原則である。

　②のタイプでは、委託配合は生産者が原料を購入してメーカーが委託加工する場合であり、複数の商社を利用してトウモロコシなどの先物取引に入っ

ている大規模インテグレーターでみられる。また、大規模生産者では中小メーカーと取引依存度を高めて品質管理を徹底しようとし、資本や業務提携に近い形態もこの②のタイプに準じるであろう。この場合には、原料・配合比率だけでなく、メーカーの原価や利益が見えることになり、営業コストの節約で取引価格が低下する。提携するメーカーが小さく、交渉力がないとメーカーの利益が減少するものの、経営が安定化する。生産者側でも飼料工場を建設する投資額が節約され、またメーカーと飼料の技術開発に期待がある。この提携はブロイラーで児湯食鳥と九州昭和産業、肉用牛でなかやま牧場と中国物産が代表的である。

　③の自家配合はコンパクトな配合施設と作業のマニュアル化が進展すれば拡大してきた。自家配合は、二種混合を中心としてトン当りで1万円から5,000円あった価格メリットが飼料価格の低下によって大幅に減少した。この自家配合の有利性は、a原料の吟味、b安価な地域資源の活用、c飼料内容がわかり品質管理がしやすいことなどであった。そして、新たな労働力の確保が必要となり、また品目を少なくしても操業度が低位にあることから製造コストがトン当り3,000円以上になる場合もあった。二種混合を中心とする自家配合は、規制緩和による丸粒トウモロコシ、大麦の利用への期待が大きく、加工コストをトン当り1,000円として2,000円のメリットを試算する生産者が多い。生産者によっては鮮度の向上、肥育効率の改善までの波及効果を指摘している。大きなロットを必要とする肉用牛の大規模経営では、生産者の飼料コストは2倍の格差があると推測される。

　④は養鶏、養豚でみられ承認工場となっており、マルイ農協（採卵場、ブロイラー）、アキタ産業（採卵鶏）、サイボク（豚）などがあり、生産者側で設計→配合→成績→分析が可能となることで品質管理が容易になる。また、飼料工場は産地内にあるため内陸型であり、原料価格が多少高くても製造後の飼料の配送費の節約、品目数の絞り込みによるコスト節約が可能である。これらの工場は日産1,000トン程度、従業員2〜3人であり、操業度は一般飼料工場の2分の1である。この規模の飼料工場は小規模になると自家配合

の施設と大きな規模差はない。このような飼料工場を所有する場合には、必要資本額が多くなるものの、より産地の条件に適合した配合設計や品質管理が可能である。生産者やそのグループは直接、飼料工場渡しで購入する割合が増大し、秋田県ニューファームサービスや千葉県干潟町企業養豚などは工場取りを中心にして購入価格を下げている。また、入札方式、現金支払いを原則とする取引形態をとる生産者やそのグループも多くなったこと、またグループ内での飼料価格情報が明らかになったことで、飼料価格が低い生産者に合わせて低下してきたこと、なども取引価格の低下の要因である。

（2）インテグレーションと飼料メーカーの役割

　アメリカのインテグレーションでは、インテグレーターが飼料工場を所有するのが一般的であったが、我が国では養鶏部門で飼料会社からの配合飼料へ依存してきた。しかし、生産コストの節約と差別化戦略による高付加価値化のために飼料設計を独自にすることは経済的意義が大きい。ローカルインテグレーターは、価格・品質と生産効率を比較しながら飼料会社を選択するようになった。インテグレーションの進展した養鶏部門では飼料工場の所有、委託配合するインテグレーターが早くからみられ、我が国最大のブロイラーのインテグレーターである宮崎県児湯食鳥と、ブロイラーと鶏卵とインテグレーターであるマルイ農協（旧出水養鶏農協）がある。児湯食鳥は飼料会社2社に委託配合し、関連輸送業者に輸送を担当させ、SPを独自に設置して物流を合理化した。児湯食鳥が取引した飼料会社は初め伊藤忠であったが、やがて5社に増加し、現在では志布志の九州昭和産業と谷山の日和産業が選択された。ここでの原料の購入は児湯食鳥が担当し、リスクを負担している。もともと産地規模が大きく飼料工場を保有して、規模の経済性をさらに追求する戦略であったが、志布志湾コンビナートの工場新設がカーギルの参加にもかかわらず許可されなかった。そのため、九州昭和産業の株を2分の1程度まで取得し、工場の経営に参加して委託配合とはいえ、自家配合に近い形態がとられている。児湯食鳥にとって2社を選択したのは、いずれも企業組

織が小さく交渉力が強くなるためである。80％が委託配合へ移行し、10トンバルク車の直送体制と夜間のピストン輸送を実施し、SPは産地で所有されている。

　マルイ農協は早期に飼料工場を建設し、固定化した取引先である日本配合飼料の技術援助と三井物産との原料購入における協調に依存している。この工場建設で飼料価格を6％近くまで節約し、特に営業・販売費の合理化が貢献した。この飼料工場は月産1万トンの能力で規模の経済性を享受できる規模であった。技術開発とプレミックスに依存し、原料の購入でもコーンは三井物産と同一行動をとるが、ダイズや副原料などは品質や価格条件によって産地が購入先を決定している。この飼料工場は原料を鹿児島の工場ではなく、福岡県の工場から内航船でローカル港に搬入されるため、輸送コストが高い。しかし、この産地はブロイラーと鶏卵を中心にして飼料の品目数が少なく、また産地内に飼料工場が立地するため、5トンバルク車を中心とした輸送でも配達コストが大きく節約された。このように大規模ローカルインテグレーターにとって飼料工場の設置の必要資本額は多大であり、また委託配合も原料の価格変動のリスクを産地が負担することになる。

　また、最も規模が小さく承認工場を持つサイボクではすでに丸粒トウモロコシを利用していたが、飼料価格は低下しなかったし、製造コストはかえって高位にあった。このような小規模工場で未利用資源や安価な単味を大量に利用しないと、飼料価格の低下は中小家畜で困難であり、規制緩和によるトン1,000〜2,000円の節約への期待がなされる。また、工場渡し価格での購入、輸送手段の大型化と輸送システムの確立、競争入札などによって生産者は飼料価格を低下させようとする。生産者が飼料内容を変えて差別化し、高付加価値化を実現しようとすれば、飼料もコストよりは品質が重視されるため、品質と価格が評価される。既に、生産者は複数のメーカーとの取引があっても長期固定的であるケースが多くなっており、提携に近い関係が形成されれば、この結びつきによる新たな利益（純レント）を飼料メーカーにも配分することが、主体間で戦略を共有することにも繋がるであろう。このように生

産者、すなわち需要側がコスト節約を志向するか、高付加価値化、特に高品質化を志向するかによって飼料メーカーの役割は変わってくるであろう。

（3）安全性と飼料の利用形態

　配合飼料の安全性についてはPHFコーンの活用があり、養鶏から酪農、養豚へと利用が拡大しており、取引相手も生協に限定されず量販店も入るようになった。このPHFコーンの輸入ルートはカーギルルートと全農ルートの2つがある。カーギルルートは「ピュアコーン」としてエレベーターの管理者が生産者を選定し、チェックリストを使って農薬使用の有無を直接確認してエレベーター→外洋本船への積み替え→日本での荷下ろしという過程で他のコーンと混ざらないようにして輸送される。この「ピュアコーン」では生産者へのプレミアムや保管料などのコストを加えても18％程度のアップとなるにすぎない。これに対して全農ルートではカントリーエレベーターでのチェックが原則となり、全農サイロ鹿島支店に分別保管される。このPHFコーンは酪農の事例によるとコーンだけで30％程度、取引価格が高くなるが、これを配合飼料価格で見ると、10％以下である。したがって、生産物の販売で20〜30％の上昇が期待されれば、コストの上昇分は十分に吸収されることになる。

　このPHFコーンを利用するために飼料工場やサイロで特別なラインを確保しようとすれば、kg当り5〜10円アップすることが国内の価格アップの理由となる。また、全農ルートでは鹿島からの輸送コストが取引価格を上昇させることになる。このPHFコーンを利用する秋川牧園（株）等の養鶏生産者では飼養形態についてもウィンドレス鶏舎を利用せず、全期間の無投薬飼育で安全性の程度を高めている。酪農の場合に安全性の程度を高めようとすれば、粗飼料生産においても無（省）農薬の牧草を利用しようとする。この生産形態では20〜30％以上の価格アップとなり、消費者によっては許容範囲を超えるであろう。肉用牛生産は肥育経営では濃厚飼料多給型であり、その比率は84〜94％であるとされ、良質な粗飼料利用は10％以下である。

一部の消費者グループでは、酪農でも1頭当りの粗飼料面積を提示して低温殺菌牛乳を生産する東毛酪農がある。また、肉用牛では日本短角種を利用して粗飼料主体で粗飼料の自給率を80％まで上げ、赤肉志向が求められている。この短角種は市場価格の下落を経験してきたが、肥育技術の確立がされず短期肥育に難点があった。この乾草、デントコーン・サイレージ多給型の生産システムは消費者グループの高い取引価格（相場の40％以上）に支えられており、子牛価格の評価購買とも関係してくるが、近年、岩手県山形村での「大地の会」との提携は取引価格を市場相場に連動して低下している。この短角種の取引は量販店、生協との提携の形態をとって生産が成立している。このようにPHFコーンはカーギルルートでかなりの需要拡大が期待され、肉用牛にも利用されだした。しかし、輸入粗飼料の安全性への疑問や放牧・草食主体ということで取引を拡大してきた短角種は、経営条件を確立するまでに至っていない。

（4）資源利用と畜産経営―エコフィードへ

　完全配合飼料の普及によって飼料効率の低く品質管理しにくいアラ養鶏、残パン養豚は、農民的な自家配合技術としてコスト節約的ではあったが、1970年代には消失化した。大家畜でもカス酪農は乳質の低下によって衰退したが、肉用牛では未利用・低利用資源を活用することによってコストを低下させ、同時に品質を維持・向上させる飼養技術が蓄積された。豚でも飼料コストを低下させるには未利用資源を自家配合で有効に活用して肉質を維持しようとする行動がみられるようになった。

　肉用牛でも大規模な乳用牛肥育経営では、濃厚飼料の内で配合飼料の割合が90％をこえ、粗飼料の割合も10％よりも少ないという経営もみられる。しかし、F1や乳用牛の大規模経営には未利用資源の活用と安価な単味の確保によってコストを節約する行動がみられ、「高い飼料が良いわけではない」という信念を持っている。ここでの未利用資源はビールカス、豆腐カスが中心となるが、醤油カス、ジュースカス、ラーメンくずなども含んでいる。こ

274

の未利用資源は産業廃棄物的性格が強くなるとメーカーなどが処理コストを負担するのが普通であるが、肉用牛経営にとって利用価値の高いのはビールカスや豆腐カスであり、配合飼料価格の上昇によって利用価値がさらに高まる。

これまでこのような資源は収集や品質管理に労働を要し、大規模経営には適合的でないとされたが、ビールカスでは立地条件によるものの1kg7〜10円程度であり、また豆腐カスは無料である場合が多い。群馬県で5,500頭を肥育する和洋牧場ではF1の肥育前期で濃厚飼料にビールカスを40％、後期で20％を給与しており、コスト節約の効果は大きい。また、島根県で1,900頭を飼養する松永牧場は、肥育前期と中期で二種混合飼料を減少させている。このビールカスは脱水してビニールに入れ保管可能であり、大型車で広域的に輸送される。この2つの経営体とともにF1を中心としながらもA3、A4が中心であり、肉質も維持されている。

それに比べて豆腐カスは鮮度保持に難点が多く、短期間で給与せねばならず、全量利用しにくい場合も多い。飼料コストを節約するのに単味を低価格で収集することが、ビールカスなどの未利用資源の確保や自家配合工場を持たない生産者にとって一般的な対応である。この単味はふすま、圧ペンやばん枠の飼料大麦製品であり、ふすまは全肥育期間に給与され、大麦製品は後期に集中して利用されるものの、やや価格水準が高いため、さらに安価な飼料が求められる。

このことは地域によっては主たる粗飼料となる稲ワラがkg当り40円程度と高いため、安価な資源が必要となるからである。精麦工場や製粉工場が多数立地する地域では、kg当り10円台でトウモロコシの粉、大豆・ビール麦の外皮、エン麦の外皮など利用できる。丸粒トウモロコシ、大豆の利用、自家配合施設の設置、安価な単味・未利用資源の活用などによって、埼玉県のK有限会社ではkg当り22〜24円のミックスの価格水準を維持しているのに対して、高い生産者では40円に近づいている。配合飼料価格は競争条件によって地域格差があり、高い地域ほど低価格の単味や未利用資源の利用が課

題となる。九州地方ではビール工場が少なく、かつ飼料価格もやや高位にあるため低価格の単味の関心が強くなり、精米工場や製粉工場の役割が大きい。また、粗飼料でも東北地方では牛肉牛経営者が同時に農地の集積や作業請負の担い手であることから、良質な稲藁の確保が可能であり、この稲藁によって和牛、F1の肉質向上に寄与するところが大きい。関東で良質な稲藁を確保できない生産者は県外まで調達圏を拡大している。

　肉用牛経営も指定配合の割合が豚肉と同様に10数％であるとされるが、それ以上の自家配合があり、大規模肥育経営では指定配合から自家配合へという行動様式がある。肉用牛事業組合の調査によれば、市販の配合飼料価格がkg当り34.6円であるのに比べ、指定配合で32.2円、自家配合で27.5円であることから、それぞれ7％、21％のコスト節約が実現できている。自家配合施設を所有しない経営体ではコンクリートミキサー車の活用もあり、また指定配合ではロットが大きくなると飼料メーカーに配餌を委託するケースもある。給与システムも自家配合施設からの自動化、押しボタン式の自動給餌機、自動車を改造した自走式自動給餌機などで省力化は進展し、労働力1人当りの飼養規模は400〜500頭の水準に達した経営体が多くなっている。

　養豚では食品メーカー、外食（給食を含む）との提携で食品残査を飼料化して豚に供給してコストを節約し、同時に産業廃棄物としての処理コストを収入とする経営体が形成されてきた。この食品残査の飼料化では分別作業や発酵技術の確立が必要であり、肉質の低下に結びつく場合には飼料化よりも推肥化の方向を選択すべきである。特に食品残査は多くの脂肪を含み、適量をこえると枝肉成績が悪化しやくなり、食品企業からの処理コストを大きくなると、採算性がとりにくい。

　以下ではある程度の成功しているパン工場との提携について事例を取り上げる。パン粉や小麦粉は肉質の改善のために多くの養豚生産者が配合するようになり、脂肪の多い菓子パンよりも少ない食パンが利用され、粉末に加工して肥育農家に供給される。その販売価格は配合飼料がトン当り35,000円あるのに対して、半分以下の16,000円である。養豚でも養殖豚では、パン粉を

多給することが母豚の繁殖能力を低下させやすいとされたので、肥育経営には上限30%という技術的条件で利用された。広島県の事例ではパン工場から見込み生産のロス部分を月35〜50万円程度の処理コストで養豚と肉用牛農家の数戸（島根・鳥取県も含む）が曜日を分担し、4トン車3台で輸送して分別する。この分別では菓子パンを除外して簡単な加工施設で粉末にして、グループ以外の5〜6戸の養豚農家に販売される。この地域は中国地方の中山間地にあって、飼料価格が高位になるので、30%まで配合比率をあげ、かつ上物比率を70%維持することはメリットが大きかった。

これに対して、多様な食品残査（残飯、ラーメン、うどんなど）を飼料化している大阪府の事例では分別して、飼料化できないものはメタンガスの発酵材料や推肥にしている。ここでの食品残査は近くの食品コンビナートからのものであり、雑多であるため多給すれば肉質の評価が低下する。よい経営でも上物は2分の1程度であり、多給すると上物はほとんどみられなくなる。

以上のように食品産業と畜産経営の提携による資源循環はエコフィードとして未利用資源の活用によって生産コストを低下させる経済効果をともなうが、品質を維持するだけの技術が十分に確立されていない。したがって、多様な残査が排出される川下よりも川中の食品メーカーとの提携が必要となる。

（5）ブランド化の戦略─鶏肉産業から

インテグレーターは銘柄鶏を中心にブランド数を増加することによって取引先を拡大し、価格帯に対応した品揃えの必要が高まり、(a) 既存ブランドの改善と、(b) 新たなブランドの形成という2つの方法で実施された。(a)の既存ブランドの改善には飼料と飼養管理の仕方という2つの差別化要因が関係し、インテグレーターの戦略によっていくつかの差別化の方法が選択できる。①安全性重視からNON−GMOコーン、PHFコーンの使用や長期あるいは全期間無農薬飼料による飼育を行うことである。また、②飼料に各種の栄養素の添加の方法もある。例えば、有用菌やカテキンの添加で鶏が病気にかかりにくく、脂肪分の少ないヘルシーな鶏肉をつくることや、栄養素・ビ

表-6-9　ブランドの差別化要因と効果

差別化の類型	差別要素	方法		効果
既存ブランドの改善	飼料	①安全性重視		NON-GMOやPHF原料の使用、抗生物質無添加等で安全性の強化
		②栄養素添加		有用菌、カテキン、地養素等の添加で味色の改善や病気に対する抵抗力の増強、ビタミン強化飼料で鶏肉の栄養強化
	飼育管理	③飼育日数の延長		飼育日数の延長（一般鶏が50日前後）で味の改善
		④坪当たりの羽数の制限		坪当たりの羽数を減らし、鳥を運動させることで体質強化、味、歯ごたえの改善（一般が55~60羽/坪）
新ブランドの創出	鶏種	⑤鶏種の選択		飼いやすい肉用鶏種か在来種か選択、肉用鶏種にも比較的生産効率性の良い白鶏か赤鶏かの選択で差別化の程度が異なる

（資料）張秋柳、斎藤修「鶏肉産業におけるブランド管理とフードシステム」日本農業経済学会個別報告、2003年

タミン・海藻粉末等の添加で肉の色や味、栄養分の改善を図るなどの展開がみられた。後者の方が比較的導入しやすいこともあり、最も早い時期に多くのインテグレーターに取り入れられてきた。③飼育管理において、一般若鳥（50日前後）より飼育日数を延長し、坪当たりの飼育羽数（一般が55 ~ 60羽）を減らして鶏に運動するスペースを与え、鶏肉の味・歯ごたえを改善する方法もある。また、飼育環境に関して2段鶏舎か、平飼いか、の選択があり、換気や環境コントロールの仕方も差別化の要因となる。（b）の新たなブランドの形成に関して、もっとも差別化を追求する⑤鶏種の選択がある。まず肉用鶏種が在来鶏種（地鶏）かの選択のほか、肉用鶏種においても比較的飼育しやすい白鶏と、差別化の程度は高くなる赤鶏があり、さらにその程度が高くなるのは地鶏であるが、この差別化では生産の非効率化やPSデータの低下もみられる。そのため有利な価格形成を図るには販売先との提携が必要になる。

　インテグレーターがブランド増殖を展開するには、差別化要因を組み合わせることになる。大規模インテグレーターによっては、大量生産のできる白鶏を中心にブランド数を増加させる傾向があり、ブランド比率を40％以下に

維持する場合が多い。また、中規模なインテグレーターはより付加価値を追求するため、さらにブランド化の比率を向上させ、100％に達しているケースもみられる。さらに付加価値を高めようとすれば、JAS規格の地鶏や、あるいは赤鶏の割合を高めることによって、一般鶏（ブロイラー）や白鶏の割合を低下させている。中小規模のインテグレーターによる最近のブランド化には、トレーサビリティや表示のために差別化要因のあまりない生産システムも対象となっている。

　インテグレーターにとってブランド数を増加させることは、鶏舎から処理場の情報化、販売計画と生産計画の緊密化がさらに必要になり、取引先ごとのブランドの品揃えや提案には、川下との連携した営業活動によってブランド管理を強くすることが条件となる。しばしば、取引先からのブランド化の要求に対して、ブランド数が多くなるなら、あるブランドを別のブランドとして販売する方法もとられる。また、量販店からのPBに近いブランド化の要求に対しては、相手先からの取引条件が遵守されるが、需給調整や在庫管理のリスクが取引先に転嫁されるわけではない。ただし、差別性の高いブランドでは、部位間の需給調整は、セット販売の方式で取引先がリスク負担する原則が貫かれている場合もみられる。

（6）飼料産業と企業の経営戦略の新展開（補注）

　1989－2014年に飼料工場は116から74工場に減少し、1工場当たり生産量は13.3万トンから20.8万トンになり、1工場当たり生産量は2倍以上に増加することになった。飼料工場は装置化し、自動化のシステムとコンピューターの連動性が高まり、他方でコンダミや残留防止システムも高度化することになった。しかし、飼料工場によっては老朽化し、これらの機能の遂行が危ぶまれ、また周辺に産地・大規模生産者が少なくなると工場の操業度が低下しやすくなる。装置産業としての性格の強い飼料工場の製造コストは90％が固定費であり、24時間の稼働を前提して操業度を拡大して生産コストを下げることが、競争力を拡大する戦略となる。また、飼料産業は慢性的な過剰

能力を抱え、生産コストの節約のために、グループによる受委託生産が高まり、自らの工場での生産よりも、周辺の飼料工場を保有する企業との提携をとるようになった。

しばしば、企業間の提携関係の深化は合弁や合併などの企業形態の転換もみられるようになり、2003年に日清飼料と丸紅飼料の統合による日清丸紅飼料の設立や2015年のフィード・ワンによる協同飼料と日本配合飼料の吸収・合併によって、肥料産業や農薬産業のM&Aの連鎖と寡占化の進展ほどではないが、競争構造が変化することになった。価格形成でリーダーシップをとってきた全農系もシェアが40％近いシェアから28％まで低下した。丸紅グループや三井グループなどの商社が介在したグループでの行動が注目され、他方で中部飼料のように、独立系として研究－製造－営業の連携で生産者支援を強めることで競争力を拡大してきた。さらに、中部飼料は伊藤忠飼料との業務提携で合弁会社みらい飼料を設立し、グループに入ることになった。

もう一つの飼料産業の変化は、畜産用飼料から水産養殖飼料やペットフードへの事業拡大や転換である。1960年代と早くから養殖飼料の開発に着手した日清製粉は、畜産用飼料の収益性の低さから付加価値がつきやすく、また需要の拡大が予測される部門への経営資源の移動と集中を模索してきた。養殖は魚種がハマチからウナギ・タイに拡大し、また抗生物質を抑えて効率性が良好である飼料の開発が必要であった。ペットフードは飼い主の動物愛護まで配慮した飼料設計が必要であり、また企業サイドでは首都圏を始めとして大都市にペットが集中的に飼育されていることから、旧式の施設の多い従来からの飼料工場を転換して活用することが可能であった。

多くの製粉産業では製粉からプレミックス、冷凍事業さらにより付加価値を実現できるファインケミカル（化粧・医療品等の分野）の技術開発が自社の試験研究機関で進展した。日清製粉では採卵鶏のカロチンやビタミンの入った鶏卵の開発や臭みのない・柔らかいハーブ豚の開発等の差別化に入ったが、水産の養殖用飼料では、ビタミン等を加えた微粉末飼料の造粒装置による固定化によって抗生物質の大量投与と海水汚染の回避が可能となった。

日清製粉のシェアは市場規模の拡大に対応して生産量を拡大することができたので、20％－17％を維持することが可能となり、ミックス粉などの製粉企業のアジアでの拠点づくりと連動して、養殖のアジアでの拡大によって同じ拠点づくりを戦略とするようになった。

　養殖用飼料については業界2位のニップン（日本製粉）、飼料産業では日本配合飼料、日本農産工業も参入し、アジアでの事業展開までの可能性を検討してきた。製粉産業では飼料事業が企業によっては販売額の3分1程度になり、製品開発能力は飼料メーカーよりも上位にあるため、日清製粉では消化吸収力の高い飼料の開発や油種吸着包装の設置などのシステム化が進展し、ペットフードでは関連会社と3種類の製品開発が進展したが、ペットフードは外国がすでに参入していて競争力の急激な拡大にならなかった。

　以上のように日清製粉は畜産用飼料の工場として資本装備が古くなった3工場を養殖用飼料とペット用飼料への転換をはかり、残った飼料工場は受委託生産や工場の閉鎖で対応することになった。業界2位のニップンの子会社であるニップン飼料は、日本配合飼料との受委託生産、合弁事業で合理化し、養殖飼料やペットフードは名古屋の1工場に限定した。しかし、養殖用飼料への参入障壁は高く、自社の研究所で製品開発が進展していたこともあって、ペットフードはユニ・チャームとの提携に入り、子会社を設立して事業を継承した。この一連の事業の合理化によってニップン飼料は解散することになった。

　飼料メーカー間の受委託生産は工場が近くに立地し、企業間で受委託の新会社を設立し、企業によっては自社工場の縮小・閉鎖して、撤退するという展開がとられやすい。飼料メーカーにとって装置型の工場の新設には多額の投資が必要であり、単独では資本の回収がしにくく、リスクが多くなり、競争関係よりも実需者の事業の継続性や社員の雇用問題まで配慮することが必要になった。鹿島コンビナートのジャパンフィードは日本農産工業30％、日清製粉30％、ニチロ30％、三菱商事10％で設立され、月産5万トンという最大級の飼料工場を設立して、合併による受委託専門工場であった。同じ日清

製粉の飼料工場でみると、神戸工場の老朽化によって倉敷市に丸紅飼料60％、日清製粉30％、丸紅10％で新会社を設立し、この受委託を担う新会社から実需者へバラで24時間体制の自動出荷システムで配送されたので、実需者に距離的に近くなり、物流システムも効率的になった。また、九州では日本農産工業の志布志工場と自社の鹿児島工場の受委託生産に入り、養殖用飼料の生産を日清製粉が担当することになった。ニップン飼料の門司・名古屋工場は日本配合飼料の工場が近くに立地することからそれぞれ受委託生産で合弁の新会社を設立して、名古屋工場のみ自社のペットフードの生産に特化することになった。また、従来から単独工場で全農系等のネットワークで販路を確保していた中小規模の飼料工場は、工場の立地移動によって廃業に追い込まれるケースもみられた。

　以上のように製粉産業の飼料事業は、養殖用飼料やペットフードへの転換によって畜産用飼料事業が縮小し、やがて撤退を余儀なくされ、他方で受託した飼料メーカーは飼料事業の拡大に結びつくことになった。大きな合併は三井系で協同飼料と日本配合飼料が統合化したフィード・ワンであり、川中の加工処理事業やアジアでの拠点形成を想定した養殖事業への拡大をも戦略とした。フィード・ワンは商系では最大のシェアになり、原種農場－畜産農場の統合化、さらに5カ所の飼料工場に加えて4カ所の子会社、5カ所の関連会社によってグループでの連携を強めることになった。戦略的な優位性は豚肉の処理・加工事業にはいって3カ所の加工施設を大消費地に保有することによってバリューチェーンを構築しようとしたことである。しかし、本格的加工事業には資材－生産システム－製品管理のチェーンの構築にはブランド戦略が必要であり、それができなければ大手ハムメーカー等の連携によるブランド開発が必要になるであろう。

　フィード・ワンの戦略に対して、独立系のメーカーとして中部飼料の戦略がある。全農系のシェアは10％近く低下して28％になり、代わって独立系の中部飼料のシェアが拡大した。1995年から15年間に市場流通量で2倍近くも成長した。中部飼料は研究開発－製造－営業の「三位一体の体制」で顧客の

課題に提案して、飼料の差別化を戦略としてきた。飼料工場は北海道2工場、八戸、鹿島、知多、水島、志布志の5工場を保有し、飼料の売上割合では養鶏・養豚・肉牛・酪農の4部門に均等であったことも生産者の支援をひろげることが可能であったし、静岡工場は養殖用飼料に特化した。また、子会社として鶏糞等の処理施設の販売を手掛けたことも要因の1つである。このような一体的なシステムでは受委託生産で安価な飼料を確保するよりも、効果的な飼料設計が提案しやすかったと推測することができる。2015年に中部飼料は伊藤忠飼料49％、中部飼料51％で「みらい飼料」を設立し、八戸・石巻・門司・志布志の4工場で共同生産に入ったが、やがて解散し、これまでの研究開発－製造－営業の「三位一体の体制」に戻ることになった。

　大手製粉メーカーが畜産用飼料から養殖用飼料やペットフードに転換し、プレミックス・冷凍事業・ファインケミカル等の事業多角化や海外拠点の形成で成長してきた。それに対して、飼料メーカーでは中部飼料のように研究－製造－営業の一体化によって実需者である生産者の経営支援と経営改善をはかることで、需要を拡大するという専業メーカーとしての役割を担っている。飼料を差別化して、特徴的な生産者の生産システムを構築することによって畜産物ブランド化をはかることができれば、取引価格の優位性（プレミアム）の確保や飼料価格の変動のリスクの減少につながってくる。

　市場規模の縮小が著しかった化学肥料企業のM&Aが急激に進展した肥料産業と比較して、飼料産業は商系のトップグループの合併や経営委譲がみられたが、大きな競争構造の変化にまで至らなかった。むしろ中部飼料のように本来の飼料メーカーとしての研究－製造－営業の三位一体化が成長の動因ともなった。素材産業とされる製粉産業では多角化や川中・川下の食品企業との連携、中小企業では川中・川下への統合化によって付加価値化やバリューチェーンの構築によって各段階の経済主体（プレーヤー）とのパートナーシップによる利益配分がなされるようになった。飼料産業でも飼料メーカーの多角化の事業領域が狭く、また川中・川下の食品企業との連携や飼料から畜産物のブランド化は、バリューチェーンを構築する可能性が期待され

る。すでに実需者である生産者との関係では、指定配合や品質水準を高める飼料設計によって提携関係に入り、原料の「見える化」が進展しており、相互でバリューチェーンを構築しようとする姿勢が強まるであろう。

6．結び

　飼料産業は低成長期に入った第Ⅲ期や合理化の進展した85年以降で収益性が低下し、専業メーカーでも多角化に入り、畜産物の販売や処理加工で畜産事業を拡大する戦略をとってきた。寡占的企業では飼料部門の販売割合は2分の1近くにまで後退し、畜産・食品事業として畜産物の販売と処理加工、畜産経営のための農場の統合化、などで関連会社をグループとして設立している。養鶏用飼料への特化が著しかった日本配合飼料も飼料部門は2000年で64％にまで減少し、子会社27社（内連結子会社25社）、関連会社16社で事業領域を拡大して鶏卵、豚の生産の統合化に入った。日本農産工業でも連結子会社29社、関連会社5社を設立し、6ヶ所の農場と4ヶ所の食肉の処理加工施設を持っている。この会社では飼料部門内は2000年で52％まで減少し、ペットフードなど事業を10％まで拡大した。また、協同飼料では子会社22社、関連会社19社でグループ化し、畜産事業を48％まで拡大してきた。

　これに対して、成長をとげて日本農産工業についで業界2位になった中部飼料では、畜産用機器事業を拡大してきたが、飼料部門の販売割合は87％と高位にある。また、中堅企業として成長をとげてきた日和産業でも飼料部門は81％と高位にあって養鶏に集中した対応をしてきたが、成長がみられなくなった。製粉メーカーでは最大手の日清製粉が飼料部門で99年では14％であり、昭和産業では畜産事業も加えて16％に後退し、日本製粉では退出した。これら製粉メーカーにとって飼料部門は副産物の有効利用と付加価値形成の事業であったが、収益性の確保からすると収益的な事業領域でなくなった。

　アメリカの飼料産業は、川中・川下の食品産業とのマーケティングを展開しやすいインテグレーターやパッカーが生産者からの生産物を有利に販売す

るシステムが構築され、飼料会社による生産資材から入って生産物を販売するというインテグレーションは有効ではなかった。我が国でも飼料会社のグループによる多角化と統合化は大手からさらに進展し、この統合化には実需者を安定的に確保するための販売契約や生産契約も拡大し、場合によって経営の継承ができない農場では、飼料会社による直営方式をとることになってきた。

　ローカルインテグレーターやパッカーの成長にともなって、飼料の利用形態は指定配合や委託配合が拡大し、また中小メーカーとの提携関係が形成されてくると、飼料設計についても取引する主体間で情報の共有化が進展してくるであろう。この情報の共有化はPHFコーンやNO-GMOコーンの利用によって安全性を明示する場合にも必要となるであろう。このように、飼料会社と実需者との関係は多様であり、大手のローカルインテグレーターとの提携関係をとりながら小規模飼料会社は取引依存度を強めて傘下に入る場合もあり、それとは逆に確実に販路を確保できて、安定的な飼料をフィールドサービスも含めて供給してくれる飼料会社の傘下に入る生産者もあるであろう。畜産物市場における市場細分化と差別化戦略が進展するほど、単純な価格競争より主体間の提携関係から新製品開発や、さらに飼料設計までのバリューチェーンの構築が戦略となるであろう。

（補注）「日清製粉100年史」（2001）、「日本製粉社史」（2001）、中部飼料「飼料業界の特徴と当社の強み」、日本飼料工業会「配合飼料の価格形成について」（2016）などの資料とヒアリングによる。

（参考文献）
1．配合飼料産業問題研究会『配合飼料研究会報告書』、1989年
2．配合飼料産業問題研究会『配合飼料の物流合理化の方向について』、1982年
3．中央畜産会『昭和57．58年配合飼料産業調査報告』、1985年
4．梶井功編『農産物過剰』明文書房、1981年
5．神奈川県農村市場調査委員会編『神奈川県における農村市場の現状と問題点（下）』、1962年

6. 全国購買農業協同組合連合会飼料部『農協飼料配給論』、1962年

7. 澤田収二郎「日本の飼料経済構造」日本評論社、1944年

8. 天間征編『価格の国際比較』農山漁村文化協会、1991年

9. 日清製粉『日清製粉株式会社70年史』、1970年

10. 飼料の研究社編『日配35年史』日本配合飼料、1964年

11. 農林省畜産局編『畜産発達史』「流通飼料事業の変遷」、1978年

12. 出水養鶏農協『出水養鶏農協20年史』、1979年

13. 吉田寛一他編『畜産物の消費と流通機構』農山村漁村文化協会、1986年

14. 日本飼料協会『配合飼料等需給実態調査事業報告書』、1997年

15. 斎藤修『フードシステムの革新と企業行動』農林統計協会、1999年

16. 秋川実『農薬に挑む』コープ出版、1994年

17. 駒井亨他『アグリビジネス論』養賢堂、1999年

18. 梶井功編　前掲

第6章補論1　飼料産業の市場構造的性格と立地問題
―アメリカ飼料産業と比較して―

1．はじめに―背景と課題

　我が国の「加工」畜産的性格は、外国からの全面的な購入に依存した飼料産業の特異性からの規定を強く受けている。この特異性は完全配合という商品的性格とそれに依存しやすい実需者の利用形態、重装備の大規模工場の建設による広域的な販売圏の形成と商人資本の温存、という点である（注1）。アメリカの飼料会社は生産者やインテグレーターの自家配合、場合によっては原料の自給によって、多様な競争に直面し、プレミックスやサプルメントの販売やノウハウなどの技術的サービスを主たる業務として実需者と結びつけている。そのため飼料工場の規模は我が国よりも小さく、2シフトなどによって操業度を拡大することが重要であり、それには配達コストの節約からも実需者に近く立地が決定されやすい。このことは我が国の大手飼料会社が全国市場を対象にした販売活動によって、飼料会社→元売り→特約店という流通経路の形成が必要になり、さらに外国からの大量買付けと巨大な資金の必要から商社資本との提携が不可欠となって系列化された。それに対して、アメリカでは配達距離が短く、飼料設計や技術指導でも実需者とも結びつく必要性が高いので直接販売が多い。

　我が国の飼料工場の立地選択は「山工場」か「海工場」か、をめぐって論議され、先発企業は主要な港湾の近くに立地する経営戦略をとってきたのに対し、後発の農協系組織は1県1工場体制をとって内陸工場の設置とバラ取引で参入をはかりシェアを拡大した。その結果、農協系組織は40％近いシェアを確保し、プライスリーダーとしての機能を担ったが、1960年代後半から食品コンビナート構想とも連動してサイロを併設した臨海工場の規模拡大が

課題となった。この対応はストック・ポイントの設置によって輸送コストを節約したが、産地の立地移動によって旧産地を主たる対象とした飼料工場の操業度は低く抑えられた。このことは産地間競争が激化した場合、飼料工場の販売価格の低い新興産地が有利になることを意味する。

　アメリカと比較して原料費のウエイトが本来高く、しかも重装備で大規模な飼料工場を全国的に配置した大手飼料会社では、価格競争は過当競争を激化させ収益性が悪化したことから飼料工場の整理・統合が進展する。また、農協系組織でも大規模層の系統離れなどによってシェアが減少傾向にあり、1県1工場体制の再編成が必要になりつつある。今後、国際化の中で畜産物のコストダウンを実現するには飼料産業の合理化が重要であり、特に飼料会社と産地の提携のいかんによってはコストの節約や競争力の拡大を規定することになろう。

2. アメリカ飼料産業の市場構造的性格

　コーンベルトをもつアメリカでは、我が国が完全配合を前提とした産業の展開であったのに対して、多様な利用形態があった。コーンベルトから遠隔にあり、作目間の比較有利性からもコーンの作付が選択されにくかった東部と西部では、早くから専業的な養鶏業の成立によって配合飼料の需要が拡大して飼料産業の成長をみた。これらの地域の飼料工場ではコーンの調達価格が高くなることから、製造コストの節約のために飼料工場の規模拡大がみられ、このことは特に大規模な産地形成がなされたカリフォルニアで顕著であり、価格競争が展開された（注2）。他方、コーンベルトをもつ中西部では、小規模ながら自家生産の穀物を中心とした自家配合がむしろ一般的であり、配合飼料の購入は非常時に限定されやすかった。この自家配合のプラントは簡易な移動式もあって資本装備が低かったが、これは小規模な畜産の生産構造とも合致していた。

　もともとアメリカでは完全配合による利用形態は我が国よりも少なく、実

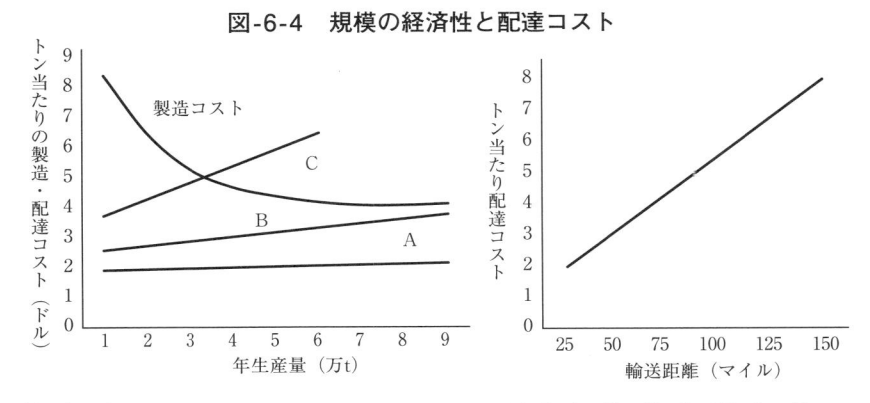

図-6-4　規模の経済性と配達コスト

（資料）　1）E.R. Burbee, E.T. Bardwell and A.A. Brawn, "Marketing New England Poultry-7, Economic of Broiler Feed Mixing and Distribution", Station Bul.484, New Hampshire Agr. Exp.　Sra. 1965を修正して作成。
　　　　2）A, B, Cは集積の程度による配達コスト（C＞B＞A）を示す。

需者の飼料会社への要求は、プレミックスやサプルメントの購入やノウハウなどの技術的サービスであり、そして実需者はコーンや大豆カスを自給や購入によって、これらと混合する方式を採用した。さらに、工場の立地では相対的に小規模で、原料地に立地するよりも消費地への指向をとっていた。初期の段階では飼料会社も完全配合を中心にして、広域的に大規模工場を配置する戦略をとったものの、実需者への配達コストがかさむ上に、技術的サービスの供給が不十分になるため、飼料工場の分散化が進展した（注３）。これは広域的な販売圏に対応して大規模工場を設立するよりも、地域的に異なった需要に適合し、実需者を技術的サービスによっていかに固定化して、安定的な生産量を確保するかが飼料会社の課題であったからである。そして、需要の拡大に対しては短期的に工場規模を拡大するよりも操業度の拡大で対応し、多くの飼料工場では２シフトを前提にして工場能力が決定された。飼料工場の立地の決定は、飼料工場の規模の経済性、配達コスト、産地の規模や生産密度（集積の程度）などの要因が相互に関係している。ややデータは古いが**図-6-4**で検討してみよう（注４）。飼料工場における規模の経済性は

製造工程の自動化や殻入のバラ化によってかなり大きいけれども、輸送距離が50マイルから100マイル長くして配達コストを増大させると規模の経済性は相殺されてしまう。特に規模の経済性は産出量の増大とともに顕著でなくなるから、直接的な配達コストの上昇は深刻である。これに産地の集積の程度が関係してくると取引単位の大きさによって配達コストは変化する。すなわち、**図-6-4**で集積の程度の高さによってA，B，Cの順で配達コストを設定すると、Cの場合では配達コストの高さを販売価格に転化しうる条件がなければ、小規模工場で近接する生産者へ供給することがかえって有利である。

　したがって、規模の経済性を十分追求するよりも取引単位が大きく、かつ輸送距離が短い産地に立地移動することが有利であり、分散的な立地が指向されることになる。そして、次の段階として実需者との技術的サービスでのコーディネーションが産地の生産技術に対応した飼料設計などを可能にし、また取扱品目も限定されるので操業度の拡大にもつながるであろう。

　アメリカの飼料産業では上位8社の集中度が1930年代から多少の変化はあるものの30％程度と我が国よりも低い。一般的に完全配合を中心とした飼料工場でも規模の小さなアメリカでは新設のための必要資本額も少ない上に、商品的性格として製品差別化の程度が低いこともあって参入障壁は低いので、寡占的企業であっても小規模企業で構成される競争的周辺部分との価格競争に直面している（注5）。というのは、小規模企業であっても立地条件や取引する産地の集積の程度によっては競争力が高いためである。さらに寡占的企業にとっての競争相手は、インテグレーションの進展によって飼料工場を所有して大規模化したインテグレーターである。初期には契約生産の主体は飼料会社であったが、処理加工業者の権限がチェーンストアーとの交渉力の必要性から強くなると、産地における飼料会社の影響力は減退した。というのは、処理加工場を所有するインテグレーターはインテグレーションを完成させるために、ふ卵場についで独自に飼料工場を設置し、飼料会社からは原料やサプルメント、プレミックスを購入するにすぎないからである。南部を中心とするこのようなインテグレーションの発展は、飼料会社が販売する市

場の規模を縮小し、飼料会社にマージンの圧縮を迫ることになった。さらに、南部諸産地ではミシシッピー川を利用した河川輸送によって輸送コストが軽減され、コーンベルトからのコーンの確保が容易になると、飼料会社からの購入はサプルメントやプレミックスに限定された。この傾向は南部に限らず、他の地域でも同様であり、インテグレーションの規模が大規模化するほど内部化の利益を享受できた。こうしたことから、これまで増大しつつあった完全配合の割合は1960年代には30％程度で限界に達したし、またマージンの圧縮に対応して、特約店を経過しないで直接に飼料会社から実需者への販売が増大して流通段階が短縮した。大規模飼料会社によっては操業度の拡大や規模拡大についでバラ取引を増大させるか、製品差別化の追求によって価格水準を高位に維持しようとした。

　前者についてみると、規模の経済性は月産4,000〜5,000t以上になると作用が小さくなり、操業度の拡大では2シフトによって1シフトよりも20％程度のコスト節約が可能になった（注6）。またバッグからバラ取引への移行は西部から普及し、大型化したトラック輸送と結びついて積み換えを必要とする鉄道輸送は減少した。このバラ取引は工場に近接する実需者ほど有利になり、規模の経済性よりも取引形態や単位がさらに重要な課題となった。A.A. Warrackらによれば、飼料工場の販売額の96％は50マイル以内であり、また小規模な小売を取引単位とする場合は、さらに販売圏は20マイル以内で販売額の60％を構成した（注7）。後者は製品開発や品質管理の改善による製品差別化と広告活動による非価格競争の展開であったが、「標準的規格の設定と買い手・売り手間の情報は集約的な製品差別化の機会を消失させる」（注8）ために、製品それ自体に基づく差別化は経済効果を伴いにくかった。飼料工場間の競争は輸送距離によって制限された地理的空間で展開され、12郡以上に拡大しにくいとされた。この制限された地理的空間での競争を有利に展開し、実需者を固定化しようとすれば技術的なノウハウや情報によって実需者との結びつきを強め、いわばサービスによる製品差別化を指向することが、過度な価格競争の回避になったのである。

アメリカの大手飼料会社でもPurina, Central Soya, Allid Millsなどは多数の工場を所有しているが月産5,000t未満のものが多い。また、先駆的なPurinaが唯一、完全配合を中心にした生産体制をとり、自家配合への設備投資が制約され、規模拡大によって労働力不足になっている実需者への販売がみられるのを例外とすれば、多く飼料会社はサプルメントやプレミックスの販売が支配的である。大手飼料会社は多少とも相対的に販売圏が広いため特約店をかかえて、これまでの競争的地位を維持しようとするのに対して、中・小企業は直売形態によってマージンを圧縮して競争力を拡大する市場行動がとられる。また、インテグレーターは契約生産や直営生産での規模拡大に対応して飼料工場の規模も同時に拡大した。そして、家禽部門でみてもブロイラーのインテグレーターの上位15社、鶏卵のCal-Maine Food、ターキィーのSwift Dairyand Poultry Co. などは、ほぼ飼料会社の上位8〜30社にランクされるほどに成長した。それとは対照的に、中西部で支配的であった小規模自家配合の割合は低下することになった。というのは、中・小規模の生産者では投資額がかさみ、かつ管理・運営する労働力の確保に難点が生じやすい上に、技術水準の低い生産者では十分な飼料設計がしにくかったからである（注9）。にもかかわらず、完全配合の割合が90％をこえている家禽部門を除けば、中西部への生産集中と一貫経営を中心とする養豚部門では規模拡大とともに購入飼料割合が10％〜20％程度の増加をみたにすぎなかった。そして簡易な移動式（portable）や固定式（stationaly）のプラントで自家配合する割合が60％以上に増大し、家禽部門と同様に飼料の運搬もワゴンやコンベヤーでの作業によって飼料コストの低下と省力化がはかられた（注10）。しかしコーンベルトから遠隔にある南東部では年間出荷頭数で2,000頭以上、あるいは5,000頭以上の大規模層では飼料自給割合の低下は顕著で、一貫経営、肥育生産経営ともに30％以下になっており、ブロイラーや鶏卵がそうであったように、新興の南部諸産地で飼料会社からの原料購入の可能性が発生した。ところが、南東部では豚の死亡率が高く、かつ賃金水準の低さが集約的な技術構造をとることによって相殺されていたので、購入飼

料への依存は生産コストを上昇させることになり、南東部の諸産地の競争力の拡大は制約された。そのため、コーンベルトは大規模で専業的な養豚経営が少数ながら成長しつつあるものの、全体的にはコーンと豚の複合経営が支配的で、養豚における競争力は高い飼料自給割合にささえられて他地域よりも高く、立地移動はみられない。したがって、養豚部門での市場の拡大は制約され、酪農部門でのペレットの開発・普及などが課題となった。そして、飼料部門の市場の拡大、新製品開発の限界から、大手飼料会社では余剰能力を多角化によって吸収することで、収益性の改善がはかられた（注11）。

3．わが国の飼料工場の立地問題と課題

　経済立地論では原料重量と産出された製品重量との比率で原料指数が決定される。この原料指数が＞1なら立地は原料地が指向され、＜1であれば消費地が指向されることになる（注12）。しかし、サプルメントやプレミックスが20％程度、原料に添加され加工程度も低い飼料工場では立地は明確な指向をとりにくいという性格がある。アメリカでは早くから飼料工場が分散し、消費地を指向する立地を選択したが、我が国でも農協系組織における1県1工場制は内陸部へより工場を立地させるという消費地指向が強くでている。やがて、飼料工場の立地は内陸部の「山工場」にすべきか、それとも臨海部の「海工場」にすべきか、という論議を経て、飼料会社と同様に農協系組織でも「海工場」の立地上の有利性が確認される。しかし、この飼料工場の立地は畜産物の産地移動や販売圏の拡大による輸送コストの上昇によって再度の再編成を余儀なくされる。このような商品的性格から経済活動が輸送費の制約を受けやすい飼料産業では、工場の立地が供給する側の競争ばかりでなく、購入飼料のウエイトが高い部門の実需者間の競争に大きなインパクトを与える。飼料工場の立地選択は取引する産地の集積の程度を無視すると、搬入と配達の輸送コストと飼料工場の規模の経済性によって決定される。

　我が国の飼料産業の特異性の第1点は、完全配合という商品的性格とそれ

に依存しやすい利用形態である。第2点は外国からの原料の全面的購入のために臨海立地をとり、そこで重装備の大規漢工場を建設して規模の経済性を追求しようとしたことである。このような産業の特異性の下では飼料会社は広域的な販売圏を維持しやすく、したがって販売過程において特約店などの商人資本を温存させる。また、飼料会社は広域的な販売圏に対応して多品目化するが、アメリカのように技術的サービスによる差別化によって、産地との結びつきを強める方向をそれほど追求してこなかった。

このような配達方式の変化に対して、搬入の方式についても、アメリカから主要な港湾までの輸送コストは大きな差がないが、主要港湾から工場までの輸送形態にはいくつかのタイプがあり、コスト差が形成される。すなわち、①主要港から営業サイロ→トラック貨車→工場ではトン当り3,600 ～ 6,500円、②ローカル港から営業サイロ→トラック→工場ではトン当り4,600 ～ 6,100円であり主要港かローカル港のどちらを利用するか、港湾からの距離でコスト差が形成される（注13）。

地域における畜種構成が多様で産地形成もなされていない場合、配達コストが高いだけでなく、取扱品目数が増大するので飼料工場の操業度の拡大は制約される（注14）。それとは逆に、産地規模が大きく生産密度の高い産地に重点的にも出荷する場合には畜種が特定化され、また飼料工場と産地との間に取扱品目数の減少によって、技術的な産地の飼料設計などの提携が形成されやすくなる。このことは飼料工場のコストを節約して取引量を安定的に増大させるので操業度が拡大するし、また産地側からみても飼料を相互の交渉によって低価格で購入しうる条件にもなるばかりでなく、畜産物の品質改善にもなって製品差別化を促進するであろう。

臨海工場を中心とした広い販売圏を持つという我が国飼料工場は大きな変化はないが、実需者である産地との結びつきで技術的サービスが重要となりつつあるといえよう。しかし、ローカル・インテグレーターが産地内に飼料工場を所有する事例は新興産地においても少なく（注15）、インテグレーションという形態でアメリカと同様な内部化が進展していない。

4．結び

　我が国の飼料産業は完全配合という商品的性格、大規模工場の主要な港湾
への立地、原料費のコストに占めるウエイトの高さ、という性格を有してお
り、広域的な販売圏の中で市場価格が低下すると過当競争になりやすい。ま
た、大手飼料会社は需要拡大期に全国市場を対象とした飼料工場を配置し、
他方で飼料会社→元売り→特約店という流通経路が維持されてきた。それに
対してアメリカでは飼料工場の規模が相対的に小さいが、2シフトなどに
よって操業度は高く、配達コストを節約するまで実需者に近く立地している。
また、飼料会社は自家配合の生産者や飼料工場を所有するインテグレーター
と競争関係にあり、付加価値の高いサプルメントやプレミックスの販売と実
需者との飼料設計や技術的サービスが結びついており、したがって直接販売
の割合も多くなる。我が国では外国に依存して原料費のウエイトが高いこと
が、原料価格の変動も加わって不安定にするものの、アメリカに比べ農協系
組織はプライスリーダーの機能を担えるほどシェアが高い。

　飼料工場の立地選択は、規模の経済性、輸送コスト（搬入＋配達）、取引
する産地の集積の程度などと関係する。農協系組織の参入は1県1工場体制
に対応した内陸工場の設置とバラ取引の採用によって可能になり、シェアは
40％に達した。商人系では40年代後半から臨海工場の規模拡大とストック・
ポイントの設置が広域的販売圏に対応した。しかし、南九州や東北における
新興産地の成長によって立地移動すると、これらの産地と近接する飼料工場
の操業度が向上し、飼料の販売価格は価格競争で低下し、また産地と飼料工
場の提携も強まった。飼料会社でも先発の3大手企業の収益性は低下し、日
本配合飼料と日本農産工業では工場の整理・統合やコンピューターによる集
中統御方式による自動化によって操業度の拡大が最大の課題となった。これ
に対し、中堅企業は工場規模が小さいものの操業度が高いことから収益性を
良好にしている。特に日和産業は品目を限定し、取引単位の大きな特定産地

との提携が成長の大きな要因である。これに対して、農協系組織は1県1工場体制から拠点的工場の設置などで操業度を拡大しているが、系統各段階の手数料の水準や価格条件によって系統離れが大規模生産者からみられ、このことがシェアの低下の要因になっている。

引用文献
（1） 生産財市場における飼料の市場構造と生産力との関係は従来では「農村市場」論の領域で議論されたが、その後の発展があまりみられていない。しかし、鈴木文熹・宮崎宏・早川治らの諸論文は加工畜産的性格と飼料産業の構造的特質を十分配慮しようとしている。
（2） J.M. Tinley, "Operating Problems of A Cooperative Poultry and Feed Association、" Bul. 759, California Exp. Sta., 1957
（3） W.R. Askew and V.J. Brensike, "The Mixed-Feeds Industry," Marketing Research Report 38, U.S,D.A,1953
（4） C.R. Burbee, E.T. Bardwell and A.A. Brawn, "Marketing New England and Poultry 7, Economics of Broiler Feed Mixing and Distribution," Station Bul. 484, New Hampshire Agr. Exp. Sta., 1965
（5） D.I. Padberg, "The Mixed Feed Industry," (J.R. Moore and R.G. Walsh eds.) "Market Structure of The Agricultural Industries," The Iowa State Univ-Press, pp.266-287. 1966, 所収）
（6） D. C. Nelson and P.E. Austin, "Analysis of Feed Manufacturing Costs-How Big Showed Your Plant Bee," Feedstuffs, September 3. 1966
（7） A.A. Warrack and L.B. Fletcher, "Location and Efficiency of the Iowa-Manufacturing Industry," Bul. 571, Iowa Agri. and Home Econ, Exp. Sta., 1970
（8） D. L. Padpery, "The Mixed Feed Industry"
（9） E.P. Roy, "The Economic Feasibilty of on-farm Package Feed Centers," Feedstuffs, August 22. 1977
（10） R.N. VanArsdall and K.C. Nelson, "U.S. Hog Industry," Agricultural Economic Report 511, U.S.D.A., pp.36-38. 1984
（11） R. Leidahl, "U.S. Feed Industry Changes fast with Customers," Feedstuffs, May 19. 1986
（12） 西岡久雄「産業の立地と地域構造」大明堂、pp,187 ～ 192、1976年
（13） 深沢謙一郎「飼料産業構造の諸問題とその改善へのアプローチ（3）」飼料 第21巻10号、1981年

（14）　平均銘柄数はすでに50品目をこえているが、これは大規模工場で顕著であり、
　　　　１日当たりの製造銘柄数も10数品目になっている。
（15）　産地における飼料工場の所有の産地の競争力へのインパクトについては、
　　　　斉藤修「ブロイラーの産地間競争と産地の行動―西日本を事例として―」
　　　　総合農学33－２・３合併号　pp.65-70.　1986を参照されたい。

　　＊６章の本論との重複分できるだけなくし、コンパクトな内容にして引用文
　　　献はそのままにした。

第6章補論2　飼料産業の立地と競争行動

1．はじめに―課題と背景

　畜産業の発展とともに飼料産業が我が国で大きな成長をとげたのは、畜産農家が全面的に購入飼料に依存したためである。我が国の飼料産業の性格は、産業組織的には集中度では寡占的であるものの生産財であるために製品差別化の行動がとりにくいこと、また、原料費が生産コストの90％を占め製造コストのウエイトが低いことがあげられ、しばしば過剰能力の発生が過当競争をもたらす。さらに原料を外国に依存しているので飼料工場は臨海に立地し、製品形態は付加価値を多少つけると同時に飼料効率を高くするため完全配合飼料である。我が国の飼料産業をアメリカと比較すれば工場規模が大きく、流通過程においても多くの流通業者が存在する。

　飼料工場のコストは、原料費を除けば搬入・製造・配達コストより構成され、製造コストは規模、操業度、自動化の程度などで規定される。大規模工場では規模の経済性が作用するものの、搬入・配達コストがそれを相殺するため供給圏の拡大は制約される。しかし、搬入コストがサイロの建設によって節約され、さらに配達コストが袋からバラ輸送への移行、SPの設置、大型トラックの普及によって節約された。この物的流通の合理化は、卸売業者の排除や飼料工場への管理機能の集中といった側面において商的流通の合理化にもなった。

　需要停滞期に入ると系統農協は商系企業に遅れて、内陸型から臨海型の基幹工場をブロックごとに設定して再編する戦略をとった。しかし、商系企業との競争からマージンの低下が系統農協でも必要となり、協同組合の原理を修正しつつ全農－経済連－単協の調整が課題となった。商系企業は受託生産や合弁会社の設立で協調をとったが、産地のインテグレーターとの垂直的競争に直面した。

　我が国の畜産業は、外国からの購入飼料に全面的に依存した「加工」畜産としての性格を有しており、それに対応して飼料産業も立地構造や産業組織において構造的性格が形成された。世界でも飼料の主原料となるコーンの代表的な生産国であり、輸出国であるアメリカとそこからの購入割合が著しく高い我が国では、当然のことながらこの構造的性格は異なってくる。特に我が国では原料を生産するにはコストが高くなり、畜産物のコスト節約のためコーン・大豆など原料が全面的に購入される。これに対応して飼料会社はコストを節約するため、臨海部に大規模工場を設置してサイロと結びついた立地選択をとる。また、産業組織でも大量購入のため総合商社や全国農協組合連合会（以下、全農）が関係し、実需者にとどくまで多段階な流通構造が形成されるだけでなく、集中度からみると大手3社や全農のシェアが高い寡占的競争構造にある。この2つの点は輸入国が共通してかかえる問題も含んでいるが、我が国の飼料産業を構成する経済主体が歴史的な因果関係から形成された構造的性格であり、これに規定されながら商系企業や系統農協は産業の再編をはからねばならない。我が国の畜産業は輸入畜産物の増大に対応してコストの低下を迫られ、生産コストの大きな部分を占める飼料コストの節約が大きな課題となっている。そのため飼料工場の立地配置の検討や産業組織の再編が重要な課題となる。

　飼料は農業の生産財であり、畜産農家の経営に重要なウエイトを占めるが、以上のような問題意識からの研究は極めて少ない。というのは農産物流通論では飼料、農業機械、肥料などの生産財市場の問題は「農村市場論」の領域であるが、生産者の購入よりも販売が重要視されたことからあまり関心が持たれなかったからである（注1）。また、農業経営研究の領域では生産者や産地と生産財市場との関係は、インテグレーション論の問題であるが、生産者・産地レベルでの飼料工場の所有と利用については重要な問題ではなかった。しかし、穀物メジャーの飼料産業との関係（宮崎、1988）、東北におけるコンビナート建設と飼料工場の新設（早川、1988）をめぐる問題、産業の構造調整下での飼料産業の問題（杉山、1990）、など最近になって飼料産業

を構成する経済主体の役割が畜産業の在り方や展開方向に大きなインパクトを与えることが指摘されている。しかしながら、我が国の飼料産業の構造的性格や基本的問題が十分に整理されているとはいいがたい。

この小論では我が国飼料産業の構造的性格を歴史的な因果関係をふまえて解明するが、原料の主たる輸出国であり、また畜産業の先進国であるアメリカとの比較をふまえることにする。さらに、産業組織論における競争行動の視点（注2）から飼料工場の立地問題や競争構造を動態論的に把握して、実証的に課題に接近する。この小論の展開は、まず我が国の飼料産業の構造的性格を分析してから、飼料工場の立地、経済主体の競争行動にふれ、今日の飼料産業の再編方向に論及する。なお、この小論は実証に主眼をおいているが、分析的枠組みを明確化する意図で、アメリカとの比較をふまえた構造的性格の整理や飼料工場の立地選択、については理論的検討を多少加えることにする。

以下では課題とその背景をさらに明確化するために我が国飼料産業をめぐる問題についての説明を加える。我が国の飼料工場は、アメリカの飼料工場が実需者に近く立地し、工場規模も小さいのに対して、実需者よりも搬入先である港湾に立地し、相対的に規模が大きく、かつ製品化の程度の高い完全配合を中心としている。この立地選択は、搬入コストを節約しつつ規模の経済性を追求して製造コストを節約する有利性があり、かつ完全配合という製品形態をとることはより付加価値を高めることになった。この完全配合という製品形態を飼料会社が採用したことによって、実需者への飼料価格が高位になったばかりでなく、産地レベルでもアメリカと較べ飼料工場を所有して自家配合する事例が少ない。しかし現在、畜産物をめぐる国際間の競争と産地間競争の激化によって、産地は飼料コストの節約や高品質化のための独自の飼料設計が必要となってきている。

飼料産業の主なる先発企業である日本配合飼料（以下、日配）や日本農産工業（以下、農産工）は、需要拡大に対応し全国市場を対象として飼料工場を設置し、またそれにより遅れて系統農協も1県1工場方式を採用してシェ

ア競争を展開してきた。しかし、九州や東北地域への養鶏や養豚の立地移動が顕著になると、各経済主体でも飼料工場の立地配置が地域の需給バランスに対応して議論された、その結果、先発企業では衰退した旧産地に近い飼料工場の縮小・廃止、成長しつつある新産地での新設というスクラップ・アンド・ビルドの対応をとり、さらに合理化するため委託配合や合弁による新会社の設立によって組織形態を変化させた。多くの商系企業は、拠点的に臨海型の飼料工場を配置しているため、遠隔の実需者に対してはストック・ポイント（以下、SP）を設置して輸送コストを節約する行動をとった。他方、系統農協でも1県1工場方式から複数県にまたがって臨海型の拠点的な飼料工場を中心とするブロック再編をとげ、内陸型の工場の統合も進展した。このような再編は物的流通効率を改善するばかりでなく、商的流通効率の改善をも必要とされ、商系企業では特約店がマージンを圧縮されて排除されやすくなった。また、系統農協でも全農−経済連−単協の3段階のマージンが維持されているものの、単協レベルでは担当しうる経営機能が減退したことからマージンが圧縮される傾向にある。このような物的流通効率の改善には、飼料工場から実需者への直送割合が増大したことを主たる要因としており、実需者である産地の規模拡大が進展すると、商系企業を中心として生産者渡し価格よりも工場渡し価格での価格形成が飼料工場と産地間で一層進展してくるであろう。

　一般的に需要停滞下での飼料産業における競争では、しばしば低価格販売による過当競争が生起しやすい。これには飼料産業が装置産業としての技術的性格が強く、かつ生産財であるので経済主体が付加価値をつけるため、製品差別化の行動がとりにくいことも関係している。需要拡大が限界に達しつつある地域での工場新設による参入は、現在の飼料工場の操業度を低めてコストを上昇させる。また、需要拡大がみられる地域での参入は操業度を拡大してシェア競争を促進し、低価格販売も実施されるが、このことは産地の競争力をさらに拡大することになる。商系企業および系統農協ともに臨海型の飼料工場を拠点的に配置することは、このような飼料工場に近接する大規模

生産者や産地にとって購入価格で有利になるのに対して、飼料工場から遠隔にある生産者や産地にとって不利になり、競争力の減退する要因となる。そのため、商系企業では輸送コストや取引コストを節約できる大規模産地や大規模生産者との結びつきを強めて販売価格を低く設定するのに対して、系統農協では立地条件の悪い産地や小規模生産者をかかえやすいので、このことが系統農協のシェアを低下させる要因となっている。

　ここでは、規模の経済性と輸送コスト、需要拡大期と停滞期における企業の競争に限定して、分析する。

２．規模の経済性と輸送コスト

　商系企業と系統農協ともに技術革新に対応した工場規模の拡大は、コストを節約する効果があるものの、容量当りの単価が低いという飼料の商品的特徴からより遠方に出荷すると輸送コストの負狙も増大することから、飼料工場の立地には規模の経済性と輸送コストが関係してくる。さらに、飼料工場の立地選択は経済主体の競争行動とも関係している。一般的に飼料工場の規模の経済性は、操業度、自動化の程度、バラ製造の割合などにも規定される。この規模の経済性は原料の搬入コストや実需者への配達コストより構成される輸送コストによって相殺される（C.R. Burbeeほか、1965）。すなわち、搬入・配達コストの低くなる地点に立地を選択することが規模の経済性の作用を大きくするが、逆に規模の経済性が大きくても搬入・配達コストが高くなれば、コストの低下が限界となる。普通、飼料工場が大きいほど供給圏を拡大し、操業度も向上してコストを節約するのに対して、規模の小さな飼料工場では供給圏も狭く、操業度も低くなる。また、臨海型の飼料工場では搬入コストが節約され、他方で内陸型の飼料工場では配達コストが節約されることになるものの、臨海型の飼料工場ほど規模の経済性が実現しやすく、また取引単位の大きな実需者が工場に近接するほどコストが節約される。

（1）搬入コスト

　ここでの搬入コストは原料地からの調達コストではなく、主として本船が着岸してから飼料工場で製造される前に発生するコストである。搬入コストは、本船〜工場までの搬入の形態によって格差が生じる。まず、港湾が主要港かローカル港か、営業サイロからコンベヤーで工場に直接搬入できるか、それとも内航船やはしけを利用して搬入するか、などによってコスト差が発生する。

　多くの臨海型の飼料工場では食品コンビナートの建設と連動してサイロが設置され、5万トン以上の本船の入る港湾→サイロ→工場までの輸送が合理化された。従来は、船が直接接岸してサイロに入る割合は少なく、「沖取り」、「水切り」が必要であり、また多くの荷役労働力が不可欠であった。サイロが建設されて本船からの原料吸上げの機械化、コンベヤーによるサイロと飼料工場が結びついたことは、荷役労働を省略化しただけでなく、保管能力の向上、回転率の増大にも結びついた。このような展開は、臨海型の飼料工場で一般的となり、全体として搬入コスト差はそれほど大きくないものの、内陸工場との間で格差が存在した。**図-6-5**で主要な原料となるコーンの臨海型と内陸型の飼料工場における調達価格の差をみると、平均的にはトン当り

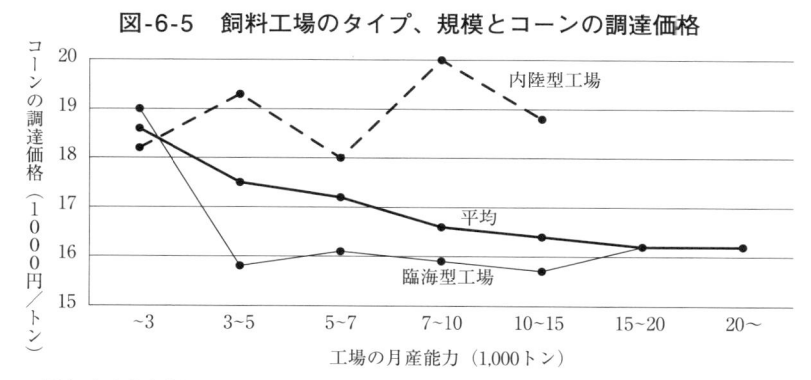

図-6-5　飼料工場のタイプ、規模とコーンの調達価格

（注）農水省畜産局でのヒアリングより作成。1988年のデータ

2,000円程度の差があるが、臨海型でも月産能力1万〜1.5万トンでは3,000円以上の差になる。また、臨海型では規模が大きく、取引単位も大きい飼料工場が多いことから、平均的には月産能力1万〜1.5万トンの規模まで調達価格が低下することになる。やがて内陸工場が減少し、小規模な臨海型の飼料工場が廃止・統合されると飼料工場間の調達コスト差は大きな問題ではなくなるであろう。また、この臨海工場での搬入形態で本船→サイロ→工場という経路が中心になるにつれて、調達コスト差も全体として縮小されることになる。

（2）製造コスト

　飼料工場の製造コストは工場の規模、操業度、自動化の程度、製品形態、製造品目数などによって規定される。アメリカでの飼料工場は日産能力で5,000トン以上に達すると規模の経済性が生じにくいのと対照的に、わが国では規模の経済性は1960年代に顕著でなかったが、1980年代では月産能力で2万トン以上でもコストが節約された。すなわち、**図-6-6**で1960年代と最近の規模の経済性を比較すると、1960年以上で上昇に転じるのに対して、最近では規模間のコスト差が大きくなり、月産能力7,000トン以下の規模ではコストがかなり高くなる。

　また、飼料工場の操業度は規模よりも地域性が大きく作用し、新産地の南九州や北東北では150％以上が多く、200％をこえる工場も存在しているのに対して、近畿・中国地域では操業度が100％を下廻り、生産量が低下傾向にある系統農協の飼料工場も存在する。しばしば商系企業でも新産地に立地する場合には、月産能力で1万トンを割った中規模の飼料工場でも操業度が高くなり、商系企業間での受委託生産の進展がこれを促進する。

　一般的に需要拡大が低速になり、工場の新設はスクラップ・アンド・ビルドによってなされるにすぎなくなると、飼料工場は操業度の向上や自動化によってコストを節約する行動をとる。特に1970年代後半からバラの製品形態での生産が中心となり、計量・評価の作業工程における自動化やコンピュー

図-6-6　飼料工場の規模の経済性

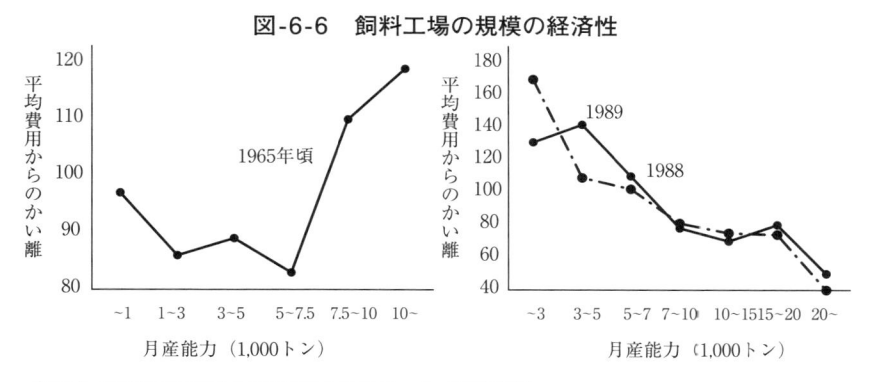

（注1）1960年代は商系企業の飼料会社のデータ（飼料時報）
（注2）1988、1989年は農水省畜産局でのヒアリングより作成
（注3）製造コストのみで原料などは含まない

タ制御が進展したため、大規模工場から労働生産性が向上してコストを節約した。やがて、中規模工場でも自動化とコンピュータ制御によってコストが節約され、さらに操業度が高く、かつ製造品目数が少ないとコストはかなり低下した。しかし、自動化、多品目化によるロスタイムの発生、キャーリーオーバーに対応したラインの増加、などで工場への投資額が増大したことから、需要の停滞とあいまって新規の工場建設は他工場の廃止・縮小がなければ困難となった。

（3）配達コスト

　物的流通としての配達過程においては飼料工場と実需者との輸送距離、取引単位などが販売コストを規定する。また、商的流通としては商系の先発企業では元売り、代理店、特約店、小売店が介在し、系統農協では経済連、単協が介在して流通マージンが配分される。飼料工場から実需者までの輸送距離と工場数をみた**図-6-7**によると、系統農協では基本的には1県1工場方式をとっているため、実需者への輸送距離は100km未満である工場が多いのに対して、商系企業では100〜200kmの輸送距離の工場が多い、特に200km以上になると実需者への直送が困難になり、SPが設置される。このように商

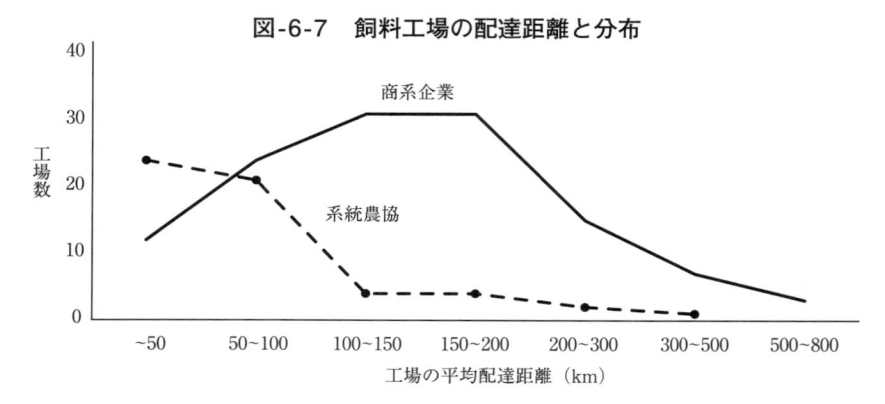

図-6-7　飼料工場の配達距離と分布

（注）農水省畜産局でのヒアリング。データは1980年頃

系企業で輸送距離が長くなるのは、臨海型の飼料工場が支配的であるからである。遠隔地であっても取引単位が大きければ配達コストが輸送距離に比べて節約され、工場の操業度も拡大される、それとは反対に、系統農協では輸送距離が短いものの、小規模生産者を主たる実需者とする地域からSPが設置されることが多い。

　このSPは輸送合理化の手段としてはもちろん、保管機能・受発注の情報機能も保持するので管理する労働力を必要とする。このような機能がSPに集中することによって、工場との調整が問題となる。というのも、SPは1960年代後半から増加するが、工場の直接管理下にあるSP以外に輸送会社、特約店なども独自にSPを設置することから、全体として適正な立地配置をとりにくかったからである。しかし、輸送方法では合理化が進展し、飼料工場からSPまでの輸送手段は大型化してフルトレーラーが利用され、他方SPから実需者までは大型化には限界があって２～４トンのバルク車が利用された。また、袋からバルク車によるバラ輸送が系統農協の飼料工場から普及すると、実需者はバラタンクを設置して飼料を保管し、輸送コストを節約した。このバラタンクの主産者の庭先における設置の目的は、バルク車は大型化しにくいだけでなく、帰り荷の確保ができないため輸送回数が減少することか

306

ら、生産者が品質の低下しない範囲で保管することであった。このバラタンクは生産者の規模拡大とともに 2 ～ 3 トンから 7 トン程度まで保管能力が向上した。バルク車とバラ輸送を結びつけ、配達コストを大きく節約したのは系統農協であった。この方式はやがて商系企業にも拡大した。しかし、日本配合飼料などの先発企業はバルク車を利用することは経済的でないとして、バラよりも0.5 ～ 1 トンのトランスバックとトラック輸送を結びつける戦略をとった。

　配達コストは輸送距離だけでなく、取引単位とも関係する。すなわち、飼料工場は大口の需要者に対しては輸送コストや取引コストが節約されるため、取引額に応じて特に系統農協では実施される。系統農協さ取引額が多大になると競争相手を意識してより低い水準に戦略的な価格設定がなされる。産地に大口の実需者が集積してくると配達コストの節約効果が大きいだけでなく、産地の成長にともなって取引する飼料工場の操業度も拡大するため、商系企業や系統農協にとってこのような産地を取引相手として固定化することが重要な課題となる。そして、産地が大規模化して取引が固定化されると、商系企業では特約店が排除され、また系統農協では地域によって単協のマージンが圧縮される。しかし他方で、大規模化した産地は交渉力を強くすると、割引の一層の要求、独自の飼料設計、取引相手の選択などの行動をとるようになる。

3．飼料産業の競争行動

（1）需要拡大期

　飼料産業における需要拡大期の代表的な競争行動は**図-6-8**でモデル的に説明できる。すなわち、C地域では飼料工場がないので近接するA工場とB工場から飼料が輸送され、C地域の中心に近づくほど輸送コストが増大して飼料価格が上昇する。そこで、C工場が新規にC地域の中心部に立地する場合、両工場よりも搬入コストの高さや操業度の低さなどのために、GHだけ

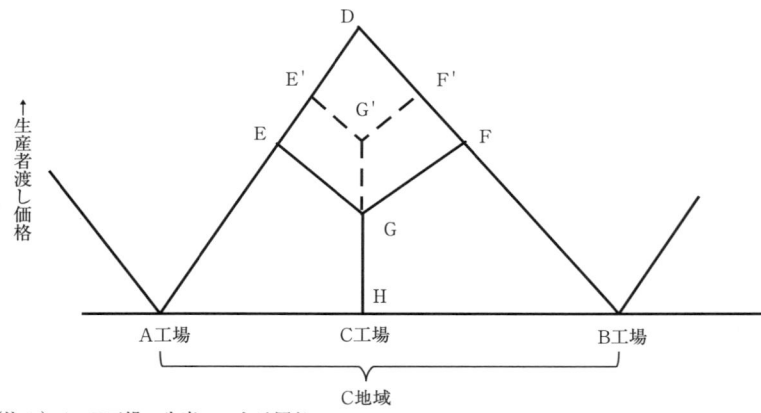

図-6-8　需要拡大期における飼料工場の参入

（注1）A、B工場の生産コストは同じ
（注2）C工場はA、B工場よりも生産コストがGH高い

生産コストが高かったとしても、C地域での配達コストが低いため、生産者渡し価格はC工場に近くなるほど低くなる。しかし、搬入コストなどが著しく高く、生産コストがG'Hも高くなれば、A，Bの両工場よりも有利な価格で配達できる範囲は限られてくるであろう。しかし、需要拡大期では新規に立地した飼料工場でも操業度が向上してコストが節約されやすく、その利益は飼料工場と実需者に配分される。このような競争行動は臨海型の飼料工場を中心とする商系企業よりも、後発で内陸型の飼料工場を所有する系統農協の参入にみられる。他方、商系企業は神奈川県の工場から東北・北陸市場、愛知県の工場から北陸市場に遠距離輸送で供給したが、系統農協の工場の新設と操業度の拡大によってシェアが低下した。

（2）要需停滞期

　需要拡大期から停滞期に移行して同一地域内に、新規に工場が立地する場合、図-6-9のような競争行動がとられる。ここで既存、新設の飼料工場の長期平均費用曲線LACが同じであるとして、参入によって既存工場の個別需要曲線はDD'からd1，d1'に移行する。新設工場では既存工場から吸収した

図-6-9　需要停滞期における飼料工場の参入

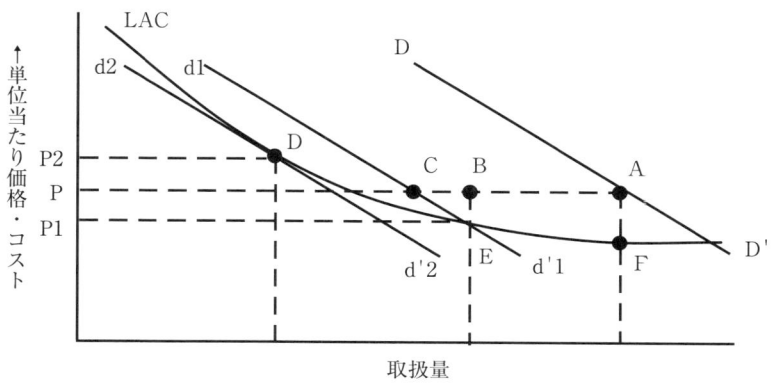

（注）両工場の長期平均曲線（LAC）は同じである

需要と新しく開拓した需要を合計したd1，d'1の個別需要曲線に直面している。価格は両工場ともにPの水準にあるとすると、新設工場では生産コストを割り赤字になっている。ここで新設工場は赤字を解決するために操業度をあげてC点まで出荷量を増大しようとするが、既存工場は市場を分割するより新設工場の排除を戦略とするなら、P1の水準に価格を低下させて新設工場の再生産を困難にさせるであろう。このような場合、この地域では価格が低下する傾向があり、過当競争が深刻な問題となるため、受委託生産や合弁会社の形成など企業間協調が重要な課題となる。

　この需要停滞期では、まず需要の減少した地域から飼料工場の操業度が低位におかれるのが一般的であり、配合飼料工場として再生産できなくなると廃止されるか、規模の経済性をそれほど必要としなくても付加価値の高いペット飼料などの製品を転換するかの選択がある。このような事例は関東近郊、近畿、中国などの一部の地域にみられ、旧式の工場が集中している横浜・神戸周辺では畜産用飼料からの転換が必要となってきた。また、日本農産工業のように需要の停滞が顕著な地域で複数の工場を所有する場合には、飼料工場の統合によって新型で生産性の良い工場を設置して、生産コストを

低下させる行動がとられる。他方、需要停滞期でも、ある程度の需要の拡大が予測される新産地では、新規参入の工場が設置されると低価格販売を競争手段としたシェア競争が急激に発生し、地域内での市場の分割が明確になるまでこの競争が持続する。この競争は北東北の八戸における飼料基地の建設後に顕著であり、北東北における産地の競争力を強化して、東京市場で南九州の産地とのブロイラー、鶏卵の産地間競争を有利に展開させた。しかし、南九州の志布志湾の飼料基地の形成に対応したアメリカのカーギル社の参入は、カーギル社が低価格販売を競争手段としたものの、競争関係にある飼料会社が同一行動をとらず、取引相手の大きな変更もなかったため、北東北のような競争激化をもたらさなかった。

　商系企業は需要停滞期に工場の整理・統合という対応ばかりでなく、日本配合飼料などを中心として遠隔の実需者への輸送コストを節約するため、実需者と近接する他社の飼料工場への委託生産を増加させた。このことは輸送コストの合理化のみならず、新産地に新規に設置された受託工場の操業度の向上を可能にした。さらに飼料工場への投資額を節約し、低い操業度での過当競争を回避するため、スクラップ・アンド・ビルドや新規参入の工場新設には、商系企業は協調して合弁会社を設立した。これに対して、系統農協ではブロックごとに基幹工場を設置して、規模が小さく操業度の低い飼料会社の廃止とそれに替るSPの設置という対応がとられた。この基幹工場の立地は商系企業と同様に臨海部に設置され、行政区域に関係なく複数の県にまたがって供給された。このように需要停滞期では、装置産業としての技術的性格の強い飼料産業は、商系企業と同様な立地選択をとることになって、ブロック編成が進展した。

4．結び

　「加工」畜産的性格の強い我が国の畜産業は、飼料産業の競争行動や立地選択によって産地の競争力が長期的な規定をうけている。というのは、養鶏

や養豚は産地間競争で高付加価値を追求するための差別化行動がとりにくく、コスト競争が支配的であるため、生産コストに占めるウエイトの高い飼料コストが、産地間で大きな技術差がない限り、飼料価格と強く関係して生産コストを規定するからである。我が国においてもアメリカと同様に、産地レベルで飼料工場を所有し、委託配合に転換する産地が増加すると、飼料会社は自社の完全配合という形態で飼料を販売しにくくなり、技術的なノウハウについて産地と提携するようになる。また、特定の飼料会社との結びつきの強かった産地でも飼料の生産効率や品質によって飼料会社を選択するようになる。したがって、産地の立地移動に対応して新産地に参入した飼料会社では、操業度が高くなるものの、産地との交渉によってはマージンが圧縮されるし、また産地が飼料工場を所有すれば市場を失うので、技術的なノウハウの提携がさらに必要となろう。

　飼料産業における立地をめぐる競争行動では、需要停滞期に臨海型の立地をとる商系企業は、スクラップ・アンド・ビルドの下での工場再配置につづいて受委託生産、合弁会社の設立へと発展しながら物的流通と商的流通の両面において合理化した。これに対して、内陸型工場の設置によってシェアを拡大してきた系統農協は、臨海の飼料基地に基幹工場を配置して、商系企業と同様な立地選択をとってブロック編成をとげた。しかし、輸送運賃の決定、大口需要対策において競争原理の導入が限定され、また産地の大規模化とともに単協の役割が大幅に減退したにもかかわらずマージンが高く設定されていることが、系統農協のシェアを低下させる原因の１つである。商的流通において合理化が制約される系統農協で、プライスリーダーである全農の価格設定が多少高位になることは、系統農協の競争力をさらに減退させるであろう。このように飼料産業の競争行動は商系企業と系統農協で展開され、臨海型の大規模工場を拠点的に配置するという立地選択でもあった。しかし、この競争は垂直的には実需者の集合である産地との競争でもあり、産地の大規模化と経営機能の充実は、産地の取引面、技術面における交渉力を強化するであろう。中堅の飼料会社によっては、特定の大規模産地との提携を強めて

高い収益性を維持しており、飼料工場を所有しないインテグレーションを展開してきた我が国でも、商系企業と産地との経済的・技術的提携がさらに強くなるであろう。

注と関係文献
（1） 代表的なものとして、梶井・平井（1962, pp.232-264）がある。その後、飼料市場の歴史的な展開を分析したものとして、早川（1986, pp.204-237）がある。
（2） 競争行動の視点をとるのは、産業組織における「市場構造」と「市場行動」の相互関係を分析する場合、長期的には経済主体の競争行動が「市場構造」を変化させるからである。このような方法では主体の行動様式ばかりでなく、「構造」と「行動」の間に形成される累積的因果関係をふまえる必要がある。斎藤修（1986, pp.31-38）。

文献
梶井　功・平井正文「畜産の進展と飼料問題」（粟原藤七郎編「日本畜産の経済構造」東洋経済新報社、1962年、pp.232-264）。
斎藤　修『産地間競争とマーケティング論』日本経済評論杜、1986年、pp.31-38。
杉山道雄「経済構造調整下の配合飼料市場」『農産物市場研究』第30巻、1990年、pp.16-24。
早川　治「日本畜産と飼料市場の展開過程」（吉田寛ほか編「畜産物の消費と流通機構」農文協、1986年、pp.204-237）
早川　治「いわゆる『八戸戦争』と飼料資本」『農産物市場研究』第26巻、1988年、pp.19-24。
宮崎　宏「世界の飼料穀物と穀物メジャーの戦略」『農産物市場研究』第26巻、1988年、pp.1-18.
C.R. Burbee, E.T. Bardwell and A.A. Brawn," Marketing New England and Poultry 7, Economics of Broiler Feed Mixing and Distribution," Station Bul. 484, New Hampshire Agr. Exp. Sta., 1965
＊6章の本論との重複分できるだけなくし、コンパクトな内容にして引用文献はそのままにした。

あとがき

　本著で単著が10冊目、編著18冊を加えると28冊目になる。大学院の学生の時代に恩師であった東京大学教授の金沢夏樹先生から研究者の姿勢として「農業経済研究に楔を打て」という言葉が何回も登場した。また、結婚式の仲人をやってもらった色紙には「黄河海に入りて流る」があった。この言葉の意味は、すぐには理解できなかったが、高橋正郎先生のリーダーシップのもとで日本フードシステムが設立され、シンポジウム・セッションや関東地区での年3－4回の研究者・食品企業・行政などの産官学との議論や共同研究を通して「新しい潮流」をつくることだと実感し、また高橋先生の「学問運動」という言葉もさらに力づよく響いた。

　著者の研究の遍歴とスタンスは以下のようになる。大学院を修了するころ、文部科学省は農業経済研究が生産問題に傾斜しすぎていたことから、九州大学・広島大学・千葉大学・東京農工大学などに国立大学に流通の研究室の設置することになり、流通問題を主たる研究課題としてきたことから、幸いなことに広島大学に採用されることになった。しかし、流通研究といっても青果物の卸売市場の研究が多く、川中・川下の食品産業への研究領域の拡大はフードシステムに期待された。著者の方法論は経済学の産業組織論、経営戦略論、流通・マーケティングの3つの領域で中範囲の理論を組み立てながら、研究対象を広島大学の畜産系の学科にいたこともあってこれまでの青果物から畜産物へ研究領域を広げることができた。その後日本フードシステム学会の設立と運営を契機に、研究対象はさらに広がり、我が国に食文化に深く関係する米と小麦の加工、小売主導型流通システム、バリューチェーンへと拡大した。著者にとってフードシステムはアグリフードシステムであり、食品産業と農業の関わりを起点としてきた。また、農業・農村の再編に関わって医福食農連携や中山間地における林業を組み込んだバリューチェーンまで広げてきた。残された課題は本書の農業資材産業論であり、より川上の農業資

材産業と農業の新たな関係の解明であった。本書での寡占的な市場構造や企業の経営戦略はこれまでの手法で分析しやすかった。

　資材価格の高騰が政治的な緊張関係と連動し、資材のサプライチェーンや国内資源をベースとした循環システムの構築は食料安全保障政策の大きな柱となってきたことは歓迎すべきである。農業資材産業と農業の垂直的関係が国際的レベルまで引き上げた研究がさらに進化することが期待され、またさらに資材－農業－川中・川下の食品産業－消費者までの多段階の効率的なサプライチェーン、さらに価値を共有化したバリューチェーンをいかに構築するかが次の課題となる。新しい研究課題に論理と手法で分析能力を高め、政策と戦略の提案する若手研究者の成長に期待したい。

　論文を作成するにあたり農薬産業では多くの会社史が作成され、学会・研究会等での報告資料があり、また肥料産業では学会誌・業界誌、BSI生物化学研究所業界レポートやニュース、企業の参加した研究会・シンポジウムの資料を活用できたことで、整理しやすかった。

　著者はJAS有機農産物の認証団体である日本有機農業生産団体中央会（有機中央会）の理事長として20年近くも有機農業にかかわり、多くの研究者や優れた農業生産者との議論をしてきたことは、農業資材産業のついての理解を深めることができた。有機中央会の事務局長の加藤和男氏、顧問で元筑波大学教授の西尾道徳氏、前マルタ社長の佐伯昌彦氏、JC総研の和泉真理氏、立教大学准教授の大山利男氏、マルタ社長の鶴田諭一郎氏、東海マルタの本橋克晴氏、さらに気楽に議論に加わってもらっているバラ生産者の根岸始氏、前住友化学資材常務の石橋達郎氏には感謝する次第である。最後に議論に加わり図表の作成に協力いただいた早稲田大学の亀井雄太君にはご苦労様といいたい。

斎藤　修（さいとうお　さむ）のプロフィール

（経歴）
1951年　埼玉県八潮市生まれ
1974年　千葉大学園芸学部卒業、東京大学大学院農学系研究科博士課程を修了し、農学博士
1981年　広島大学助手（生物生産学部）
1988年　広島大学助教授
1992年　広島大学教授
1997年　千葉大学大学院・園芸学部教授
2016年　千葉大学名誉教授
2017年~2022年　昭和女子大学客員教授

［学会活動と学会賞］
2008年〜2016年（4期8年）　日本フードシステム学会会長
2010年〜12年　日本農業経済学会副会長
　　　　　日本農業経済学会賞（1987年）、日本農業経済学会学術賞（2000年）、日本フードシステム学会学術賞（2008年）、日本フードシステム学会功績賞（2018年）

［主な社会活動］（農林水産省・その他）
2001年〜2005年　農林水産省食料・農業・農村政策審議会専門委員
2007年〜2010年　食料・農業・農村政策審議会食品産業部会臨時委員
2011年〜2014年　農林水産省独立行政法人評価委員（農業技術部会長）
2014年〜2016年　内閣府総合科学技術会議専門委員
2015年〜2021年（3期6年）　農林水産省国立研究開発法人審議会（会長）
　　　　　日本有機農業生産団体中央会（NPO認証団体）理事長，ちばの「食」産業連絡協議会幹事長，地域フードシステム戦略研究会会長

［単著・編著・監修］
単著：
1．『果実のフードシステムと産地の戦略』農林統計出版、2023年
2．『食農と林業のバリューチェーン―直売所、産業クラスター、地域再生』農林統計出版、2021年
3．『フードシステムの革新とバリューチェーン』農林統計出版、2017年
4．『地域再生とフードシステム―6次産業、直売所、チェーン構築による革新』農林統計出版、2012年

5．『農商工連携の戦略—連携の深化によるフードシステムの革新』農山漁村文化協会、2011年

6．『食料産業クラスターと地域ブランド』農山漁村文化協会、2007年

7．『食品産業と農業の提携条件—フードシステム論の新方向』農林統計協会、2001年

8．『フードシステムの革新と企業行動』農林統計協会、1999年

9．『産地間競争とマーケティング論』日本経済評論社、1986年

編著：

1．『フードバリューチェーンの国際的展開』（農林統計出版、2020年、斎藤修編著）

2．『医福食農の連携とフードシステムの革新』（農林統計出版、2018年、斎藤修・高城孝助編著）

3．『日本フードシステム学会の活動と展望』（フードシステム学叢書第5巻、農林統計出版、2016年、斎藤修編著）

4．『フードチェーンと地域再生』（フードシステム学叢書第4巻、農林統計出版、2014年、斎藤修・佐藤和憲編著）

5．『JAのフードシステム戦略』（農山漁村文化協会、2013年、斎藤修・松岡公明編著）

6．『十勝型フードシステムの構築』（農林統計出版、2013年、斎藤修・金山紀久編著）

7．『東アジアフードシステム圏の成立条件』（農林統計出版、2012年、斎藤修・下渡敏治・中嶋康博編著）

8．『地域ブランドづくりと地域のブランド化』（農林統計出版、2011年、岸本喜樹郎・斎藤修編著）

9．『地域ブランドの戦略と管理』（農山漁村文化協会、2008年、斎藤修編著）

10．『青果物フードシステムの革新を考える』（農林統計協会、2005年、斎藤修編著）

11．『食品系統研究』（中国語）（中国農業出版社、2005年、斎藤修・安玉発編著）

12．『農業資材産業の展開』（戦後日本の食料・農業・農村　第7巻）、（農林統計協会、2004年、斎藤修・高倉直編著）

13．『小麦粉製品のフードシステム』（農林統計協会、2003年、斎藤修・木島実編著）

14．『青果物流通システム論のニューウェーブ』（農林統計協会、2003年、斎藤修・慶野征翁編著）

15．『フードシステム学の理論と体系』（フードシステム学全集第1巻、農林統計協会、2002年、高橋正郎・斎藤修編著）

16.『農と食とフードシステム』（農林統計協会、2001年、稲本志郎・大西緝・斎藤修・安村硯之編著）
17.『フードシステムの構造変化と農漁業』（フードシステム学全集第6巻、農林統計協会、2001年、土井時久・斎藤修編著）
18.『新食糧法下におけるコメの加工流通問題』（農林統計協会、1999年、斎藤修編著）

監修：（4と5は編集も担当）
1．『現代の食生活と消費行動』（フードシステム学叢書第1巻、農林統計出版，2016年 茂野隆一・武見ゆかり編著）
2．『食の安全・信頼の構築と経済システム』（同上第2巻　農林統計出版，2016年、中嶋康博・新山陽子編著）
3．『グローバル化と食品企業行動』,（同上第3巻　農林統計出版，2014年、下渡敏治・小林弘明編著）
4．『フードチェーンと地域再生』（同上第4巻　農林統計出版，2014年、斎藤修・佐藤和憲編著）
5．『日本フードシステム学会の活動と展望』（同上第5巻　農林統計出版，2016年、斎藤修編著）
6．『フードシステム革新のニューウェーブ』（日本経済評論社，2016年、佐藤和憲編）

農業資材産業と企業・農協の戦略

―肥料・飼料・農薬―

2024年12月16日　　第1版第1刷発行

　　　　　　著　者　　斎藤　修
　　　　　　発行者　　鶴見 治彦
　　　　　　発行所　　筑波書房
　　　　　　　　　　　東京都新宿区神楽坂2－16－5
　　　　　　　　　　　〒162－0825
　　　　　　　　　　　電話03（3267）8599
　　　　　　　　　　　郵便振替00150－3－39715
　　　　　　　　　　　http://www.tsukuba-shobo.co.jp

定価は表紙に示してあります

印刷／製本　中央精版印刷株式会社
© 2024 Printed in Japan
ISBN978-4-8119-0686-7 C3061